R을 이용한 최신통계학

나종화·이성덕·정대현·정재환·조중재·허태영 지음

자유아카데미

머리말

통계학은 정보화 시대를 살아가는 현대인들에게 필수적이며 모든 의사결정 과정 속에 반드시 요구되는 학문이라고 할 수 있다. 인문·사회과학, 공학, 의학 등 거의 모든 학문 분야에서 통계학의 중요성이 점점 확대되고 있으며, 빅데이터 시대를 맞아 대부분의 기업, 기관에서도 통계의 활용이 더욱 커지고 있다. 이 책은 이러한 중요성에 비추어 통계학 전공자는 물론 비전공자들도 쉽게 배우고 활용할 수 있도록 쓰여졌다.

이 책은 통계학의 기본개념을 쉽게 이해할 수 있도록 구성하였으며, 수식의 사용을 최소화하였다. 그러나 통계학 전반에서 매우 중요하게 취급되는 검·추정의 원리에 대해서는 비교적 자세히 설명하고자 노력하였다. 또한 컴퓨터를 이용한 자료 분석의 능력을 배양하기 위해 최근 가장 널리 사용되는 분석도구인 R 프로그램을 이용하여 실제 자료를 분석할 수 있도록 구성하였다.

이 책은 다음과 같이 구성되었다. 1장은 서론, 2, 3장은 자료의 효율적 정리, 4, 5, 6, 7장은 확률과 분포의 기초개념을 다루었으며, 8, 9, 10장에서는 추정 및 검정의 원리와 이의 응용에 대해 다루었다. 11장부터 14장에서는 주로 분산분석 및 회귀분석을 비롯한 여러 가지 통계적 응용문제를 취급하였다. 각 장의 마지막 절은 R을 이용한 실습을 제시하였고, 부록에는 초보자를 위한 R 사용법을 수록하였다. 또한 연습문제의 해답을 실어 독자에게 편의를 제공하고자 하였다.

끝으로 이 책이 나오기까지 애써 주신 많은 분들께 감사드린다. 특히 R 실습자료에 많은 도움을 주신 송미선 선생님께 고마움을 전하고 싶다. 또한 책의 출판을 위해 애써 주신 자유아카데미 여러분께도 감사드린다. 좋은 책을 위해 노력하였으나 미흡한 부분이 있을 것이다. 출간 후에 발견되는 오류에 대해서는 자유아카데미 홈페이지(www.freeaca.com) 자료실에 제공할 예정이다.

2018년 8월

저자 일동

차례

4장 확률

5장 확률분포와 기댓값

6장 여러 가지 확률분포

7장 표본분포

11장 분산분석

12장 회귀분석

13장 범주형 자료분석

14장 표본조사론

부록 A R 사용법

부록 B 확률분포표

1장

서론

1.1 통계학이란?

통계학(statistics)은 데이터의 수집, 분석, 해석, 표현 및 조직을 다루는 학문 분야이다. 예를 들어, 통계학을 과학적, 산업적 또는 사회적 문제에 적용하는 경우, 통계적 모집단 또는 통계적 모형 과정을 연구하는 것이 통상적이다. 모집단은 '한 국가에 사는 모든 사람들' 또는 '포커 게임에서 나타날 수 있는 모든 경우들의 집합'과 같이 다양한 주제가 될 수 있다. 통계학은 조사 및 실험 설계와 관련된 데이터의 수집 계획을 포함한 데이터의 모든 측면을 다룬다. 통계학은 우리 주변의 세계에 관한 것들을 배우고 이해하기 위해 불확실성의 맥락에서 데이터를 추론하는 것에 관한 학문이다. 통계학은 데이터로부터 학습의 과학(science of learning from data)이라고 말할 수 있다.

데이터 분석에는 두 가지 주요 통계적 방법이 사용된다. 기술통계학(descriptive statistics)은 평균 또는 표준편차와 같은 지표를 사용하여 표본으로부터 얻은 데이터를 요약하는 것이고, 추측(또는 추론)통계학(inferential statistics)은 무작위적인 변동(예: 관측 오류, 표본 변동)을 포함하는 데이터로부터 결론을 도출하는 방법이다. 기술통계학은 주로 분포의 두 가지 속성 집합과 관련된다. 중심 경향(또는 위치)은 분포(표본 또는 모집단)의 중심 또는 대푯값을 특징지으려는 반면, 산포(또는 변동성)는 분포의 어떤 구성원이 그들의 중심으로부터 또는 서로 간에 얼마나 떨어져 있는지를 특징짓는다. 수리통계학에서의 추론은 확률이론의 틀 안에서 이루어지며, 이는 무작위(랜덤) 현상의 분석을 다룬다.

1.2 통계학의 역사

통계적 방법은 적어도 기원전 5세기로 거슬러 올라간다. 일부 학자들은 통계학의 기원으로 1663년 존 그랜트(John Graunt)의 출판물인 『사망표에 관한 자연적 및 정치적 제관찰(Natural and Political Observations upon the Bills of Motality)』을 지목한다. 통계적 사고의 초기 응용은 인구통계학적 및 경제적 자료에 기반한 국가의 기본 정책 수립에 적용되었다. 통계학의 범위는 19세기 초반 데이터 수집 및 분석 전반으로 확대되었으며, 오늘날 통계학은 정부, 기업, 자연 및 사회과학 분야에서 널리 사용되고 있다.

통계학의 수학적 토대는 카르다노(Gerolamo Cardano), 파스칼(Blaise Pascal)과 페르마(Pierre de Ferma)의 확률 이론의 개발과 함께 17세기에 발전되었으며, 최소제곱법은 1805년 르장드르(Adrien-Marie Legendre)에 의해 처음 소개되었다.

현대 통계학의 발전은 19세기 후반과 20세기 초반에 걸쳐 3단계로 발전하였다. 세기의 전환기에 들어선 첫 번째 물결은 통계학을 과학에서뿐 아니라 산업 및 정치 분야의 분석에 사용되는 엄격한 수학 분야로 변형시킨 갈톤과 피어슨의 연구에 의해 주도되었다. 갈톤(Francis Galton)은 표준편차, 상관관계, 회귀분석의 개념을 도입하여 다양한 인간 특성(예: 키, 몸무게 등)의 연구에 적용하였으며, 피어슨(Karl Pearson)은 곱-적률 상관계수, 적률추정법 등을 개발하였다. 갈톤과 피어슨은 'Biometrika'라는 수리 및 생물 통계학 저널을 설립하였으며, 피어슨은 세계 최초로 대학(university college London)에 통계학과를 설립하였다.

피셔(Ronald Fisher)는 차(tea)의 맛을 구별하는 실험 중 귀무가설(null hypothesis)이라는 용어를 사용하였는데, 이는 "입증되거나 확립되지는 않았지만 실험 과정에서 반증될 수 있는 것"을 의미하였다.

1910~1920년대의 두 번째 물결은 고셋(William Gosset)에 의해 시작되었으며, 전 세계의 대학에서 학문 분야로 자리 잡는 교과서를 집필한 피셔의 통찰력에서 절정을 이르렀다. 피셔의 가장 중요한 출판물로는 그의 1918년에 발표한 최초 논문이자 분산이라는 용어를 처음 사용한 『멘델 유전 상속의 가정에 대한 친척 간의 상관관계』, 1925년 『연구자들을 위한 통계적 방법』, 1935년 엄격한 실험계획을 개발한 『실험계획법』을 들 수 있다. 그는 충분성, 보조통계량, 선형판별자, 정보의 개념을 창안하였다. 그의 1930년 저서인 『자연 선택의 유전 이론(Genetical Theory of Natural Selection)』에서 피셔의 원리와 같은 다양한 생물학적 개념에 통계를 적용하였다.

마지막 물결은 피어슨(Egon Pearson: Karl Pearson의 아들)과 네이만(Jerzy Neyman)의 공동 작업으로 초기 발전의 개선과 확장이다. 그들은 제2종 오류, 검정력, 신뢰구간의 개념을 도입했으며, 1934년 네이만은 층화추출법이 일반적으로 할당추출법보다 더 나은 추정 방법임을 보였다.

오늘날 통계적 방법은 의사결정과 관계되는 모든 분야에 적용되며, 수집된 데이터 세트로부터 정확한 추론을 수행하거나, 통계적 방법에 기반으로 불확실성에 직면하여 의사결정을 내리는 데 적용된다. 최근 컴퓨터의 급속한 발달과 함께 대규모의 데이터 처리 능력이 향상됨에 따라 새로운 통계적 방법이 개발되고 있으며, 빅데이터 등의 영역으로 빠르게 확장되고 있다.

1.3 통계학의 응용

통계학의 응용 분야는 매우 다양하다.

응용통계와 이론 및 수리통계 분야

응용통계는 기술통계와 추론통계의 응용으로 구성된다. 이론 통계는 수리통계뿐 아니라 통계적 추론에 대한 논리적 근거에 관한 것이다. 수리통계는 추정 및 추론 방법과 관련된 결과를 유도하는 데 필요한 확률분포의 조작뿐 아니라 계산통계와 실험설계의 다양한 측면이 포함된다.

기계학습과 데이터마이닝 분야

기계학습과 데이터마이닝의 두 가지 응용으로 데이터 관리(management)와 데이터 분석(analysis)이 있다. 통계적 도구는 데이터 분석에 필수적이다.

사회에서의 통계 분야

통계학은 자연 및 사회 과학, 정부 및 비즈니스를 포함한 다양한 학문 분야에 적용된다. 통계 컨설턴트는 특정한 질문과 관련된 사내의 전문 지식이 없는 조직과 회사에 도움을 줄 수 있다.

통계계산 분야

20세기 후반부터 시작된 컴퓨팅 능력의 신속하고 지속적인 향상은 통계 과학의 실행에 큰 영향을 미치고 있다. 초기의 통계적 모형은 선형모형의 범주였으나, 강력한 컴퓨터와 수치 알고리즘이 결합되어 일반선형모형 및 다수준모형과 같은 새로운 영역뿐 아니라 신경망 등의 비선형모형에 관한 관심이 증가해왔다. 컴퓨팅 능력의 향상으로 인해 붓스트랩, 순열검정 등의 계산-집약적인 방법의 인기가 높아졌으며, 깁스 표본과 같은 기법을 사용하여 베이지안 모형을 보다 쉽게 사용할 수 있게 되었다. 복잡한 통계계산이 가능한 소프트웨어로는 R과 SAS가 대표적이다.

수학과 예술 분야

수 이론에서 분포함수로부터 생성된 데이터의 산점도는 기저 패턴을 나타내기 위한 통계적 도구로 변형될 수 있으며, 예측을 위한 통계적 방법은 카오스 이론과 프랙탈 기하학과 결합되어 매우 훌륭한 비디오 작품을 만들어 낼 수 있다.

다양한 학문 영역

통계적 기법은 의학, 생물학, 사회학을 비롯한 광범위한 연구 영역에 사용된다. 몇몇 학문 분야에서는 응용 통계를 매우 광범위하게 사용하고 있어 다음과 같이 특별한 이름의 학문 영역으로 부르고 있다. 그 예로 보험 통계학, 생물(의학) 통계학, 경영 통계학, 데이터마이닝, 인구 통계학, 경제 통계학, 신뢰성 공학, 공학 통계학, 역학, 이미지 처리, 심리 통계학, 사회 통계학, 데이터 과학, 천문 통계학, 지구 통계학 등이 있다.

센서스 데이터를 수집할 수 없는 경우 통계전문가는 특정 실험설계 및 조사 표본을 개발하여 데이터를 수집한다. 대표 샘플링은 추론과 결론이 표본에서 전체 모집단으로 합리적으로 확장될 수 있음을 보장한다. 실험적 연구는 연구 중인 시스템을 측정하고 시스템을 조작한(manipulating) 다음, 동일한 절차에 따라 추가 측정을 수행하여 조작이 측정값을 수정했는지 여부를 결정하는 것을 포함한다. 반면, 관측 연구는 실험 조작을 포함하지 않는다.

통계 데이터를 생성하는 측정 프로세스는 오류의 영향을 받는다. 이러한 오류 중 상당 부분은 무작위(잡음) 또는 체계적(편의)인 것으로 분류되지만, 다른 유형의 오류(예: 단위의 착오 등으로 인한 데이터의 입력 오류)가 중요할 수 있다. 결측(missing) 또는 중도절단(censoring) 자료는 편향된 추정을 초래할 수 있으며, 이러한 문제를 해결하기 위해 특별한 방법이 개발되었다.

통계는 적어도 기원전 5세기까지 거슬러 올라가는 고대 문명으로부터 시작되었다고 말할 수 있지만, 18세기에 이르러서야 미적분과 확률 이론으로부터 많은 것을 이끌어 내기 시작했다, 오늘날 통계는 현대인들이 갖추어야 할 필수 교양으로 인식되고 있으며, 빅데이터 시대를 맞아 통계학의 중요성은 더 없이 커지고 있다.

2장

자료의 정리와 시각화

통계학의 목표는 관심 모집단의 특징을 파악하기 위한 관련 자료를 수집하고 이 자료로부터 의미 있는 정보를 얻는 것이다. 만일 자료의 양이 방대하다면, 이의 전반적인 내용을 파악하기란 매우 어려울 것이다. 따라서 방대한 자료 전체의 특징을 쉽고 빠르게 파악할 수 있도록 자료를 정리, 요약할 필요가 있다. 특히, 자료의 특성을 파악함에 있어, 자료를 도표나 그래프로 표현하면 많은 정보를 보다 빨리 시각적으로 파악할 수 있다. 이 장에서는 도표나 그래프에 의해 자료의 특징을 일목요연하게 표현할 수 있는 몇 가지 방법을 공부하고자 한다. 자료를 요약하는 방법은 자료의 형태에 따라 달라지게 되므로 먼저 자료의 형태와 그 특징에 대해 살펴보고, 형태별로 자료를 정리, 요약하는 방법을 살펴본다.

2.1 자료의 형태

자료는 크게 양적자료(quantitative data)와 질적자료(qualitative data)로 나뉜다. 양적자료는 관측값 자체가 숫자로 측정되는 자료를 말하며 수치자료(numerical data)라고도 한다. 양적자료의 예로는 몸무게, 키, 점수, 사건 발생 횟수, 자녀의 수 등이 있다. 양적자료는 관측값의 성질에 따라 다시 두 가지로 구분된다. 사건 발생 횟수, 자녀의 수와 같이 관측 가능한 값을 셀 수 있는 자료를 이산형 자료(discrete data), 키, 몸무게와 같이 관측 가능한 값을 셀 수 없는 자료를 연속형 자료(continuous data)라고 한다.

이에 반해 질적자료는 관찰값이 숫자로 표현될 수 없고 몇 개의 범주로 나뉘어진 경우에 해당하며, 범주형 자료(categorical data)라고도 한다. 예를 들어 성별(남/여), 흡연여부(흡연/비흡연), 혈액형(A/B/AB/O), 암의 상태(초기/중기/말기), 정치성향(보수/중도/진보) 등에 관한 자료가 범주형 자료에 속한다. 범주형 자료는 원칙적으로는 숫자로 표현될 수 없지만, 자료처리의 편의를 위해 숫자로 표현되기도 한다. 예를 들어 흡연여부를 '흡연=1, 비흡연=2'라고 입력하였다고 하자. 이때 흡연여부를 나타내는 수는 두 범주를 구분하기 위하여 명목상 입력하는 것이지 숫자적으로 의미는 없다. 범주형 자료는 범주 간에 순서가 존재하는지 여부에 따라 명목형 자료(nominal data)와 순서형 자료(ordinal data)로 구분할 수 있다. 만일 암의 상태에 관한 자료에서 '초기', '중기', '말기'라는 세 가지 범주가 주어진다면, 이 세 가지 범주에는 순서가 주어지게 된다. 즉, 초기보다는 중기가, 중기보다는 말기가 암의 상태가 좋지 않은 정도를 나타낸다. 반면, 혈액형에 관한 자료에서 'A', 'B', 'AB', 'O' 라는 네 가지 범주가 주어지지만, 이 네 가지 범주에는 순서가 존재하지 않는다. 암의 상태 자료와 같이 범주 간에 순서의 의미가 있는 범주형 자료의 경우 순서형 자료라고 하고, 혈액형 자료와 같이 범주 간에 순서의 의미가 없으면 명목형 자료라고 한다. 지금까지 살펴본 자료의 형태를 요약하면 다음과 같다.

양적자료 ─ 이산형 자료 / 연속형 자료

질적자료 ─ 명목형 자료 / 순서형 자료

|그림 2-1| 자료의 형태

수집된 자료는 관심의 대상이 되는 특성을 측정한 결과로, 이와 같이 관측되는 특성을 변수(variable)라고 한다. 예를 들어, 설문조사의 각 문항내용이 변수가 될 수 있고 질문에 대한 답변항목들은 관측값이 된다. 또한, 성별이라는 변수는 남자 또는 여자라는 관측값을 갖고 몸무게라는 변수는 각 조사대상자의 몸무게 수치를 관측값으로 갖게 된다. 성별과 같이 질적자료값을 갖는 변수를 질적 변수(qualitative variable)라 하고 몸무게와 같이 양적자료값을 갖는 변수를 양적 변수(quantitative variable)라고 한다. 양적 변수에서 자녀의 수와 같이 셀 수 있는 값을 갖는 변수를 이산형 변수(discrete variable), 키, 몸무게와 같이 연속적인 값을 갖는 변수를 연속형 변수(continuous variable)라고 한다. 질적 변수에서도, 혈액형과 같이 명목형 자료값을 갖는 경우를 명목형 변수(nominal variable), 암의 상태와 같이 순서형 자료값을 갖는 경우를 순서형 변수(ordinal variable)라고 한다.

2.2 질적자료의 정리

질적자료에서는 몇 개의 범주가 반복해서 나타나므로, 범주의 종류와 각 범주가 나타나는 횟수를 요약함으로써 자료의 특징을 파악할 수 있다. 이 절에서는 질적자료에 대하여 각 범주가 관측된 횟수를 요약하고, 그래프로 정리하는 방법들을 살펴본다.

도수분포표

질적자료인 경우에 각 범주의 빈도수를 도수(frequency)라고 하며 이 도수를 전체자료의 숫자로 나눈 것이 상대도수(relative frequency)이다. 도수분포표(frequency table)는 각 자료값에 대하여 도수(빈도)나 상대도수(퍼센트) 및 누적상대도수 등을 나열해 놓은 도표이다. 예를 들어 어느 대학 통계학과 학생 24명의 혈액형을 조사한 결과 다음과 같다.

A	B	B	B	O	B	A	A
B	B	AB	B	A	O	A	O
A	A	B	A	O	O	B	B

자료: 통계학과 학생 24명에 대한 혈액형

[표 2-1]은 위의 자료를 요약한 도수분포표이다. 도수분포표 자체로도 매우 유용하지만, 뒤에 다뤄질 막대그래프 및 원형그래프 작성에서도 기본이 된다.

|표 2-1| 혈액형 자료의 도수분포표

혈액형	도수	상대도수	누적상대도수
A	8	8/24=0.33	8/24=0.33
AB	1	1/24=0.04	9/24=0.37
B	10	10/24=0.42	19/24=0.79
O	5	5/24=0.21	24/24=1.00
계	24	1.00	

막대그래프

막대그래프(bar graph)는 앞에서 다룬 도수분포표를 그래프로 나타낸 것으로, 자료의 분포를 한눈에 파악할 수 있다. 막대그래프는 너비가 같은 여러 개의 막대로 이루어지는데, 각 막대의 높이는 각 범주의 도수 또는 상대도수를 의미한다. [그림 2-2]는 [표 2-1]의 도수분포표에서 도수를 이용하여 그린 막대그래프이다.

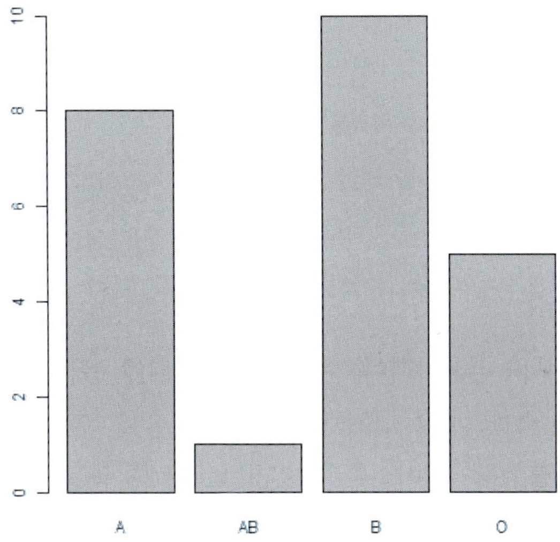

그림 2-2 혈액형 자료에 대한 막대그래프

원형그래프

질적자료를 그림을 통하여 정리하는 방법으로는 막대그래프 외에 원형그래프(pie graph)가 있다. 원형그래프는 먼저 원을 그리고, 원의 중심을 기준으로 범주 개수만큼의 부채꼴들로 나눠진 형태이다. 이때 각 부채꼴의 중심각 크기가 도수에 비례하도록 하여, 부채꼴의 크기가 도수의 크기를 나타낼 수 있다. [그림 2-3]은 [표 2-1]의 도수분포표에서 도수를 이용하여 그린 원형그래프이다.

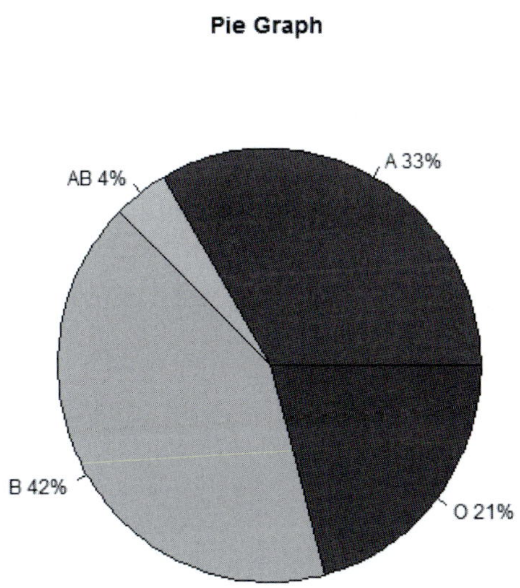

그림 2-3 혈액형 자료에 대한 원형그래프

[그림 2-3]을 자세히 살펴보면, 관측값의 종류가 네 가지이므로, 원은 총 네 개의 부채꼴로 나뉘어져 있다. A형이 차지하는 중심각 크기는 $360° \times 0.33 \approx 120°$이다. 마찬가지로 AB, B, O형이 차지하는 중심각의 크기는 각각 $360° \times 0.04 \approx 15°$, $360° \times 0.42 \approx 150°$, $360° \times 0.21 \approx 75°$ 이다.

2.3 양적자료의 정리

질적자료에서는 각 관측값의 종류에 대해 도수를 세어 도수분포표를 작성하였다. 일반적으로 양적자료에서는 관측값의 종류가 많기 때문에 질적자료에서와 같은 방법으로 자료를 요약하기는 어렵다. 이 절에서는 양적자료에서 자료를 요약하는 여러 가지 방법에 대해 살펴본다.

도수분포표

아래는 여중생 35명에 대한 신장(단위: cm)을 조사한 자료이다.

|표 2-2| 어떤 여중생 35명에 대한 신장(단위: cm)

147	153	155	152	146	160	155
155	155	146	155	163	151	159
158	148	155	146	152	155	151
140	150	160	152	153	160	155
156	154	146	153	155	156	156

위의 자료에서 관측값의 종류는 15가지로 다음과 같다.

140, 146, 147, 148, 150, 151, 152, 153, 154, 155, 156, 158, 159, 160, 163

만약 질적변수에서와 같이 각 관측값 종류별로 도수를 셀 경우, 도수분포표가 커지고 도수가 1인 경우가 많아지기 때문에 자료의 분포상황을 제대로 파악할 수 없을 것이다. 대신 [표 2-3]과 같이 모든 관측값을 포함하는 범위를 몇 개의 구간으로 나누어 각 구간에 포함되는 관측값의 도수를 세어 작성한다면 일목요연하게 수리적인 자료분석을 할 수 있도록 정리할 수 있다.

|표 2-3| 신장에 대한 도수분포표

신장(계급)	학생수(도수)
139.5 ~ 144.5	1
144.5 ~ 149.5	6
149.5 ~ 154.5	10
154.5 ~ 159.5	14
159.5 ~ 164.5	4
계	35

위의 도수분포표의 작성에서 가장 먼저 고려해야 할 것은 계급의 수이다. 자료를 너무 많은 계급으로 나누면 요약의 효과를 기대할 수 없고, 너무 적으면 자료의 전반적인 분포형태를 파악하기 어렵다. 대개 계급의 수는 5개 내지 15개를 주로 사용하는데, 이는 자료의 양과 성질에 따라 달라질 수 있다. 적절한 계급의 수를 결정하기 위한 방법으로는 스터지스(Sturges)가 제안한 다음의 공식을 일반적으로 이용한다.

즉, N을 자료의 총 수, K를 필요한 계급의 수라고 하면

$$K = 1 + \log_2 N$$

을 사용한다.

또한 가능한 각 계급의 간격은 동일한 크기가 되도록 하며, 각 자료는 중복되지 않고 오직 한 계급에만 속하도록 해야 한다. 이제 [표 2-3]의 도수분포표를 다시 살펴보도록 하자. 물론 [표 2-3]의 도수분포표에 의해서 자료에 대한 많은 정보를 알 수도 있지만, 한편으론 미흡한 점이 있다. 이를테면, 각 계급에 속하는 학생의 수는 전체에 대해 몇 %인가 또는 이 학생들 중 158cm보다 큰 신장을 가진 학생의 수는 얼마나 되는가에 대한 정보는 불확실하다.

[표 2-3]은 다음의 [표 2-4]와 같이 각 계급에 속하는 도수를 전체 도수에 대한

|표 2-4| 신장에 대한 도수분포표

신장(계급)	학생수(도수)	상대도수	누적도수	누적상대도수
139.5 ~ 144.5	1	0.03	1	0.03
144.5 ~ 149.5	6	0.17	7	0.20
149.5 ~ 154.5	10	0.29	17	0.49
154.5 ~ 159.5	14	0.40	31	0.89
159.5 ~ 164.5	4	0.11	35	1.00
계	35	1		

비율로 정의되는 상대도수와 그 계급까지의 모든 도수의 합으로 정의되는 누적도수 그리고 누적 상대도수를 통해 자료를 좀 더 일목요연하게 정리할 수 있다.

자료를 요약·정리하는 방법으로써 도표 이외에도 그래프에 의한 방법이 있는데 이는 보다 많은 정보를 시각적으로 빨리 그 특징을 파악할 수 있다. 따라서 이 절에서는 그래프에 의한 자료의 정리방법으로, 히스토그램, 도수다각형, 누적도수다각형, 줄기와 잎 그림, 상자그림 등을 다루고자 한다.

히스토그램

앞 절에서 설명한 도수분포표를 구한 다음, 도수의 크기에 따라 기둥형 그림으로 나타낸 그래프를 히스토그램(histogram)이라고 한다. 이러한 히스토그램을 작성하는 방법은 우선 수평축에 각 계급구간을 정하고 수직축에는 도수를 정하여 각 기둥의 높이가 각 계급구간에 대응하는 측정치들의 도수가 되도록 한다. [표 2-4]의 도수분포표를 히스토그램으로 표현하면 [그림 2-4]과 같다. 아래 히스토그램은 R 프로그램의 hist() 함수에서 디폴트 옵션을 사용한 결과로, 구간별 도수가 도수분포표와 다른 이유는 각 구간의 경계값에 해당하는 자료가 어느(전 또는 후) 구간에 포함되었느냐의 차이이다.

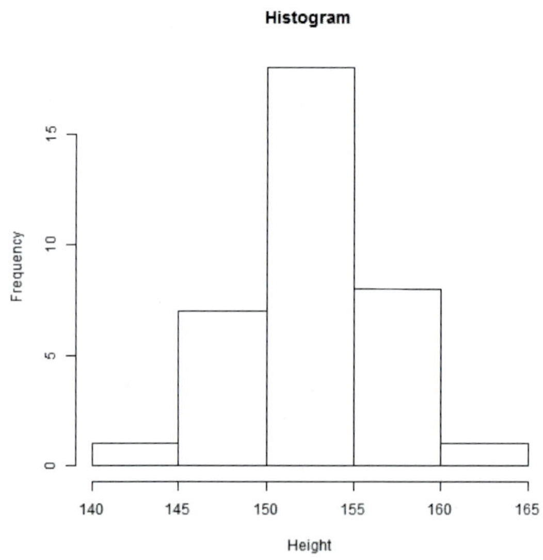

그림 2-4 히스토그램

도수다각형

도수다각형(frequency polygon)이란 히스토그램에서 각 기둥의 맨 위 중간 지점들을 직선으로 연결해서 다각형 모양으로 표현한 그래프를 말한다. [그림 2-5]는 [그림 2-4]의 히스토그램을 이용하여 도수다각형을 그린 것이다.

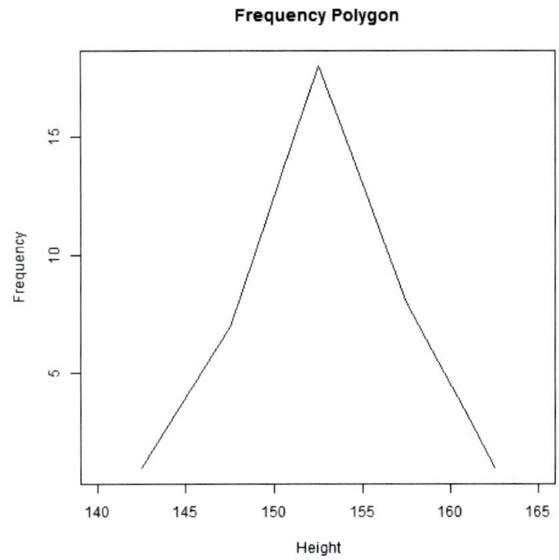

그림 2-5 도수다각형

누적도수다각형

누적도수다각형(cumulative frequency polygon)이란 각 계급간의 누적도수에 대응하는 기둥의 맨 위 중앙점들을 선분으로 연결하여 표현한 그래프를 뜻한다. [그림 2-6]은 [표 2-4]의 누적도수분포에 대한 누적도수다각형을 나타낸 것이다.

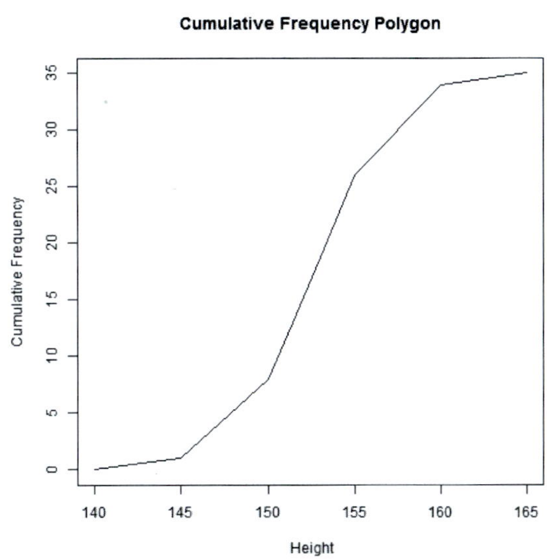

그림 2-6 누적도수다각형

줄기와 잎 그림

자료의 특징을 파악하기 위하여 자료를 그래프로 요약하는 또 다른 방법으로 줄기와 잎 그림(stem-and-leaf plot)이 있다. 줄기와 잎 그림을 작성하기 위해서는 먼저 자료의 줄기부분을 선택하고, 잎이라 부르는 줄기부분을 제외한 나머지 부분을 선택한다. 다음 [그림 2-7]의 예와 같이 먼저 줄기값을 크기순으로 세로로 나열한 다음 각 줄기에 해당하는 각 자료의 잎의 값을 오른쪽에 가로로 나열한다. 각 줄기에 해당 잎의 값을 순서대로 다시 배열한다. 줄기값과 잎의 값을 구분하기 위해 줄기와 잎 사이에 수직선을 그어주는 그림이 줄기와 잎 그림이다.

```
14 | 0
14 |
14 |
14 | 66667
14 | 8
15 | 011
15 | 222333
15 | 4555555555
15 | 666
15 | 89
16 | 000
16 | 3
```

그림 2-7 줄기와 잎 그림

위의 줄기와 잎 그림의 형태를 살펴보면, 앞 절에서 설명한 히스토그램과 유사하다는 것을 알 수 있다. 따라서 히스토그램이나 줄기와 잎 그림은 모두 자료의 분포 형태를 파악하기가 용이하다는 공통점을 갖는다. 하지만 히스토그램과는 달리 줄기와 잎 그림은 자료의 분포 형태 뿐만 아니라 자료값을 그대로 유지하고 있다는 장점이 있다.

기타 그래프

지금까지 소개된 자료의 정리 방법 이외에도 꺾은선 그래프, 면적 그래프, 그림 그래프 등이 있다. 꺾은선 그래프는 [그림 2-8]과 같이 시간에 따른 자료의 변화를 표현하는 데 주로 사용되며, 면적 그래프나 그림 그래프 등은 전체적인 관계를 쉽게 알아보고자 할 때 주로 이용된다.

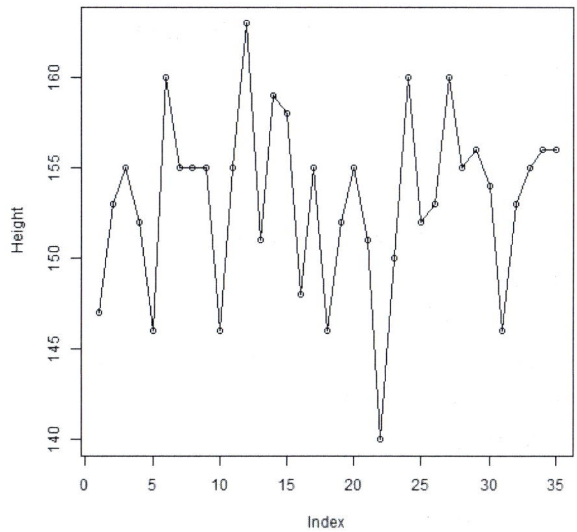

그림 2-8 꺾은선 그래프

2.4 R 실습

그래프를 이용하여 자료를 요약하면 통계에 대한 지식이 없는 경우에도 쉽게 이해할 수 있다는 장점이 있다. 그러므로 자료수집을 한 다음, 가장 먼저 수행하는 분석절차가 그래프를 이용하여 자료를 시각화하는 것이다. 이 절에서는 주어진 자료를 R을 이용하여 시각적으로 정리하는 방법을 소개하고자 한다. 질적자료와 양적자료 각각에 대해 도표나 그래프를 이용하여 요약하는 방법을 살펴보자.

질적자료의 요약

R을 이용하여 2.2절에서 이용한 24명의 혈액형 자료를 요약해 보자.

```
> blood<-read.table("H:\\R실습\\blood.txt", header=F, as.is=T)        # 자료 읽기
> str(blood)                                         # 자료구조 살피기
'data.frame':   24 obs. of  1 variable:
 $ V1: chr  "A" "B" "B" "B" ...
> table(blood$V1)                                    # 도수분포표
```

```
 A AB  B  O
 8  1 10  5
> barplot(table(blood$V1))                        # 막대그래프
> ## 원형그래프 Ver. 1: Default##
> slices <- c(8, 1, 10, 5)
> pie(slices, main="Pie Graph (1)")

> ## 원형그래프 Ver. 2: 범주와 도수 결합 ##
> slices <- c(8, 1, 10, 5)
> labels <- c("A", "AB", "B", "O")
> labels <- paste(labels, slices)                 # 범주와 도수와 결합
> pie(slices,labels = labels, col=rainbow(length(labels)),
+    main="Pie Graph (2)")

> ## 원형그래프 Ver. 3: 범주와  상대 ##
> slices <- c(8, 1, 10, 5)
> labels <- c("A", "AB", "B", "O")
> pct <- round(slices/sum(slices)*100)     # 상대도수(퍼센트) 계산
> labels <- paste(labels, pct)                 # 범주와 상대도수(퍼센트) 결합
> labels <- paste(labels,"%",sep="")          # 기호 % 추가
> pie(slices,labels = labels, col=rainbow(length(labels)),
+    main="Pie Graph (3)")
```

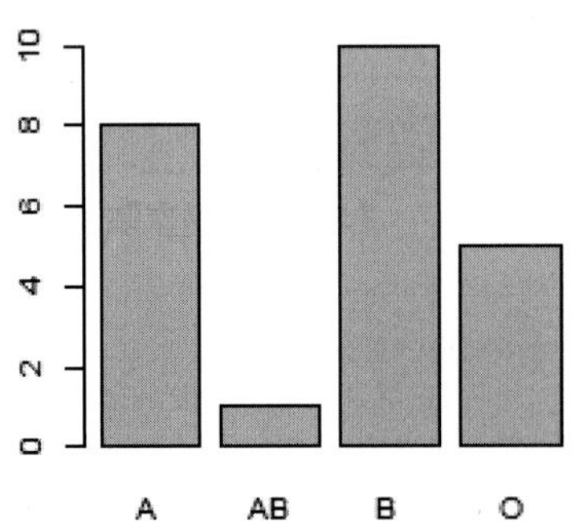

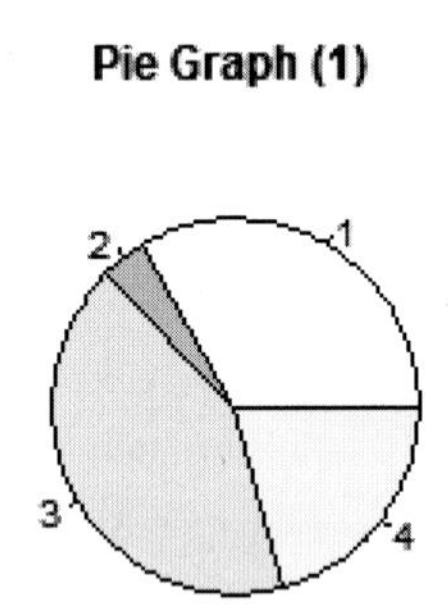

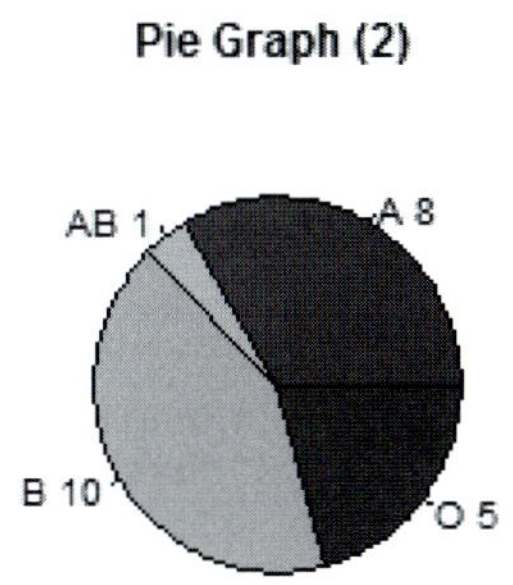

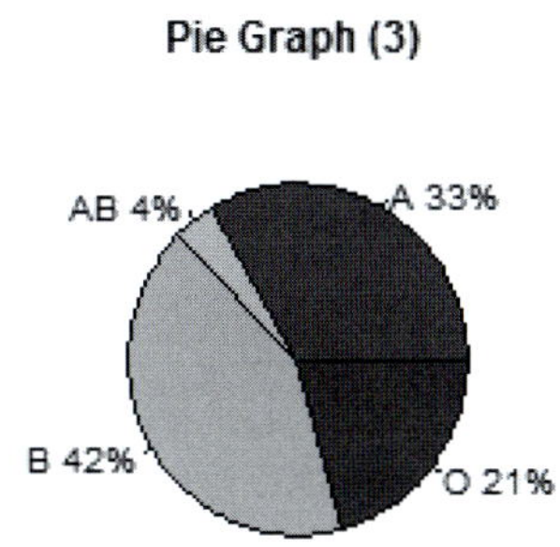

양적자료의 요약

R을 이용하여 2.3절에서 이용한 35명의 여중생의 신장자료를 요약해 보자.

```
> height<-read.table("H:\\R실습\\height.txt", header=F)
                                             # 자료 읽기
> str(height)                                # 자료구조 살피기
'data.frame':   35 obs. of  1 variable:
 $ V1: int  147 153 155 152 146 160 155 155 155 146 ...
> table(height)                              # 도수분포표
height
140 146 147 148 150 151 152 153 154 155 156 158 159 160 163
  1   4   1   1   1   2   3   3   1   9   3   1   1   3   1

> # 히스토그램 #
> h1<-hist(height$V1, main="Histogram (1)", xlab="Height")   ## 도수를 이용한 히스토그램
> hist(height$V1, freq=F,main="Histogram (2)",
+ xlab="Height")                             # 상대도수를 이용한 히스토그램
> hist(height$V1, br=seq(135, 165, by=5),
+ main="Histogram (3)", xlab="Height")       # 구간을 지정

> # 도수다각형 #
> str(h1)                                    # h1내의 구조 확인
List of 6
 $ breaks  : int [1:6] 140 145 150 155 160 165
 $ counts  : int [1:5] 1 7 18 8 1
 $ density : num [1:5] 0.00571 0.04 0.10286 0.04571 0.00571
```

```
 $ mids     : num [1:5] 142 148 152 158 162
 $ xname    : chr "height$V1"
 $ equidist: logi TRUE
 - attr(*, "class")= chr "histogram"
> h1$breaks                                              # 구간 경계값
[1] 140 145 150 155 160 165
> mid<-c(142.5, 147.5, 152.5, 157.5, 162.5)              # 구간의 중간값
> plot(mid, h1$counts, type="l", xlim=c(140, 165),
+ xlab="Height", ylab="Frequency", main="Frequency Polygon")

> # 누적도수 다각형 #
> cum_freq<-c(0, cumsum(h1$counts))                      # 누적도수 구하기
> plot(h1$breaks, cum_freq, type="l", xlim=c(140, 165),
+ xlab="Height", ylab="Cumulative Frequency",
+ main="Cumulative Frequency Polygon")

> # 꺾은선 그래프 #
> plot(height$V1, type="o", ylab="Height", main="Trace Plot")

> # 줄기와 잎 그림
> stem(height$V1, scale=1/2)

  The decimal point is 1 digit(s) to the right of the |

  14 | 0
  14 | 666678
  15 | 0112223334
  15 | 55555555566689
  16 | 0003
```

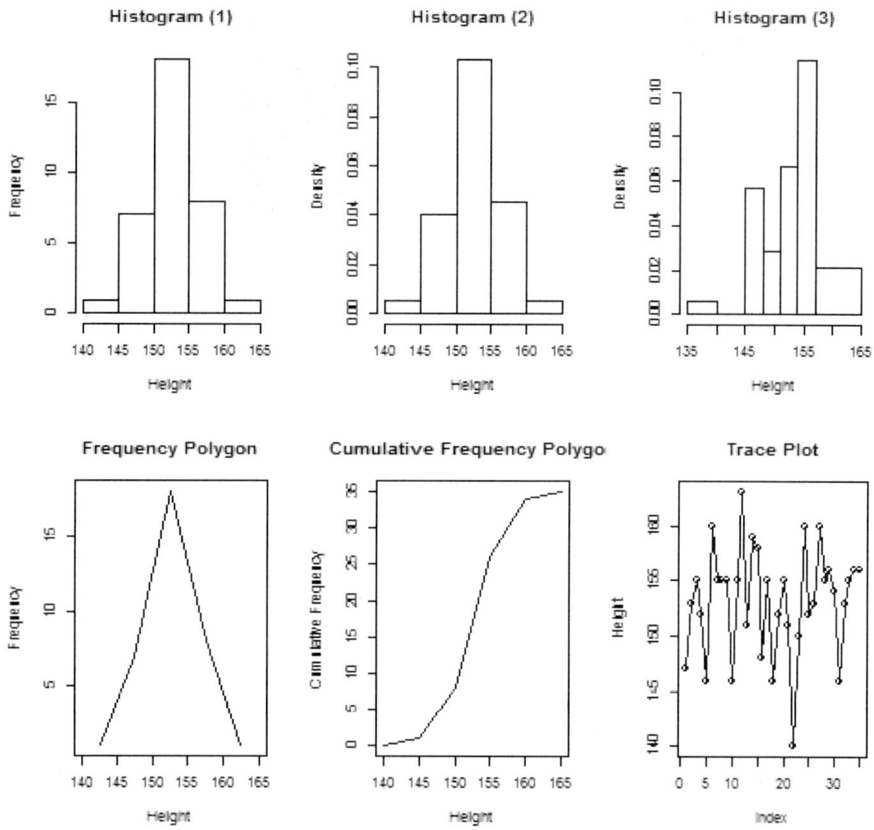
Histogram (1)
Frequency
Height
Histogram (2)
Density
Height
Histogram (3)
Density
Height
Frequency Polygon
Frequency
Height
Cumulative Frequency Polygo
Cumulative Frequency
Height
Trace Plot
Height
Index

연습문제

1 20가구를 상대로 안경을 착용한 가족수를 조사한 결과가 다음과 같다.

가족수	도수	누적도수	상대도수	누적상대도수
0	4			
1	7			
2	5			
3	3			
4	0			
5	0			
6	1			

위의 도수분포표에서 누적도수, 상대도수, 누적상대도수를 구하여 표를 완성하여라.

2 어느 대학의 통계학과 학생 40명의 통계학 중간고사 성적이 다음과 같다.

89	92	61	76	94	84	77	62	87	58
83	78	64	77	77	61	79	66	64	79
32	77	60	72	67	84	56	70	82	62
67	84	75	57	74	71	59	71	74	73

(1) 계급의 수를 5로 하여 도수분포표를 작성하여라.

(2) 위의 도수분포표를 가지고 히스토그램을 그려라.

(3) 위의 히스토그램을 이용하여 도수다각형 및 누적도수다각형을 작성하여라.

(4) 줄기의 개수가 5인 줄기와 잎 그림을 그리고 (2)의 히스토그램과 비교하여라.

(5) 줄기의 개수가 10인 줄기와 잎 그림을 그리고 (4)의 줄기와 잎 그림과 비교하여라.

3 다음의 자료는 어느 회사의 입사시험에 응시한 100명의 적성검사결과를 나타내고 있다.

49	86	40	45	48	93	97	58	58	98
58	82	52	56	50	85	80	60	62	80
62	72	65	60	64	70	78	67	69	88
60	72	69	66	65	75	78	62	64	74
68	72	67	61	62	72	79	71	74	73
76	69	73	78	73	78	78	74	73	69
76	65	74	75	78	60	62	72	74	72
70	66	77	78	77	64	65	77	82	61
88	51	87	84	84	54	50	82	88	65
81	46	87	83	94	41	49	90	98	52

(1) 줄기와 잎 그림을 작성하여라.

(2) 위의 그림을 보고 이 자료의 분포상태를 설명하여라.

4 다음은 생후 1개월 된 50마리 흰쥐의 무게이다.

(단위: g)

110	97	111	115	117	113	107	109	116	106
102	112	114	105	113	115	92	121	115	110
111	118	117	124	99	114	120	113	106	111
101	112	108	105	119	111	109	107	104	114
110	113	113	122	116	117	98	118	120	123

(1) 적절한 도수분포표를 작성하여라.

(2) 히스토그램과 줄기와 잎 그림을 작성하여라.

(3) (2)에서 작성한 그림을 보고 이 자료의 분포상태를 설명하여라.

5 다음은 어떤 약의 효능을 알아보기 위하여 당뇨병에 걸린 사람을 대상으로 그 약을 투약하지 않은 경우와 투약한 경우에 호르몬의 증가 수치를 조사한 자료이다. 각 경우에 따라 각각 히스토그램을 그리고 자료의 분포상태를 설명하여라.

<table>
<tr><td rowspan="6">투약하지 않은 경우</td><td>1.2</td><td>0.2</td><td>0.3</td><td>0.9</td><td>4.2</td><td>0.9</td><td>0.3</td><td>0.7</td><td>0.9</td><td>1.1</td><td>3.0</td></tr>
<tr><td>0.9</td><td>2.3</td><td>1.3</td><td>0.2</td><td>1.2</td><td>1.5</td><td>2.1</td><td>7.7</td><td>20.0</td><td>1.2</td><td>3.4</td></tr>
<tr><td>2.2</td><td>0.1</td><td>4.3</td><td>0.7</td><td>0.7</td><td>1.3</td><td>1.3</td><td>9.8</td><td>0.9</td><td>4.7</td><td>0.0</td></tr>
<tr><td>0.4</td><td>21.0</td><td>12.0</td><td>4.2</td><td>2.7</td><td>1.7</td><td>0.5</td><td>1.0</td><td>0.9</td><td>2.1</td><td>0.1</td></tr>
<tr><td>1.7</td><td>1.0</td><td>3.9</td><td>1.0</td><td>0.5</td><td>0.7</td><td>0.2</td><td>0.9</td><td>0.9</td><td>0.8</td><td>0.5</td></tr>
<tr><td>1.5</td><td>1.1</td><td>1.1</td><td>1.6</td><td>1.5</td><td>4.0</td><td>4.7</td><td>0.9</td><td></td><td></td><td></td></tr>
<tr><td rowspan="3">투약한 경우</td><td>1.4</td><td>1.6</td><td>1.4</td><td>4.1</td><td>2.6</td><td>1.1</td><td>0.4</td><td>1.8</td><td>2.2</td><td>0.3</td><td>1.3</td></tr>
<tr><td>1.7</td><td>1.0</td><td>1.2</td><td>1.4</td><td>0.5</td><td>1.1</td><td>1.5</td><td>1.1</td><td>3.3</td><td>2.6</td><td>0.7</td></tr>
<tr><td>0.1</td><td>1.6</td><td>2.5</td><td>0.7</td><td>1.7</td><td>0.3</td><td>1.9</td><td>1.0</td><td>0.5</td><td></td><td></td></tr>
</table>

3장

자료의 요약

앞 장에서 설명한 도표나 그래프에 의한 자료의 정리방법을 이용하면 어떤 자료의 특성을 직관적으로 쉽게 파악할 수 있는 장점이 있지만 자료의 특성을 비교하거나 수치로 나타내어 통계적으로 유용하게 처리·분석하기 어려운 일면도 있다. 따라서 주어진 자료를 몇 개의 의미있는 수치로 요약하여 자료의 대략적인 분포상태를 파악할 필요가 있다. 이 장에서는 양적자료에 대한 수치요약을 위해 중심위치의 측도, 산포의 측도 및 두 변수의 관계를 나타내는 상관계수에 대하여 다루고자 한다.

3.1 자료의 중심위치

이 절에서는 주어진 자료가 어떤 값을 중심으로 분포되어 있는가를 나타내는 중심위치의 측도(measure of center)에 대해 살펴본다. 이러한 중심위치를 나타내는 측도를 대푯값이라고도 하며, 산술평균(mean), 중앙값(median), 최빈수(mode), 기하평균(geometric mean), 조화평균(harmonic mean), 절사평균(trimmed mean) 등이 있다.

산술평균

만일 n개의 자료가 $x_1, x_2, \cdots, x_n$으로 주어져 있다면, 산술평균 $\overline{x}$는 다음과 같이 정의된다.

$$\overline{x} = \frac{1}{n}\sum_{i=1}^{n} x_i$$

자료가 다음과 같이 도수분포 형태로 주어져 있더라도 근본적인 내용은 일치한다.

변수(x_i)	x_1	x_2	$\cdots$	x_k	계
도수(f_i)	f_1	f_2	$\cdots$	f_k	$\sum_{i=1}^{k} f_i = n$

즉, 산술평균 $\overline{x}$는

$$\overline{x} = \sum_{i=1}^{k} f_i x_i / n$$

이 될 것이다.

산술평균은 흔히 평균이라고도 하며, 다른 대푯값들보다 수리적으로 편리하고 추측통계학 측면에서 여러 가지 바람직한 성질을 갖기 때문에 가장 보편적으로 사용된다. 그러나 이 값은 자료 중에 극단값에 영향을 많이 받는 단점이 있기도 하다. 이러한 단점을 보완하기 위해 고안된 것이 절사평균(trimmed mean)이다. 100p% 절사평균은 순서대로 나열된 자료 중 양쪽 100p%를 버린 후 가운데 100(1−2p)% 자료의 평균으로 정의된다.

○ 예제 3-1

다음은 10년생 은행나무의 높이에 대한 도수분포표이다. 산술평균을 구하여라(단위: cm).

변수	65 ~ 85	85 ~ 105	105 ~ 125	125 ~ 145	145 ~ 165	165 ~ 185	185 ~ 205	205 ~ 225	225 ~ 245	245 ~ 265	265 ~ 285	계
도수	2	0	4	8	17	27	31	19	10	5	2	125

풀이 먼저 각 계급에 대한 계급값을 구하면 75, 95, 115, 135, 155, 175, 195, 215, 235, 255, 275가 된다. 그러므로 산술평균 $\bar{x}$는

$$\bar{x} = \sum f_i x_i / \sum f_i$$
$$= 23355/125$$
$$= 186.84$$

이 된다.

중앙값(또는 중위수)

n개의 자료 $x_1, x_2, \cdots, x_n$을 크기의 순으로 배열하였을 때 중앙의 위치에 놓인 자료의 값을 중앙값 M_e라고 정의한다. 따라서 자료의 개수 n이 홀수인 경우에는 $(n+1)/2$번째의 자료값이 중앙값이 되고, n이 짝수인 경우에는 즉 $n/2$번째와 $n/2+1$번째의 2개의 자료의 평균이 중앙값이 된다.

○ 예제 3-2

통계조사 업무에 종사하는 임의로 추출된 8명의 일일 급여가 다음과 같다(단위: 원).

50,000	75,000	60,000	55,000
55,000	70,000	200,000	55,000

이 자료에 대한 산술평균과 중앙값을 구하여라.

풀이 산술평균은 정의에 의하여 $\overline{x} = 620,000/8 = 77,500$이다. 그러나 8명 중 7명의 주급이 산술평균 77,500보다 작으므로 이 평균이 8명의 주급을 대표할 수 있는지 상당히 의심스럽다. 이런 경우 단 한 명의 많은 보수로 산술평균이 크게 증가되었음을 알 수 있다. 한편, 중앙값을 구하기 위하여 크기 순서대로 늘어놓으면,

50,000	55,000	55,000	55,000
60,000	70,000	75,000	200,000

이므로 정의에 의하여 중앙값은

$$M_e = (55,000 + 60,000)/2$$

$$= 57,500$$

이다. 이 값은 산술평균 77,500보다 대푯값으로서의 더 많은 의미를 내포하고 있다.

앞의 예제에서 본 바와 같이 일반적으로 산술평균은 이상치에 민감하지만, 중앙값은 이상치에 민감하지 않다. 이는 분포상태가 극도로 비대칭일 때에는 중앙값이 산술평균보다 대푯값으로 더 큰 의미를 갖는다고 해석할 수 있다. 따라서 [예제3-2]와 같은 자료는 중앙값으로 대푯값을 표시하는 것이 더 바람직하다. 그러나 중앙값으로 모집단을 추론하기가 어렵기 때문에 대개의 경우 분포상태가 어느 정도 대칭이 되면 산술평균을 대푯값으로 사용한다.

3.2 자료의 산포

평균이 동일한 자료라 하더라도 평균을 중심으로 자료의 흩어진 정도가 다를 수 있기 때문에 대푯값만으로 자료의 특성을 요약하는 것은 충분하지 않다. 따라서 대푯값과 더불어 흩어진 정도를 나타내는 측도, 즉 산포도가 요구된다. 산포도란 대푯값 근처에 자료가 어떻게 분포되어 있는가를 나타내는 측도로서, 보통 밀집되어 분포되면 작은 값을, 산만하게 흩어져 있으면 큰 값을 취하게 된다. 이러한 산포도를 나타내는 방법으로는 일반적으로 표준편차(standard deviation), 분산(variance)을 사

용하며, 이외에도 평균편차(mean deviation), 사분위편차(quartile deviation), 범위(range) 등이 있다.

분산과 표준편차

자료 $x_1, x_2, \cdots, x_n$에 대하여, 산술평균 $\bar{x}$로부터 구해지는 편차 $x_i - \bar{x}$에 대한 제곱평균을 이용하여 분산(s^2)과 표준편차(s)를 각각 다음과 같이 정의한다.

$$s^2 = \frac{1}{n-1}\sum_{i=1}^{n}(x_i - \bar{x})^2, \quad s = \sqrt{s^2} = \sqrt{\frac{1}{n-1}\sum_{i=1}^{n}(x_i - \bar{x})^2}.$$

두 측도는 통계적 이론에 주로 사용되는 산포도이며, 분산 s^2을 계산할 때 다음의 간편식을 이용하면 편리하다.

$$\begin{aligned} s^2 &= \frac{1}{n-1}\sum_{i=1}^{n}\left(x_i - \bar{x}\right)^2 \\ &= \frac{1}{n-1}\sum_{i=1}^{n}\left(x_i^2 - 2x_i\bar{x} + \bar{x}^2\right) \\ &= \frac{1}{n-1}\left[\sum_{i=1}^{n}x_i^2 - 2\bar{x}\sum_{i=1}^{n}x_i + n\bar{x}^2\right] \\ &= \frac{1}{n-1}\left(\sum_{i=1}^{n}x_i^2 - n\bar{x}^2\right) \end{aligned}$$

따라서 표준편차 s는 분산 s^2의 단순한 양의 제곱근이므로

$$s = \sqrt{\frac{1}{n-1}\left(\sum_{i=1}^{n}x_i^2 - n\bar{x}^2\right)}$$

이 되고, 다른 산포도와 달리 원래의 자료와 같은 단위를 갖는다.

○ 예제 3-3

다음 자료는 어느 회사 직원들의 생활비에서 문화비가 차지하는 비중이다. 이 자료에 대한 분산과 표준편차를 계산하여라(단위: %).

자료 : 17 8 13 9 14 5

풀이 먼저 산술평균 $\overline{x}$를 구하면,

$$\overline{x} = \frac{1}{n}\sum_{i=1}^{n} x_i = \frac{1}{6} \cdot 66 = 11(\%)$$

가 된다. 분산 s^2은

$$s^2 = \frac{1}{n-1}\sum_{i=1}^{n}(x_i - \overline{x})^2$$
$$= \frac{1}{5} \cdot 98 = 19.6$$

이므로 표준편차 s는

$$s = \sqrt{s^2}$$
$$= \sqrt{19.6} = 4.43(\%)$$

가 된다.

범위와 사분위편차

산포도를 나타내는 다른 측도로 범위, 사분위편차, 변동계수 등이 있다. 주어진 자료의 최댓값과 최솟값의 차로 정의하는 자료의 범위(range)는 크기가 같은 여러 개의 표본을 다룰 때 매우 유용하여 품질관리와 같은 분야에서 주로 사용된다. 범위는 계산이 간편하나 이상치가 존재하는 경우 올바른 산포의 측도가 되지 못한다.

사분위범위를 정의하기 전에 사분위수, 백분위수를 정의해 보자. 일반적으로 제$100p$백분위수는 자료를 크기 순서로 늘어놓았을 때 적어도 $100p\%$의 관측값이 그 값보다 작거나 같고, 또한 적어도 $100(1-p)\%$의 관측값이 그 값보다 크거나 같게 되는 값을 말한다. 그러면 제1사분위수 Q_1은 제25백분위수를 의미하고, 제3사분위수 Q_3은 제75백분위수를 뜻하게 된다. 한편, 제2사분위수 Q_2는 제50백분위수가 되며 또한 중앙값이 된다. 이와 같은 사분위수의 개념을 바탕으로 사분위범위 IQR을 정의할 수 있다. Q_1과 Q_3을 주어진 자료에 대한 제1사분위수와 제3사분위수라 한다면 사분위범위 IQR은

$$IQR = Q_3 - Q_1$$

가 된다. 또한 사분위편차 Q를 다음과 같이 정의한다.

$$Q = IQR/2$$

사분위편차는 주로 대푯값으로 중앙값을 선택하였을 때 그에 대한 산포도로 사용된다. 그러나 분산이나 표준편차와 달리 모집단의 특성에 대한 추론이 어려워 널리 사용되지 않고 있다.

○ 예제 3-4

다음은 어느 대학의 야구부에서 임의로 추출한 9명의 선수들의 장력을 나열한 자료이다.

93.5	105.8	106.5	116.6	152.4
125.0	128.3	132.1	136.7	

위의 자료에 대한 사분위편차를 구하여라.

풀이 사분위편차를 구하기 위해서는 먼저 제1사분위수 Q_1과 제3사분위수 Q_3를 구해야 한다. 제1사분위수 Q_1을 구하려면 $0.25 \times 9 = 2.25$이고 $0.75 \times 9 = 6.75$이므로 적어도 3개의 관측값이 그 값이나 그 값 왼쪽에 있고, 적어도 7개의 관측값이 그 값이나 그 값 오른쪽에 있게 되는 점이다. 이런 조건을 만족하는 값은 106.5이다. 비슷한 방법으로 제3사분위수 Q_3를 계산하면 132.1임을 알 수 있고 물론 중앙값은 125.0이 된다. 따라서 사분위편차 Q는 정의에 의하여

$$\begin{aligned} Q &= (Q_3 - Q_1)/2 \\ &= (132.1 - 106.5)/2 \\ &= 12.8 \end{aligned}$$

이 된다.

이밖에, 상대적인 의미의 산포도의 측도로서 $cv = s/\bar{x}$로 정의되는 변동계수(coefficient of variation)가 있다. 변동계수 cv는 고유의 단위에 의존하지 않기 때문에, 두 그룹의 자료가 단위가 다르거나 단위는 같지만 평균의 차이가 클 때 두 그룹의 자료에 대한 산포를 비교하는 데 유용하다.

3.3 상자그림

상자그림은 자료의 특성을 잘 나타내기 위해서 몇 개의 정보 즉, 최댓값, 최솟값, 중앙값 및 사분위수 등을 이용하여 자료를 요약한 그림을 말한다. [그림 3-1]은 여중생 35명에 대한 신장 자료를 가지고 상자그림을 작성한 것이다. 간단히 설명하면 다음과 같다.

① 중앙값(M_e) - 자료를 크기순으로 나열했을 때 중앙에 해당되는 값
② 제1사분위수(Q_1) - 자료를 크기순으로 나열했을 때 25%째에 해당되는 값
③ 제3사분위수(Q_3) - 자료를 크기순으로 나열했을 때 75%째에 해당되는 값
④, ⑤ - 이상치를 제외한 자료 가운데 최소 및 최댓값으로 인접값(adjacent values)이라고도 함
⑥ 이상치 - 자료들 중 극단적으로 크거나 작은, 즉 특이하다고 판단되는 값

이러한 상자그림은 앞 절에서 설명한 히스토그램이나 줄기와 잎 그림에서와 같이 자료의 분포 형태를 파악할 수 있을 뿐만 아니라 ⑥과 같은 이상치(outlier)까지 파악할 수 있다는 장점이 있다.

참고로 상자그림에서 이상치로 판정하는 기준에 대하여 살펴보자. 제1사분위수(Q_1)와 제3사분위수(Q_3)로부터 사분위범위($IQR = Q_3 - Q_1$)의 1.5배, 즉 $1.5 \times IQR$ 보다 더 벗어난 자료값은 중심으로부터 멀리 떨어진 점, 즉 이상치로 간주하여 '*' 기호로 표시된다.

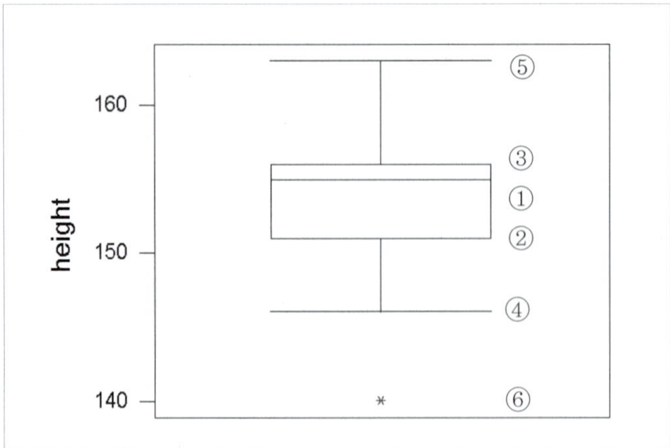

|그림 3-1| 상자그림

3.4 두 그룹 자료로의 확장

지금까지는 한 그룹 자료를 정리하는 방법을 살펴보았다. 이제 상관된 두 그룹 자료가 관측된 경우를 생각해 보자. 다음 [표 3-1]은 어느 요가수업 수강생의 신장과 몸무게에 관한 자료이다.

|표 3-1| 요가수업 수강생 17명의 신장과 몸무게

신장	몸무게	신장	몸무게	신장	몸무게	신장	몸무게
165	51	168	56	170	56	175	56
170	54	167	56	166	49	172	53
167	52	170	52	172	54		
166	53	167	52	170	53		
165	52	175	61	172	54		

위와 같이 두 변수(신장과 몸무게)에 관한 자료는 산점도(scatter plot)를 통해 시각적으로 자료를 요약할 수 있다. 산점도란 각 이차원 자료에 대하여 좌표(변수 1의 값, 변수 2의 값)인 점을 좌표평면 위에 표시한 것이다. [그림 3-2]는 [표 3-1]의 자료를 산점도로 나타낸 것이다.

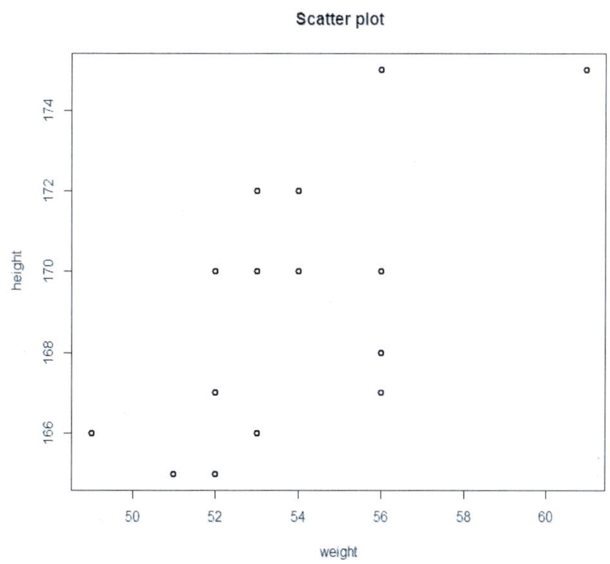

|그림 3-2| 신장과 몸무게의 산점도

즉, 몸무게를 x-성분 그리고 신장을 y-성분으로 하여 순서쌍 (x,y)를 xy-좌표 평면 위에 나타낸 것으로 17명의 요가수업 수강생에 대하여 17개의 점으로 표현할 수 있다. 산점도를 살펴보면, 대체적으로 몸무게가 증가할수록 신장이 증가하는 경향이 있음을 직관적으로 파악할 수 있다.

이와 같이 산점도는 두 변수 사이에 존재하는 연관성을 파악하는 데 유용한 그래프이지만, 그 연관성이 어느 정도인지에 대한 수치를 제공하지는 못한다. 이는 다음 절에서 설명할 상관계수를 통하여 해결할 수 있다.

표본상관계수

우리는 앞 절에서 설명한 산점도를 통하여 신장과 몸무게라는 두 변수 사이에 대체적으로 어떤 상호의존관계가 있음을 파악하였다. 이런 상호의존관계를 상관(correlation) 관계라고 하고 이를 수치로 표현한 것을 상관계수(correlation coefficient)라고 한다. 좀 더 구체적으로, 상관계수란 두 변수 사이에 직선적인 경향이 얼마나 강한가를 나타내는 척도라고 할 수 있다. 일반적으로 두 변수에 대한 자료를 (x_1,y_1), (x_2,y_2), $\cdots$,(x_n,y_n)이라고 하면 표본상관계수(sample correlation coefficient) r_{xy}는 다음과 같이 정의된다.

$$r_{xy}=\frac{\sum_{i=1}^{n}(x_i-\overline{x})(y_i-\overline{y})}{\sqrt{\sum_{i=1}^{n}(x_i-\overline{x})^2\sum_{i=1}^{n}(y_i-\overline{y})^2}}$$

단, $\overline{x}$, $\overline{y}$는 두 조의 자료에 대한 각각의 산술평균이다. 여기에서 두 변수 (x_i,y_i) $(i=1,2,\cdots,n)$ 사이에 직선적인 경향이 강하고 그 직선의 기울기가 양수이면 상관계수 r_{xy}의 값이 1에 가까워지고, 직선의 기울기가 음이면 r_{xy}의 값은 -1에 가까워진다. 또 그 점들 사이에 직선적인 경향이 희박하면 r_{xy}의 값은 0에 가까워지게 된다. 결국 상관계수 r_{xy}는 산점도상의 점들 사이에 직선적인 경향이 얼마나 강한지를 나타내 주는 척도라고 결론지을 수 있지만, r_{xy}가 0에 가깝다고 해서 두 변수 사이에 서로 연관성이 없다고 말할 수 있는 것은 아니라는 점에 유의해야 한다. 편의상 상관계수에 대한 더 많은 내용은 뒤에서 더 구체적으로 다루기로 한다.

○ 예제 3-5

다음과 같이 10명의 고교생들의 신장(x)과 몸무게(y)에 대한 자료를 얻었다. 이 자료를 바탕으로 두 변수에 대한 상관계수 r_{xy}를 구하여라.

신장(x)	162	163	166	168	169	171	173	174	175	179
몸무게(y)	54	56	56	64	62	64	82	67	71	74

풀이 우선 신장과 몸무게에 대한 산술평균 $\bar{x}$와 $\bar{y}$를 구하면,

$$\bar{x} = \frac{1}{10}\sum_{i=1}^{10} x_i = 170,\ \bar{y} = \frac{1}{10}\sum_{i=1}^{10} y_i = 65$$

가 된다. 그리고

$$\sum_{i=1}^{10}(x_i - \bar{x})^2 = 266,\ \sum_{i=1}^{10}(y_i - \bar{y})^2 = 704,\ \sum_{i=1}^{10}(x_i - \bar{x})(y_i - \bar{y}) = 361$$

이므로, 상관계수 r_{xy}는 정의에 의하여

$$r_{xy} = \frac{361}{\sqrt{266}\ \sqrt{704}} = 0.8342$$

가 된다. 따라서 이들 10명의 학생들의 몸무게와 신장 사이에는 강한 상관관계가 존재함을 알 수 있다.

3.5 R 실습

도표나 그래프를 이용한 자료요약은 보는 사람에 따라 결론을 주관적으로 해석할 수 있다. 그러므로 보다 객관적인 결론을 내릴 수 있는 자료요약 방법이 필요한데, 이것이 바로 통계량, 즉 대푯값과 산포도를 이용하여 자료를 요약하는 것이다. 통계량은 그 결과가 수치적으로 나타나게 되므로 보다 객관적인 결론을 이끌어 낼 수 있다. 이 절에서는 R을 이용하여 주어진 자료를 수치적으로 정리하는 방법을 소개하고자 한다.

예제 3-2 통계량을 이용한 자료의 요약

R을 이용하여 대푯값과 산포도를 구하는 과정은 매우 간단하다. 사용한 예제는 [예제 3-2]의 8명의 일일 급여에 대한 자료이다.

```
> x<-c(50000,75000, 60000, 55000, 55000, 70000, 200000, 55000)     #자료입력
> length(x)     # 자료수
[1] 8
> mean(x)     # 평균
[1] 77500
> median(x)     # 중앙값
[1] 57500
> mean(x, trim=0.2)     # 20% 절사평균
[1] 61666.67
> var(x)     # 분산
[1] 2521428571
> sd(x)     # 표준편차
[1] 50213.83
> sort(x)     # 오름차순 정렬
[1]  50000  55000  55000  55000  60000  70000  75000 200000
> min(x)     # 최솟값
[1] 50000
> max(x)     # 최댓값
[1] 2e+05
> quantile(x, prob=0.25)     # 제1사분위수
  25%
55000
> quantile(x, prob=0.75)     # 제3사분위수
  75%
71250
> IQR(x)     # 사분위수 범위
[1] 16250
> summary(x)     # 수치요약
   Min. 1st Qu.  Median    Mean 3rd Qu.    Max.
  50000   55000   57500   77500   71250  200000
```

명령문 summary()를 사용하면, 최솟값, 제1사분위수, 중앙값, 평균, 제3사분위수, 최댓값을 한 번에 구할 수 있다.

예제 3-5 두 그룹 자료의 요약

두 그룹 자료의 경우에도 그래프와 대푯값(상관계수)을 이용하여 자료를 요약할 수 있다. 그래프를 이용하는 방법은 앞서 소개한 그래프 종류 중에서 산점도를 이용한다. 사용한 예제는 앞 절의 [예제 3-5]의 10명의 고교생들의 신장과 몸무게에 대한 자료이다.

```
> students<-read.table("H:\\R실습\\10students.txt", header=T)     # 자료 읽기
> str(students)     # 자료구조 확인
'data.frame':    10 obs. of  2 variables:
 $ height: int  162 163 166 168 169 171 173 174 175 179
 $ weight: int  54 56 56 64 62 64 82 67 71 74
> attach(students)     # 자료 고정
> plot(weight, height, main="Scatter plot")     # 산점도
> cor(weight, height)     # 상관계수
[1] 0.834219
```

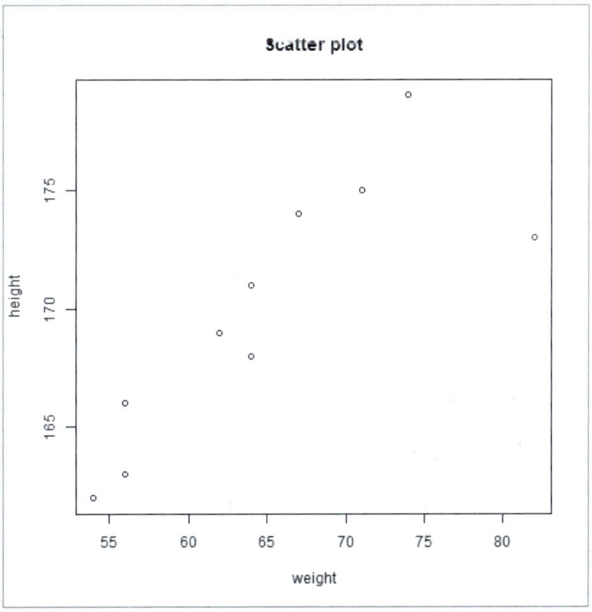

결과를 살펴보면, 두 변수 신장과 몸무게 사이의 상관계수 값이 0.834로 매우 높음을 알 수 있다. 여기서 확인한 바와 같이 그래프를 이용한 자료의 요약은 이해하기 쉽지만 주관적일 수 있는 반면에, 통계량을 이용한 자료요약의 경우에는 수치로 나타나므로 매우 객관적인 결론을 얻을 수 있다.

연습문제

1 다음 각 자료들로부터 평균($\bar{x}$), 중앙값(M_e), 분산(s^2), 표준편차(s)를 구하여라.

(1) 14, 7, 3, 9, 13

(2) 12, 14, 18, 15, 12

(3) 1, 0, 11, 2, 12, 8

(4) −2, 1, −3, 0, 3, 2, −1

2 다음은 18명의 견습조종사들이 어떤 한 교관으로부터 받은 그들의 첫 비행을 위한 훈련의 시간을 나타낸 것이다.

9	12	18	14	12	14	12	10	16
11	9	11	13	11	13	15	13	14

(1) 평균과 표준편차를 구하여라.

(2) 중앙값, 사분위범위 및 사분위편차를 구하여라.

3 2장 연습문제 2에서 작성한 도수분포표에 대하여, 평균과 분산을 구하여라.

4 2장 연습문제 4의 자료에 대해 다음을 구하여라.

(1) 평균, 중앙값을 구하여라.

(2) 분산, 표준편차, 사분위범위 및 사분위편차를 구하여라.

5 2장 연습문제 5의 자료에 대해 다음을 구하여라.

(1) 각 경우에 따라 평균, 중앙값, 표준편차 등 여러 가지 측도를 구하여라.

(2) 호르몬의 증가량이 각 경우에 따라 어떻게 다른지 설명하여라.

6 14명의 중학생을 임의로 추출하여 신장과 체중을 조사한 결과 다음과 같다.

신장	167	165	162	167	160	163	168
체중	66	65	64	68	61	59	67

신장	175	157	170	172	164	171	174
체중	70	60	65	67	64	62	63

(1) 신장과 체중에 대한 산점도를 작성하여라.

(2) 위의 산점도를 통하여 신장과 체중 사이에 어떤 관계가 있는지 설명하여라.

7 다음 자료는 임의로 추출된 20개의 제약회사들의 연구지원비용(x)과 순수익(y)을 나타내고 있다.

x	2.8	2.5	3.2	1.8	1.6	3.6	2.7	3.0	1.5	3.3
y	52	53	62	43	50	69	55	59	33	64

x	3.1	2.9	3.8	3.2	2.6	3.5	3.3	2.7	2.0	1.8
y	62	58	75	63	53	69	66	53	45	40

연구지원비용(x)과 순수익(y) 사이에 표본상관계수 r을 구하고, 이의 실제적인 의미를 설명하여라.

8 다음은 어느 고등학교에서 남학생과 여학생에 대한 창조력(x)과 독립성(y)에 대한 점수를 조사한 결과이다.

남학생	x	85	86	83	92	81	76	65	99
	y	78	57	80	83	68	67	54	92
여학생	x	75	57	87	80	91	99	81	93
	y	70	37	76	59	84	73	69	74

(1) 성별에 따라 창조력(x)과 독립성(y)에 대한 산점도를 작성하여라.

(2) (1)의 산점도 결과를 보고, 성별에 따라 창조력(x)과 독립성(y) 사이에 어떤 관계가 있는지 설명하여라.

(3) 성별에 따라 창조력(x)과 독립성(y) 사이에 표본상관계수 r을 구하고, 그 의미를 설명하여라.

9 다음의 줄기와 잎 그림에 대한 설명으로 옳은 것만을 모두 고른 것은? (단, 줄기는 십의 자릿수이고 잎은 일의 자릿수이다.)

〈자료 A〉		〈자료 B〉	
줄기	잎	줄기	잎
1	1 3 5 7	1	1
2	1 3	2	3 5 7
3	1	3	1 3 5 7 9
4	1 3	4	3 5 7
5	1 3 5 7	5	1

a. 〈자료 A〉의 범위가 〈자료 B〉의 범위보다 크다.

b. 〈자료 A〉의 평균과 중앙값은 같다.

c. 〈자료 A〉와 〈자료 B〉의 중앙값은 같다.

10 다음은 23개의 자료를 줄기와 잎 그림으로 정리한 것이다. 중앙값, 산술평균, 최빈값, 범위를 구하여라.

5| 2 6 7 9

6| 1 3 4 4 5 5 6 6 6 9

7| 1 4 4 8 9

8| 6 7

9| 8

10| 1

11 어느 의료기관에서 한 달 동안 내원한 환자들 중 10명을 랜덤추출하여 연령을 조사한 결과가 다음과 같다. 표본평균, 표본분산, 표본범위, 제1사분위수, 제3사분위수, 표본변동계수를 구하여라. (단, 10명 연령의 합은 400이고, 연령 제곱의 합은 18,286이다.)

14, 21, 29, 33, 40, 45, 49, 50, 52, 67

12 10가구가 거주하는 어느 다세대 주택의 가구당 자녀수의 평균은 1.9명이고, 중앙값은 2명이다. 자녀수가 가장 많은 한 가구가 이사를 가고 대신에 이사를 간 가구보다 자녀수가 1명 더 많은 한 가구가 이사를 왔다. 이때 다세대 주택의 가구당 자녀수의 평균과 중앙값을 구하여라.

13 어느 회사 직원 열 명의 5년 전 월급이 다음과 같았다(단위: 만 원).

90, 100, 200, 150, 105, 300, 110, 95, 120, 140

5년 전 월급의 평균은 141이고 표준편차는 64.93이었다. 그동안 이들 열 명 모두의 월급이 인상되어 5년 전에 비해 두 배가 되었다면 현재 월급의 평균과 표준편차를 구하여라.

14 다음은 어느 대학교의 통계학개론 강좌를 수강한 학생 30명의 기말고사 점수에 대한 줄기와 잎 그림이다. (a) 이 자료의 중앙값과 범위를 구하여라. (b) 이 자료를 상자그림으로 요약하여라.

2 | 2

3 | 2 6

4 | 1 8

5 | 2 5 8

6 | 2 2 5 9

7 | 1 2 3 3 4 5 5 5

8 | 2 2 4 5 9 9

9 | 1 1 4 5

4장

확률

4.1 표본공간과 사건

4.2 사건의 확률

4.3 조건부확률과 베이즈 정리

4.4 독립사건

4.1 표본공간과 사건

과거의 실험에 관한 정보가 아무리 많다 하더라도 미래의 실험결과를 정확하게 분석·추측하기가 어려운 경우가 많은데, 이와 같은 현상을 확률현상이라고 한다. 이러한 확률현상에 관해 연구하는 분야가 바로 확률론(probability theory)이라고 할 수 있는데, 여러 통계이론이나 응용을 확실하게 이해하기 위해서는 기본적인 확률론의 개념을 필수적으로 학습하여야 한다.

확률론의 내용을 이해하기 위해서는 수학에서의 집합이론이 밀접하게 관계가 있는 바, 이를 토대로 몇 가지 용어와 성질을 살펴보기로 한다. 어떤 구체적인 문제가 설정되어 어떤 대상을 관측하거나 실험 또는 조사하여 통계적 자료를 얻어 내는 행위를 시행(trial) 또는 확률실험(probability experiment)이라고 한다. 또 어떤 시행에 의하여 얻어질 수 있는 모든 가능한 결과를 포함하는 집합을 **표본공간(sample space)** 이라고 하고, 표본공간의 한 부분집합을 사상 혹은 **사건(event)** 이라고 한다. 일반적으로 표본공간은 S로 표시하고, 사건은 관심 있는 실험결과들의 집합으로 $A, B, C, \cdots$ 등으로 표시하며, 표본공간(S)과 공집합(ϕ)도 하나의 사건이 될 수 있다.

두 사건 A, B에 대해 A^c는 사건 A의 여사건, $A \cup B$는 두 사건 A, B의 합사건, $A \cap B$는 두 사건 A, B의 공통사건이라고 한다. 또한, $A \cap B = \phi$인 경우 두 사건 A, B를 **배반사건(disjoint events)** 이라고 하고, 이는 두 사건 A, B가 동시에 발생할 수 없음을 뜻한다. 표본공간이 유한개의 원소로 이루어진 경우를 이산표본공간(discrete sample space)이라고 하고, 형광등의 수명과 같이 그 원소들이 어떤 공간 내에 속하는 모든 실수일 때의 표본공간을 연속표본공간(continuous sample space)이라고 한다.

○ 예제 4-1

공정한 동전을 계속하여 3번 던지는 확률실험을 생각해 보자. 이때 앞면이 나오면 H, 뒷면이 나오면 T라고 할 때, 표본공간 S는 다음과 같다.

$$S = \{HHH, HHT, HTH, THH, HTT, THT, TTH, TTT\}$$

다음과 같은 사건들을 기호로 표현하면 다음과 같다.

(1) 두 번 앞면이 나올 사건 $\equiv \{HHT, HTH, THH\}$

(2) H와 T가 교대로 나타날 사건 $\equiv \{HTH, THT\}$

(3) 첫 번째가 뒷면이 나올 사건 $\equiv \{THH, THT, TTH, TTT\}$

○ 예제 4-2

한 공장에서 생산되는 전구의 수명시간을 기록하기 위해, 전구 한 개의 수명시간을 관측할 때, 표본공간 S는 $S=\{t : t \geq 0\}$이 되며, 집합 $A=\{t: \ t \geq 20\}$은 전구의 수명시간이 20 이상일 사건을 뜻한다.

4.2 사건의 확률

때때로 우리는 불확실성을 내포하는 시행으로부터 어떤 결론을 얻어내거나 추론하여야 할 경우가 종종 발생한다. 주사위를 던져 짝수가 나올 가능성은 1/2이라든가, 한 공정에서 불량품이 생산될 확률은 얼마인가 하는 문제가 그 예이다. 이 경우 우리가 내린 결론이나 추측은 과거의 경험이나 또는 어떤 수리적인 근거를 가지고 있게 마련이다. 여기서는 결론을 어느 정도 믿을 수 있는가 하는 것이 문제가 된다. 따라서 이와 같은 가능성을 어떤 수치로 나타내어 보자는 것이 확률의 기본개념이다. 각각의 실험결과가 일어날 가능성이 같은 경우에 P. Laplace(1749~1827)는 가능성에 대한 수치적 척도로서 다음과 같이 확률(probability)을 정의하였다.

확률의 고전적 정의

N개의 실현 가능한 결과로 구성된 표본공간 $S=\{e_1, e_2, \cdots, e_N\}$에서 각각의 실험결과가 발생할 가능성이 같은 경우, m개의 실험결과로 구성된 사건 A의 확률은 $P(A)=\dfrac{m}{N}$으로 정의한다.

○ 예제 4-3

어느 카드나 나타날 가능성이 같은 트럼프 카드 중 임의로 한 장을 꺼냈을 때, 그것이 하트일 확률을 구하여라.

풀이 임의로 한 장을 꺼냈을 경우, 일어날 수 있는 모든 경우는 52가지이고, 이 중에 하트는 13가지이므로 하트가 발생할 확률 $P(A)=\frac{13}{52}=\frac{1}{4}$이다.

Laplace의 확률에 관한 정의는 표본공간이 유한개의 원소를 가질 때 적용될 수 있다. 그러나 실제 문제에서는 전체 조사결과의 개수가 무한한 경우도 많으며, 각 결과가 나타날 가능성이 같지 않은 경우도 많다. 따라서 한 공정에서 불량품이 생산될 확률을 구하는 경우 또는 특정한 치료법에 의해 질병이 치료될 확률을 구하는 경우에는 좀 더 일반적인 확률의 정의가 필요하다.

통계적 실험을 반복적으로 행하면, 한 사건이 발생한 상대도수는 일정한 법칙을 따른다는 것을 경험을 통하여 알 수 있다. 특히, 한 사건의 상대도수는 흔히 일정한 상수에 가까워지는 것을 경험적으로 알 수 있다. 이러한 경우에 통계적인 규칙성이 있다고 한다. 예를 들어 공정한 주사위를 던져 1의 눈이 발생하는 확률에 관심이 있다고 하자. 그러면 1의 눈이 발생한 횟수의 상대적 비율은 시행횟수가 커지면서 1/6에 가까워질 것이다. 즉,

$$\frac{2}{6}\Rightarrow\frac{12}{60}\Rightarrow\frac{98}{600}\Rightarrow\frac{1126}{6000}\Rightarrow\frac{10986}{60000}\Rightarrow\cdots$$

일반적으로, 통계적 실험을 매우 많이 반복하면 어떤 사건 A의 상대도수는 근사적으로 어떤 수 $P(A)$에 가까워짐을 알 수 있다. 이와 같이 확률을 상대도수의 극한 개념으로 파악하고자 하여 A. N. Kolmogorov는 확률을 다음과 같이 정의하였다.

확률의 수학적(공리적) 정의

(1) 표본공간 S에서 임의의 사건 A에 대하여 $P(A)\geq 0$을 만족하고,

(2) 서로 배반인 사건 $A_1, A_2, \cdots$에 대하여

$P(A_1\cup A_2\cup\cdots)=P(A_1)+P(A_2)+\cdots$

(3) $P(S)=1$을 만족할 때, $P(A)$를 사건 A의 확률이라고 한다.

이와 같은 확률의 공리적 정의는 고전적 정의의 개념을 포함하고 있다.

이제, 확률의 정의로부터 유도되는 몇 가지 성질들에 대하여 생각해 보자. 확률의 수학적 정의로부터 다음이 성립함을 알 수 있다.

$$P(A \cup B) = P(A \cap B) + P(A \cap B^c) + P(A^c \cap B)$$

$$P(A) = P(A \cap B) + P(A \cap B^c)$$

$$P(B) = P(A \cap B) + P(B \cap A^c)$$

따라서 $P(A \cup B) = P(A) + P(B) - P(A \cap B)$이다. 같은 방법으로, 다음과 같은 성질들이 성립함을 쉽게 증명할 수 있다.

확률의 성질

(1) $P(A \cup B) = P(A) + P(B) - P(A \cap B)$

(2) $P(A^c) = 1 - P(A)$ (여사건의 정리)

(3) $A \subset B$이면, $P(A) \leq P(B)$

(4) $P(\varnothing) = 0$

예제 4-4

공정한 동전을 계속해서 6번 던질 때, 적어도 한 번 앞면이 나온 확률을 구하여라.

풀이 A를 적어도 한 번 앞면이 나오는 사건이라고 하면, A^c는 모두 뒷면이 나오는 사건이다. 그러므로 여사건의 정리에 의해,

$$P(A) = 1 - P(A^c) = 1 - \left(\frac{1}{2}\right)^6 = \frac{63}{64}$$

이 된다.

예제 4-5

두 개의 공정한 주사위를 던져서 나타난 두 눈의 합이 7 또는 11이 될 확률을 구하여라.

풀이 위의 실험에서 표본공간은 $S = \{(i, j) \mid i, j = 1,2,3,4,5,6\} = \{(1,1), \cdots, (6,6)\}$으로 표현할 수 있다. 사건 A와 B를 각각 사건 A와 B를 각각 합이 7과 11이 되는 사건이라고 하자. 그러면

$$A = \{(1,6), (2,5), (3,4), (4,3), (5,2), (6,1)\}$$

이고,

$$B = \{(5,6), (6,5)\}$$

이며, 구하고자 하는 확률은

$$P(A \cup B) = P(A) + P(B) - P(A \cap B) = \frac{6}{36} + \frac{2}{36} - 0 = \frac{2}{9}$$

가 된다.

4.3 조건부확률과 베이즈 정리

어떤 항아리에 만져서는 알 수 없는 당첨제비 3개와 비당첨제비 7개가 있는 제비뽑기에서 맨 처음 당첨제비를 추출할 확률은 $\frac{3}{10}$이다. 그런데 비복원추출로 두 번째 사람이 당첨제비를 추출할 확률은 간단하게 계산되지 않는다. 이와 같은 문제를 해결하기 위해 조건부확률(conditional probability)의 개념이 필요하며 다음과 같이 정의할 수 있다.

조건부확률(Conditional Probability)

표본공간 S의 부분집합으로 사건 B가 주어졌을 때, 사건 A의 조건부확률은 다음과 같이 정의된다.

$$P(A|B) = \frac{P(A \cap B)}{P(B)} \qquad \text{단, } P(B) > 0.$$

사건 B가 일어났다면 B의 여사건 B^c에 속하는 실험결과는 일어날 수 없으므로, 사건 B를 모든 가능한 실험결과의 집합, 즉 또 하나의 새로운 표본공간으로 간주할 수 있을 것이다. 따라서 사건 B가 일어났다는 조건하에서 사건 A가 일어날 확률은 $P(B)$에 대한 $P(A \cap B)$의 비율로서 정의할 수 있다.

예제 4-6

공정한 주사위를 두 번 던지는 확률실험을 생각해 보자. 첫 번째 던진 주사위의 눈이 두 번째 주사위의 눈보다 클 때 두 주사위의 눈의 합이 9 이상일 확률을 구하여라.

풀이 첫 번째 던진 주사위의 눈이 두 번째 던진 주사위의 눈보다 클 사건을 B, 두 주사위의 눈의 합이 9 이상일 사건을 A라고 하자. 표본공간은 36개, 사건 B는 15개의 원소로 구성되어 있으므로,

$$P(B) = \frac{15}{36}$$

이고,

$$A = \{(3,6),(4,5),(4,6),(5,4),(5,5),(5,6),(6,3),(6,4),(6,5),(6,6)\}$$

이므로

$$P(A) = \frac{10}{36},\ P(A \cap B) = \frac{4}{36}$$

이다. 따라서 구하고자 하는 조건부확률은

$$P(A|B) = \frac{P(A \cap B)}{P(B)} = \frac{4}{15}$$

이다.

한편, 조건부확률의 정의로부터 다음의 곱셈법칙이 성립함을 쉽게 알 수 있다.

곱셈 법칙(Multiplication Rule)

$P(A) > 0, P(B) > 0$이면 $P(A \cap B) = P(A|B)P(B) = P(B|A)P(A)$

○ 예제 4-7

불량품 5개, 양호품 15개로 구성된 로트(lot)에서 비복원추출로 임의로 1개씩 두 번 추출할 때, 2개 모두 불량품일 확률을 계산하라.

풀이 첫 번째 꺼낸 제품이 불량품일 사건을 B, 두 번째 꺼낸 제품이 불량품일 사건을 A라고 하면, $A|B$는 첫 번째 꺼낸 제품이 불량품이라는 조건하에서 두 번째 꺼낸 제품이 불량품일 사건을 뜻한다. 그러므로 구하는 확률은 다음과 같다.

$$P(A \cap B) = P(B)P(A|B) = \frac{5}{20} \times \frac{4}{19} = \frac{1}{19}$$

조건부확률에 대한 또 다른 정리들을 유도하기 위해, 표본공간 S의 분할(partition)을 다음과 같이 정의하자.

표본공간의 분할(Partition)

표본공간 S의 부분집합 $A_1, A_2, \cdots, A_n$에 대하여

(a) $S = A_1 \cup A_2 \cup \cdots \cup A_n$

(b) $A_i \cap A_j = \varnothing \ (i \neq j,\ i, j = 1, 2, \cdots, n)$

이면, 집합 $A_1, A_2, \cdots, A_n$을 표본공간 S의 분할이라고 한다.

한편, 임의의 사건 B의 확률을 직접 계산하기 어려운 경우 서로 배반인 사건 $A_1, A_2, \cdots, A_n$으로 표본공간 S를 분할하여 계산하면 편리하다. 이때 $B = (B \cap A_1) \cup (B \cap A_2) \cup \cdots \cup (B \cap A_n)$이고 각 경우는 서로 배반 사건이므로 다음과 같이 계산할 수 있다. 이를 전확률 공식이라고 한다.

전확률 공식(Total Probability Formula)

집합 $A_1, A_2, \cdots, A_n$이 표본공간 S의 분할이고, 모든 i에 대해 $P(A_i) > 0$이면, 임의의 사건 B에 대해

$$P(B) = P(A_1)P(B|A_1) + \cdots + P(A_n)P(B|A_n)$$

이 성립한다.

[증명] 위의 전확률 공식에 대한 증명은 다음과 같다.

$$\begin{aligned} P(B) &= P(S \cap B) \\ &= P\left[\left(\cup_{i=1}^{n} A_i\right) \cap B\right] \\ &= P\left[\cup_{i=1}^{n} (A_i \cap B)\right] \\ &= \sum_{i=1}^{n} P(A_i \cap B) \\ &= \sum_{i=1}^{n} P(A_i)P(B|A_i) \end{aligned}$$

○ 예제 4-8

어느 중고차 시장은 미국산 자동차가 50%를 점유하며, 이 중 15%는 소형이라고 하고, 유럽산 자동차가 전체 시장의 30%를 점유하며, 이 중 40%는 소형이며, 그리고

일본산 자동차는 전체 시장의 20%를 점유하며, 이 중 60%는 소형으로 구성되어 있다고 한다. 전체시장에서 임의로 자동차 한 대를 선택했을 때, 소형일 확률을 구하여라.

풀이 선택된 자동차가 미국산일 사건을 A_1, 유럽산일 사건을 A_2, 그리고 일본산일 사건을 A_3라고 하고, 선택된 자동차가 소형차일 사건을 B라고 하자. 사건 A_1, A_2, A_3는 서로 배반적인 관계에 있으므로, 전확률 공식에 의하여 구하는 확률은

$$\begin{aligned} P(B) &= P(A_1)P(B|A_1) + P(A_2)P(B|A_2) + P(A_3)P(B|A_3) \\ &= 0.50 \times 0.15 + 0.30 \times 0.40 + 0.20 \times 0.60 \\ &= 0.315 \end{aligned}$$

가 된다.

조건부확률의 정의와 곱셈정리, 전확률 공식으로부터, 임의의 사건 A_k에 대한 조건부확률 $P(A_k|B)$는

$$\begin{aligned} P(A_k \mid B) &= \frac{P(A_k \cap B)}{P(B)} \\ &= \frac{P(A_k)P(B|A_k)}{\sum_{i=1}^{n} P(A_i)P(B|A_i)} \end{aligned}$$

가 성립함을 알 수 있는데, 이를 베이즈 정리(Bayes theorem)라고 한다.

베이즈 정리(Bayes Theorem)

사건 $A_1, A_2, \cdots, A_n$이 표본공간 S의 분할이고, 모든 i에 대해 $P(A_i) > 0$이고 $P(B) > 0$이면, 조건부확률 $P(A_k|B)$은 다음과 같이 얻어진다.

$$P(A_k|B) = \frac{P(A_k)P(B|A_k)}{\sum_{i=1}^{n} P(A_i)P(B|A_i)}$$

위의 베이즈 정리에서 사건 $A_1, A_2, \cdots, A_n$을 n가지 요인(factor)이라고 한다면, $P(A_k)$는 요인의 가능성으로서의 사전확률(prior probability)이라고 할 수 있고, 확률 $P(A_k|B)$는 사건 B가 관측된 후의 요인 A_k의 가능성으로서의 사후확률(posterior probability)이라고 할 수 있다. 즉, 베이즈 정리가 뜻하는 것은 관측 전

의 요인에 대한 가능성과 관측 후의 요인에 대한 가능성 사이의 관계를 규명한다고 할 수 있다. 다음과 같은 구체적인 예를 통해 살펴보자.

○ 예제 4-9

[예제 4-8]에서의 확률모형에서 임의로 선택된 자동차가 소형이라는 조건하에서 그 차가 미국산, 유럽산, 일본산일 확률을 계산하여라.

풀이 먼저 그 차가 미국산일 확률은

$$P(A_1|B) = \frac{P(A_1)P(B|A_1)}{P(B)}$$

$$= \frac{0.50 \times 0.15}{0.315}$$

$$= \frac{5}{21}(\approx 24\%)$$

이다. 비슷한 방법으로 $P(A_2|B) = \frac{8}{21}(\approx 38\%)$, $P(A_3|B) = \frac{8}{21}(\approx 38\%)$임을 알 수 있는데, 이 확률을 50%, 30%, 20%와 비교해 보면 약간 흥미로운 결과로, 이는 임의로 선택된 자동차가 소형이었다는 사실이 조건부확률에 영향을 미친 결과로 생각할 수 있다.

이와 같이 어떤 실험의 결과에 대한 정보가 확률의 계산 등에 효과적으로 이용되는 측면에서 베이즈 정리는 중요한 의미를 가진다고 말할 수 있으며, 이는 최근에 활발히 연구가 진행되고 있는 통계학의 한 분야인 베이지안 통계학(Bayesian Statistics)의 초석이라고 말할 수 있다.

4.4 독립사건

두 사건 A, B에 대해 다음과 같은 상황을 생각하자. 사건 $A(B)$가 일어났다는 가정하에서 사건 $B(A)$가 일어날 조건부확률이 사건 $B(A)$가 일어날 확률에 영향을 미치지 않는다면 즉,

$$P(B|A) = P(B) \text{ 또는 } P(A|B) = P(A)$$

이면, 사건 A와 사건 B는 서로 독립이라고 한다. 이 경우 조건부확률의 정의로부터 두 사건의 독립을 다음과 같이 정의할 수 있다.

두 사건의 독립

두 사건 $A, B(\subset S)$에 대해

$$P(A \cap B) = P(A)P(B)$$

가 성립하면, 두 사건 A, B는 서로 독립(mutually independent)이라고 한다.

복원추출의 경우에는 매번 추출되는 결과들 간에 서로 독립적인 관계가 있지만, 비복원추출의 경우에는 매번 추출되는 결과는 서로 독립이 아니다. 이와 같이 서로 독립이 아닌 두 사건을 서로 종속(mutually dependent)이라고 한다.

○ 예제 4-10

3개의 공정한 동전을 던질 때, 앞면의 수가 1 또는 2개일 사건을 A라고 하고, 뒷면이 1개일 사선을 B라고 하자. 두 사건 A와 B가 서로 독립인지 조사하여라.

풀이 표본공간은 $S = \{HHH, HHT, HTH, THH, HTT, THT, TTH, TTT\}$이며, 사건 A와 B는 각각

$$A = \{HHT, HTH, THH, HTT, THT, TTH\},$$
$$B = \{HHT, HTH, THH\}$$

이다. 따라서 $A \cap B = B$이다. 그런데 $P(A) = \frac{6}{8}$, $P(B) = \frac{3}{8}$이므로, $P(A \cap B) \neq P(A)P(B)$. 즉, 두 사건 A와 B는 서로 종속이다.

다음으로 3개의 사건에 대한 독립성에 대해 생각해 보자. 표본공간 $S = \{e_1, e_2, e_3, e_4\}$에 대해, $A = \{e_1, e_2\}$, $B = \{e_1, e_3\}$, $C = \{e_1, e_4\}$라고 한다면, $P(A) = P(B) = P(C) = \frac{1}{2}$이 된다. 그런데 $A \cap B = A \cap C = B \cap C = \{e_1\}$이므로 $P(A \cap B) = P(A \cap C) = P(B \cap C) = \frac{1}{4}$이다. 그러므로 두 사건 A와 B, A와 C, B와 C는 각각 서로 독립인 사건이다. 그러나 $P(A \cap B)P(C) = \frac{1}{4} \cdot \frac{1}{2} = \frac{1}{8}$이고, $P(A \cap B \cap C) = \frac{1}{4}$이므

로, 두 사건 $A \cap B$와 C는 서로 독립이 아니다. 3개의 사건 A, B, C에서 2개씩은 서로 독립인데, 두 사건 $A \cap B$와 C는 독립이 아니다. 따라서 일반적으로 $A \cap B$와 C가 독립사건이 되기 위해서는 다음과 같은 조건이 더 필요함을 알 수 있다.

즉, $P(A \cap B \cap C) = P(A)P(B)P(C)$가 성립될 때, $A \cap B$와 C가 독립이라고 할 수 있다. 이상을 정리하면, 3개의 사건 A, B, C에 대하여,

① $P(A \cap B) = P(A)P(B)$, $P(A \cap C) = P(A)P(C)$,
$P(B \cap C) = P(B)P(C)$

② $P(A \cap B \cap C) = P(A)P(B)P(C)$

가 성립할 때, 3개의 사건 A, B, C는 서로 독립이라고 한다. 이러한 사실은 n개의 사건에 대해서도 자연스럽게 확장될 수 있다.

○ 예제 4-11

2개의 공정한 주사위를 던지는 확률실험에서 세 사건 A, B, C를 다음과 같이 정의하자.

A: 첫 번째 주사위의 눈이 짝수이다.
B: 두 번째 주사위의 눈이 홀수이다.
C: 두 주사위의 눈이 모두 짝수이거나 모두 홀수이다.

이때 세 사건 A, B, C는 서로 독립인가?

풀이 $P(A) = P(B) = P(C) = \frac{1}{2}$이고, $P(A \cap B) = P(A \cap C) = P(B \cap C) = \frac{1}{4}$이므로 세 사건 중 둘씩은 서로 독립이다. 그러나 $P(A \cap B \cap C) = P(\varnothing) = 0 \neq P(A)P(B)P(C)$이므로 세 사건 A, B, C는 서로 독립이 아님을 나타낸다.

사건의 독립성과 관련하여 한 가지 유의하여야 할 점은 사건들 간의 독립성과 배반(disjoint)성은 별개의 개념이라는 점이다. 예를 들어, 표본공간이 여러 개의 서로 배반인 사건들로 구성되어 있다고 해서 그 사건들이 서로 독립이라고 말할 수 있는 것은 아니다.

연습문제

1 표본공간 S가 $S=\{1,2,3,4,5,6,7,8,9\}$일 때, 집합 A는 짝수일 사건, 집합 B는 홀수일 사건 그리고 집합 C는 $C=\{1,2,3,4,5,6\}$이라고 한다. 다음의 사건을 구체적으로 표현하여라.

(1) $A \cap B$

(2) $B \cap C$

(3) $A^c \cup B$

(4) C^c

(5) $A \cup B \cup C$

(6) $\{A \cup B\} \cap C$

(7) $A^c \cup B^c$

2 왼손에는 동전, 오른손에는 주사위를 들고 두 개를 동시에 던지는 확률실험을 한다고 하자. 이때 동전의 앞면이 나오면 H, 뒷면이 나오면 T라고 하자.

(1) 표본공간 S를 표현하여라.

(2) 동전의 앞면이 나올 사건을 A라고 할 때, 사건 A를 표현하여라.

(3) 주사위의 눈이 짝수일 사건을 B라고 할 때, 사건 B를 표현하여라.

(4) 주사위의 눈이 홀수일 사건을 C라고 할 때, 사건 C를 표현하여라.

(5) 사건 A와 B는 서로 배반인가? 사건 A와 C는? 사건 B와 C는?

(6) 사건 A와 B는 서로 독립인가? 사건 A와 C는? 사건 B와 C는?

3 어떤 주머니에 만져서는 구별할 수 없는 구슬이 붉은색 3개, 흰색 2개, 푸른색 4개가 들어 있다. 주머니에서 구슬을 차례로 꺼낼 때

(1) 꺼낸 구슬을 다시 넣는 경우, 구슬 2개가 모두 흰색일 확률을 계산하여라.

(2) 꺼낸 구슬을 다시 넣지 않을 경우, (1)의 확률을 계산하여라.

4 짝수가 나올 가능성이 홀수가 나올 가능성의 3배가 되도록 만든 주사위가 있을 때, 한 번 주사위를 던져 5보다 작은 수가 나올 확률은 얼마인가?

5 두 사건 A와 B가 서로 독립일 때, 두 사건 A^c와 B^c가 서로 독립인지의 여부를 설명하여라.

6 2개의 공정한 주사위를 던지는 실험에서 사건 A, B, C를 첫 번째 주사위의 눈이 홀수일 사건, 두 번째 주사위의 눈이 짝수일 사건 그리고 두 주사위의 눈이 모두 짝수이거나 모두 홀수일 사건이라고 정의할 때, 세 사건 A, B, C에 대한 독립성에 대하여 논하여라.

7 어떤 제품이 3대의 기계 A, B, C에 의해 생산된다고 하자. 이들 기계는 각각 전체의 20%, 30%, 50%를 생산하고, 불량품을 생산할 확률은 5%, 3%, 2%라고 하자. 이런 경우, 많은 제품 가운데 임의로 1개를 추출했을 때 불량품이었다면 그 불량제품이 B기계에서 생산되었을 확률을 구하여라.

8 어떤 고교생이 A대학과 B대학에 입학원서를 제출했다. 만일 그 학생이 A대학에 입학할 확률은 80%, B대학에 입학할 확률은 50% 그리고 A대학, B대학 어느 곳에도 불합격될 확률이 15%라고 할 때, 어느 한 대학에 입학할 수 있는 확률을 구하여라.

9 한 전기 제품의 내부에 그림과 같이 4개의 부품이 직렬과 병렬로 연결되어 있다.

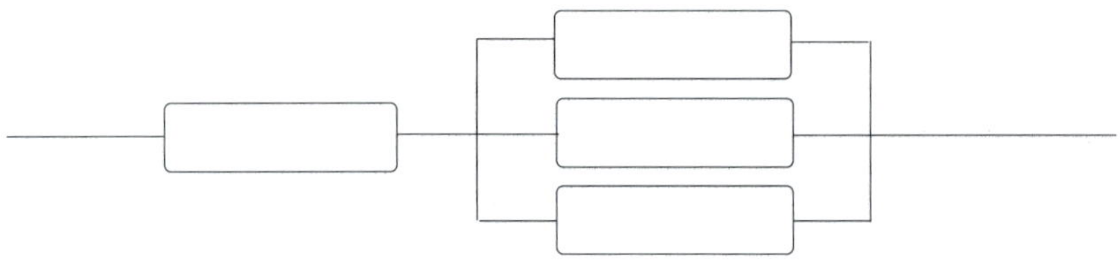

각 부품이 작동하는 사건은 서로 독립이고, 각 부품이 고장 날 확률이 5%라고 할 경우, 이 전기제품이 정상적으로 작동할 확률을 계산하여라.

10 다음은 직업을 A, B, C로 구분할 때 아버지의 직업에서 아들의 직업으로 전이될 조건부확률을 나타낸 것이다. 아버지의 직업이 A, B, C일 확률은 각각 0.1, 0.4, 0.5라고 하자. 아들의 직업이 A일 때, 그의 아버지의 직업이 A일 확률을 구하여라.

아버지	아들		
	A	B	C
A	0.45	0.45	0.1
B	0.1	0.7	0.2
C	0.05	0.5	0.45

11 A회사 휴대전화기의 결함률은 0.01, B회사는 0.02, C회사는 0.03, D회사는 0.02라고 한다. 각 회사별 휴대전화기의 시장 점유율은 A회사는 0.4, B회사는 0.3, C회사는 0.2, D회사는 0.1이다. 어떤 휴대전화기가 결함을 보였을 때, 이 휴대전화기가 B회사 또는 C회사의 제품일 확률을 구하여라.

12 흰색 공 3개, 빨간색 공 4개, 검은색 공 2개를 항아리에 넣고 흔들어 2개의 공을 임의로 비복원추출할 때, 두 개의 공이 모두 검은색일 확률을 구하여라.

13 어느 시험의 응시자 중에서 전공자와 비전공자의 비율이 6:4일 때, 전공자의 80%가 합격하고 비전공자의 60%가 합격한 경우 합격자 중 임의로 선택한 한 명이 비전공자일 확률은 얼마인가?

14 작년 입사 지원자 중 60%가 남자이고 40%가 여자인 어느 회사에서 남자 지원자 중 8%, 여자 지원자 중 6%가 합격하였을 때 이 회사의 작년 입사 지원자 중 합격한 사람의 비율을 구하여라.

15 상자 A에 빨간 공 2개와 파란 공 4개가 들어 있다. 상자 A에서 3개의 공을 랜덤하게 비복원추출하여 비어 있는 상자 B에 넣었다. 상자 B에서 공 1개를 랜덤하게 꺼냈을 때 그 공이 빨간 공이었다면 빨간 공 2개와 파란 공 1개가 상자 B로 옮겨졌을 확률을 구하여라.

16 도시 A에 거주하는 사람 중에서 1%가 질병 D에 걸렸고 나머지 99%는 질병 D에 걸리지 않았다고 한다. 질병 D에 걸린 사람이 어떤 진단 시약에 대해 양성 반응을 보일 확률이 질병 D에 걸리지 않은 사람이 양성 반응을 보일 확률의 33배라고 한다. 도시 A에 거주하는 사람 중에서 임의로 뽑힌 사람이 이 진단 시약에 대해 양성 반응을 보였을 때, 이 사람이 질병 D에 걸렸을 확률은 얼마인가?

17 사건 A가 일어날 확률은 0.6이고, 사건 A가 일어났을 때 사건 B가 일어날 조건부확률은 0.4이다. 사건 A와 B가 서로 독립일 때 사건 B가 일어날 확률은 얼마인가?

18 항아리에 흰 공 5개와 검은 공 7개가 들어있다. 항아리에서 4개의 공을 임의로 비복원추

출할 때, 2개가 검은 공일 확률은 얼마인가?

19 세 사건 A, B, C에 대하여

$P(A)+P(B)+P(C)=1$
A와 B는 배반
B와 C는 배반
A와 C는 독립

이라고 한다. $P(A)=1/2$이고 $P(C)=1/3$일 때 $P(A\cup B\cup C)$를 구하여라.

20 사건 A가 일어날 확률은 0.5이고 사건 B가 일어날 확률은 0.2이다. 사건 A와 사건 B가 서로 독립일 때, 사건 $A^c\cup B^c$가 일어날 확률을 구하여라.

21 두 사건 A와 B에 대하여 $P(A)=0.3$이고 $P(A\cup B)=0.7$이다. A와 B가 독립이 되기 위한 $P(B)$의 값은 얼마인가?

5장

확률분포와 기댓값

5.1 확률변수와 확률분포

통계적 조사 또는 실험의 결과는 양적일 수도 있고, 질적일 수도 있다. 예를 들어, 신생아의 체중에 대한 조사를 할 때에는 그 결과가 무게로 양적이지만, 신생아의 혈액형을 조사할 경우에는 그 결과가 'O', 'AB', 'A', 'B'로 질적자료로 관측된다. 특히, 가능한 결과가 질적일 때는 확률적인 개념으로 표현하는 것이 매우 복잡해진다. 이러한 경우에 표본공간을 수의 공간과 대응시켜 생각한다면 매우 간단하고 편리할 것이다.

○ 예제 5-1

동전 한 개를 두 번 던지는 시행에서 표본공간은

$$S = \{HH, HT, TH, TT\} \quad (H: \text{앞면},\ T: \text{뒷면})$$

이고, 각 확률은

$$P(\{HH\}) = P(\{HT\}) = P(\{TH\}) = P(\{TT\}) = \frac{1}{4}$$

로 주어진다. 이때 각 실험결과 e에 대해 함수

$$X(e) = e\text{에서 앞면}(H)\text{의 수 (예, } X(HH) = 2)$$

로 정의할 때, 함수 X는 표본공간에서 정의되는 함수이며 실수값을 취하는 함수이다. 이와 같이 표본공간에서 정의되며 실수값을 취하는 함수를 확률변수(random variable)라고 한다. 또한 이 확률변수 X가 취할 수 있는 값(x)들에 대한 확률적 구조를 다음과 같이 표현할 수 있다.

x	0	1	2	합
$P\{X=x\}$	1/4	1/2	1/4	1

$$P\{X=x\} = \begin{cases} \frac{1}{4}, & x = 0, 2 \\ \frac{1}{2}, & x = 1 \\ 0, & \text{그 외} \end{cases}$$

이와 같이 확률변수 X가 취하는 값에 대해 합이 1인 양수로 표현된 확률적 구조를 X의 확률분포(probability distribution) 또는 간단히 분포라고 한다. 보통 확률변수는 대문자 X, Y, Z 등으로 표기하며 소문자 x, y, z 등은 확률변수가 취할 수 있는 가능한 값을 나타내는 것이다. 확률변수와 확률분포를 간략히 정의하면 다음과 같다.

확률변수(Random Variable)와 확률분포(Probability Distribution)

표본공간에서 정의된 실수값 함수를 확률변수라고 하고, 확률변수 X가 취할 수 있는 값에 대한 확률적 구조를 합이 1인 양수로 표현한 것을 X의 확률분포라고 한다.

○ 예제 5-2

하나의 공정한 주사위를 독립적으로 던져서 처음으로 6의 눈이 나올 때까지 던지는 횟수를 나타내는 확률변수를 X라고 했을 때, 확률변수 X의 확률분포를 구하여라.

풀이 사건 $A_i(i=1,2,\cdots)$를 i번째 시행에서 6의 눈이 나오는 사건이라고 하면,

$$\begin{aligned} P(X=x) &= P(A_1^c \cap A_2^c \cap \cdots \cap A_{x-1}^c \cap A_x) \\ &= P(A_1^c)P(A_2^c)\cdots P(A_{x-1}^c)P(A_x) \\ &= \left(\frac{5}{6}\right)^{x-1}\left(\frac{1}{6}\right), \quad (x=1,2,3,\cdots) \end{aligned}$$

로 계산됨을 쉽게 알 수 있다.

확률변수 X가 취할 수 있는 모든 값이 $x_1, x_2, \cdots$ 등의 셀 수 있는 값들로 주어지는 경우, X를 이산확률변수(random variable of discrete type)라고 한다. 이산확률변수는 다음과 같은 확률 구조를 가진다. 즉,

$$f(x) = \begin{cases} P(X=x_i) \text{ 또는 } f(x_i), & x=x_i\text{일 때 } (i=1,2,\cdots) \\ 0, & \text{그 외} \end{cases}$$

이고, 이는 이산확률변수 X가 구체적인 실수값 $x_i(i=1,2,\cdots)$를 취할 확률을 나타낸 것이다. 이때 $f(x)$를 확률변수 X의 확률질량함수(probability mass function)라고 하며, 다음과 같은 성질을 가진다.

이산확률변수의 확률질량함수(Probability Mass Function)

이산확률변수 X가 취할 수 있는 값 $x_1, x_2, \cdots$에 대하여 $f(x_i) = P(X = x_i)$ $(i = 1, 2, \cdots)$라고 하면,

(1) $f(x_i) \geq 0, \ i = 1, 2, \cdots$

(2) $\sum_{i=1}^{\infty} f(x_i) = 1$

(3) $P(\alpha \leq X \leq \beta) = \sum_{x_i \in [\alpha, \beta]} f(x_i)$

을 만족하는 함수 $f(x)$를 확률변수 X의 확률질량함수(probability mass function)라고 한다.

이제 확률변수 X가 취할 수 있는 값이 연속적인 경우에 대해 살펴보자. 대개 불량품의 개수, 던지는 횟수, 교통사고 건수 등은 이산확률변수에 의해 설명될 수 있지만, 크기, 무게, 온도, 거리, 생명기간 등과 같이 하나씩 셀 수 없는 경우 확률변수 X가 어떤 구간 내의 모든 실수값을 취할 때, X를 연속확률변수(random variable of continuous type)라고 한다. 또한 연속확률변수 X의 확률밀도함수 $f(x)$는 다음과 같이 정의할 수 있다.

연속확률변수의 확률밀도함수(Probability Density Function)

확률변수 X가 구간 $[a, b]$의 모든 값을 취할 수 있으며, 이 구간에서 정의된 $f(x)$가

(1) $f(x) \geq 0, \ x \in [a, b]$

(2) $\int_a^b f(x)dx = 1$

(3) $P(\alpha \leq X \leq \beta) = \int_\alpha^\beta f(x)dx$, 단, $a \leq \alpha < \beta \leq b$

을 만족할 때, 함수 $f(x)$를 연속확률변수 X의 확률밀도함수(probability density function)라고 한다.

이산확률변수의 경우와는 달리, 연속확률변수의 확률밀도함수의 값 $f(x)$는 확률이 아닌 점에 유의해야 한다.

[그림 5-1]에서와 같이 확률 $P(\alpha \leq X \leq \beta)$은 xy-좌표평면상의 빗금 친 영역의 넓이를 의미한다. 확률 $P(X = c)$는 이산확률변수의 경우와는 달리 항상 0이라는

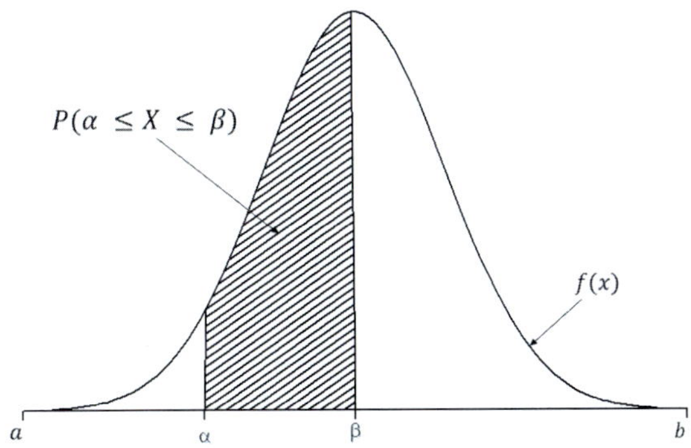

|그림 5-1| **확률밀도함수와 확률**

사실에 유의해야 할 것이다. 따라서 연속확률변수 X에 대하여는

$$P(\alpha \leq X \leq \beta) = P(\alpha < X \leq \beta) = P(\alpha \leq X < \beta) = P(\alpha < X < \beta)$$

임을 알 수 있다.

예제 5-3

어떤 확률변수 X의 확률밀도함수가

$$f(x) = \begin{cases} ax(1-x), & 0 < x < 1 \\ 0, & x \leq 0 \text{ 또는 } x \geq 1 \text{일 때} \end{cases}$$

로 주어질 때, 상수 a와 확률 $P\left(\frac{1}{4} \leq X \leq \frac{3}{4}\right)$을 구하여라.

풀이 확률밀도함수의 정의로부터,

$$\int_{-\infty}^{\infty} f(x)dx = 1 \quad \text{즉, } a\int_0^1 x(1-x)dx = 1$$

이므로 $a=6$이고, 구하는 확률은 다음과 같이 계산된다.

$$P\left(\frac{1}{4} \leq X \leq \frac{3}{4}\right) = \int_{\frac{1}{4}}^{\frac{3}{4}} 6x(1-x)dx = \frac{11}{16}.$$

참고

확률변수 X의 확률분포는 X가 이산형일 때는 확률질량함수, X가 연속형일 때는 확률밀도함수라고 구분하였으나 이를 구분하지 않고 확률밀도함수라고 부르기도 한다.

5.2 기댓값과 그의 성질

3장에서는 주어진 자료의 중심위치에 대한 측도로 평균을, 산포에 대한 측도로 분산을 다루었다. 이제, 확률변수와 확률분포함수의 개념을 바탕으로 확률분포의 특성을 나타내는 측도에 대하여 생각해 보기로 한다.

확률변수의 기댓값(Expected Value of r.v)

확률변수 X의 확률분포함수를 $f(x)$라고 할 때,

$$E(X)=\begin{cases}\sum_x xf(x), & X:\ \text{이산확률변수}\\ \int_{-\infty}^{\infty} xf(x)dx, & X:\ \text{연속확률변수}\end{cases}$$

라 한다면, $E(X)$를 확률변수 X의 기댓값(expected value)이라고 한다.

확률변수 X의 확률분포가 통계조사의 대상인 모집단의 분포에 대한 이론적 모형으로 사용될 때에는 확률변수 X의 이론적 평균값 $E(X)$를 모평균(population mean)이라고 하며, 흔히 기호로는 μ 또는 μ_X로 표기한다.

예제 5-4

공정한 주사위를 한 번 던지는 시행에서 윗면에 나타난 눈의 개수를 나타내는 확률변수를 X라고 할 때, X의 확률밀도함수를 구하고 기댓값 $E(X)$를 계산하여라.

풀이 확률변수 X의 분포는 다음과 같다.

$$X\sim f(x)=P(X=x)=\begin{cases}\frac{1}{6}, & x = 1,2,3,4,5,6\\ 0, & \text{그 외}\end{cases}$$

그러므로 기댓값은

$$E(X)=\sum_x xf(x)=\frac{1}{6}\sum_{x=1}^{6}x=3.5$$

가 된다.

위의 예제에서 만약 기댓값 $E(X-3)^2$에 관심이 있을 경우, 이를 계산하는 방법에 대하여 생각해 보자.

우선 확률변수 $Y=(X-3)^2$의 확률밀도함수를 구하여 $E(Y)$를 계산할 수 있다. 즉,

$$P(Y=y)=\begin{cases}\dfrac{2}{6}, & y=1,4\\[2ex] \dfrac{1}{6}, & y=0,9\end{cases}$$

이므로,

$$\begin{aligned}E(Y)&=\sum_y yP(Y=y)\\ &=\frac{2}{6}(1+4)+\frac{1}{6}(0+9)=\frac{19}{6}\end{aligned}$$

임을 알 수 있다. 그러나 이는 $(X-3)^2$의 분포를 구할 필요 없이, X의 분포만을 이용하여

$$\begin{aligned}E(Y)&=E[(X-3)^2]\\ &=\sum_{x=1}^{6}(x-3)^2P(X=x)=\frac{19}{6}\end{aligned}$$

와 같이 계산할 수도 있다. 확률변수 X의 함수 $g(X)$ 역시 확률변수이므로, 그 기댓값을 다음과 같이 정의할 수 있다.

확률변수의 함수에 대한 기댓값

확률변수 X의 확률분포함수를 $f(x)$라고 할 때, $g(X)$의 기댓값은 다음과 같이 계산될 수 있다.

$$E[g(X)]=\begin{cases}\displaystyle\sum_x g(x)f(x), & X\text{: 이산확률변수}\\[2ex] \displaystyle\int_{-\infty}^{\infty}g(x)f(x)dx, & X\text{: 연속확률변수}\end{cases}$$

○ 예제 5-5

확률변수 X의 확률밀도함수가 다음과 같다고 하자.

$$X \sim f(x) = \begin{cases} 2x, & 0 < x < 1 \\ 0, & \text{그 외} \end{cases}$$

새로운 확률변수 $Y = \left(X - \frac{1}{2}\right)^2$의 기댓값을 계산하여라.

풀이 기댓값의 정의에 의하여,

$$\begin{aligned} E(Y) &= E\left[\left(X - \frac{1}{2}\right)^2\right] \\ &= \int_{-\infty}^{\infty} \left(x - \frac{1}{2}\right)^2 f(x)\,dx \\ &= \int_0^1 \left(x^2 - x + \frac{1}{4}\right) 2x\,dx \\ &= \frac{1}{12} \end{aligned}$$

이 된다.

한편, $\sum$와 정적분의 성질로부터 유도된, 다음의 기댓값에 관한 성질은 매우 편리하게 이용될 것이다.

첫째, 확률변수 X와 임의의 상수 a와 b에 대해

$$E(aX + b) = aE(X) + b$$

가 성립된다.

둘째, 임의의 상수 a, b와 X의 함수 $g(X)$와 $h(X)$에 대해,

$$E[ag(X) + bh(X)] = aE[g(X)] + bE[h(X)]$$

가 성립된다.

확률변수의 분산(Variance)

확률변수 X의 확률분포함수 $f(x)$가 주어져 있을 때, 특히 확률변수 $g(X) = (X - \mu)^2$

에 대한 기댓값을 확률변수 X의 분산(variance)이라고 한다. 즉,

$$Var(X) = E[(X-\mu)^2], \qquad \text{단}, \mu = E(X)$$

$$= \begin{cases} \sum_x (x-\mu)^2 f(x), & X: \text{ 이산확률변수} \\ \int_{-\infty}^{\infty} (x-\mu)^2 f(x)dx, & X: \text{ 연속확률변수} \end{cases}$$

물론, $Var(X)$가 의미하는 것은 확률변수 X가 취할 수 있는 값들에 대한 흩어진 정도를 나타내는 측도로서 그 크기는 확률분포함수에 의존하며 기호로는 σ^2 또는 σ_X^2을 사용하여 나타내기도 한다. 특히, 확률변수 X의 확률분포가 통계조사의 대상인 모집단의 분포에 대한 이론적 모형으로 사용될 때에는 $\mu = E(X)$와 $\sigma^2 = E[(X-\mu)^2]$이 각각 모평균과 모분산으로서 중요한 역할을 하게 된다.

기댓값의 성질을 이용하면 편리한 분산의 계산식을 얻을 수 있다.

$$Var(X) = E[(X-\mu)^2] = E[X^2 - 2\mu X + \mu^2]$$

$$= E(X^2) - 2\mu E(X) + E(\mu^2)$$

$$= E(X^2) - \mu^2$$

분산의 간편 계산법

$Var(X) = E(X^2) - [E(X)]^2$

○ 예제 5-6

[예제 5-4]에서 확률변수 X의 분산 σ_X^2을 계산하여라.

풀이 평균 $\mu = E(X) = 3.5$이므로,

$$Var(X) = E[(X-\mu)^2] = E[(X-3.5)^2]$$

$$= \sum_{x=1}^{6} (x-3.5)^2 \cdot \frac{1}{6}$$

$$= \frac{1}{6} \cdot 2 \cdot (0.5^2 + 1.5^2 + 2.5^2)$$

$$= \frac{8.75}{3} \approx 2.92$$

이다.

또한, 다음의 분산에 관한 성질은 매우 유용하게 사용된다. a와 b를 임의의 상수라고 할 때,

$$\begin{aligned} Var(aX+b) &= E[(aX+b-a\mu-b)^2] \\ &= E[a^2(X-\mu)^2] \\ &= a^2 Var(X) \end{aligned}$$

가 성립한다.

이상의 기댓값과 분산의 성질로부터, 표준화된 확률변수 $Z = \frac{X-E(X)}{\sqrt{Var(X)}}$의 기댓값은 0, 분산은 1이 됨을 쉽게 알 수 있다. 이와 같이 정의되는 확률변수 Z를 확률변수 X의 표준화된 확률변수(standardized random variable of X)라고 한다.

5.3 두 확률변수의 결합분포

지금까지 우리는 확률변수가 하나인 경우에 대해서만 생각하였다. 그러나 많은 경우에 두 개 이상의 확률변수를 동시에 고려해야 하는 경우가 발생한다. 예를 들면, A와 B 두 종류의 곤충에 대한 공존상태를 연구하는 실험에서, 한 나무에서 서식하는 곤충 A, B의 수를 각각 X와 Y라고 하자. 이때 많은 관찰을 통하여 두 개의 이산형 변수 X와 Y 간에 다음과 같은 확률적 구조를 얻었다고 가정하자.

|표 5-1| 두 확률변수 X와 Y의 결합확률분포

Y \ X	1	2	3	4
0	0	0.05	0.05	0.10
1	0.08	0.15	0.10	0.10
2	0.20	0.12	0.05	0

위의 [표 5-1]로부터 한 나무에 서식하는 곤충 B의 수가 곤충 A의 수보다 많을 확률은 0.20임을 쉽게 알 수 있다. 이러한 확률은 확률변수 X와 Y 각각에 대한 확률분포함수로부터 구할 수가 없다. 따라서 [표 5-1]은 우리에게 두 개의 확률변수 각각의 분포함수보다 더 많은 정보를 제공해 준다는 사실을 알 수 있다. 이와 같이 두 개 이상의 확률변수에 대해 그들이 동시에 취할 수 있는 여러 가지 값들에 대한 확률적 구조를 나타낸 것이 바로 여러 변수들의 **결합확률분포(joint probability distribution)**이다. 이러한 결합확률분포로부터 우리는 각각의 확률변수에 대한 확률분포도 직접 구할 수 있다. 즉, [표 5-1]로부터 확률변수 X(곤충 A의 수)와 Y(곤충 B의 수)의 확률분포는 다음과 같이 주어진다.

x	1	2	3	4	계
$P(X=x)$	0.28	0.32	0.20	0.20	1

y	0	1	2	계
$P(Y=y)$	0.20	0.43	0.37	1

이와 같이 확률변수들의 결합분포로부터 얻어지는 각각의 확률변수의 분포를 **주변확률분포(marginal probability distribution)**라고 한다. 위의 두 개의 확률변수가 모두 이산형이거나 연속형인 경우에 대응하는 결합분포함수의 형태는 다음의 [그림 5-2]와 [그림 5-3]과 같이 나타낼 수 있다.

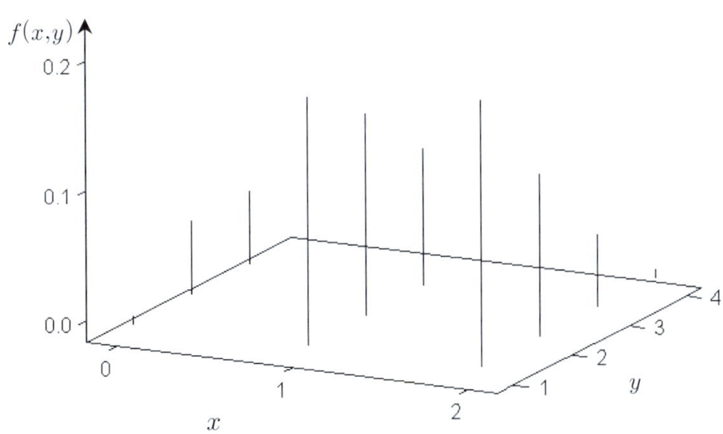

[그림 5-2] 결합확률함수의 형태: X와 Y가 모두 이산형인 경우

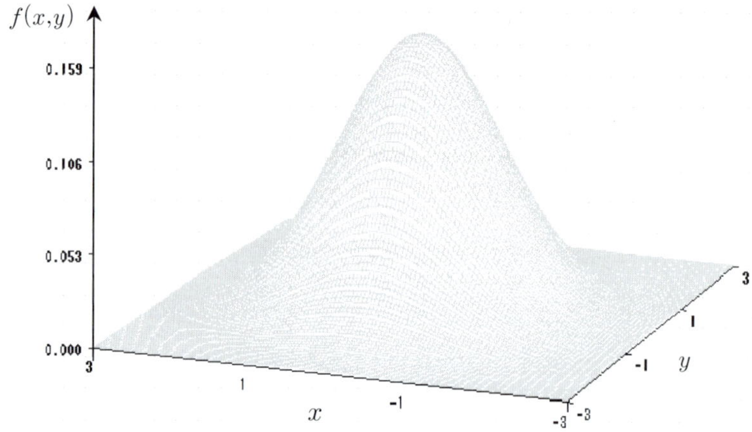

|그림 5-3| 결합확률함수의 형태: X와 Y가 모두 연속형인 경우

5.4 상관계수

확률변수 X의 증감에 따른 확률변수 Y의 증감의 경향에 대한 측도로서, 기댓값 $E[(X-E(X))(Y-E(Y))]$을 사용하게 되는데, 이를 두 확률변수 X와 Y의 공분산(covariance)이라고 하고, 기호로는 $Cov(X, Y)$로 나타낸다.

한편, 공분산은 X와 Y의 단위에 의존하는 양이므로, 단위와는 무관한 상대적인 의미의 측도를 얻기 위하여 공분산을 X와 Y의 표준편차의 곱으로 나누어서 얻은 값을 상관계수(correlation coefficient)라고 하며, 기호로는 $Corr(X, Y)$로 나타낸다.

상관계수 $Corr(X, Y)$는 두 확률변수 X와 Y의 선형관계의 강도에 대한 측도로서의 의미를 갖고 있다.

공분산과 상관계수

(1) 공분산 : $Cov(X, Y) = E[(X-E(X))(Y-E(Y))]$

(2) 상관계수 : $Corr(X, Y) = \dfrac{Cov(X, Y)}{\sqrt{Var(X)}\sqrt{Var(Y)}}$

기댓값의 성질을 이용하여, 다음과 같은 공분산의 간편한 계산법을 얻을 수 있다.

$$Cov(X, Y) = E[(X-E(X))(Y-E(Y))]$$

$$= E[XY - XE(Y) - E(X)Y + E(X)E(Y)]$$
$$= E(XY) - E(X)E(Y)$$

○ 예제 5-7

두 확률변수 X와 Y의 결합분포가 [표 5-1]과 같이 주어질 때 X와 Y의 공분산 $Cov(X, Y)$와 상관계수 $Corr(X, Y)$를 구하여라.

풀이 X의 주변 확률분포는

x	1	2	3	4	계
$P(X=x)$	0.28	0.32	0.20	0.20	1

이므로, X의 기댓값과 분산은 각각

$$E(X) = \Sigma xP(X=x) = 2.32$$
$$E(X^2) = \Sigma x^2 P(X=x) = 6.56$$
$$Var(X) = E(X^2) - [E(X)]^2 = 6.56 - (2.32)^2 = 1.1776$$

이 된다. 마찬가지로, Y의 주변확률분포는

y	0	1	2	계
$P(Y=y)$	0.20	0.43	0.37	1

이므로, Y의 기댓값과 분산은 각각 다음과 같다.

$$E(Y) = \Sigma yP(Y=y) = 1.17$$
$$E(Y^2) = \Sigma y^2 P(Y=y) = 1.91$$
$$Var(Y) = E(Y^2) - [E(Y)]^2 = 1.91 - (1.17)^2 = 0.5411$$

또한 두 확률변수 X와 Y의 곱 XY의 기댓값은,

$$E(XY) = \sum_x \sum_y xyP(X=x, Y=y)$$
$$= 1 \times 0.08 + 2 \times 0.15 + 3 \times 0.1 + \cdots + 6 \times 0.05 = 2.26$$

따라서 공분산 $Cov(X, Y)$는

$$Cov(X, Y) = E(XY) - E(X)E(Y)$$
$$= 2.26 - 2.32 \times 1.17 = -0.4544$$

이고, 상관계수 $Corr(X, Y)$는

$$Corr(X, Y) = \frac{Cov(X, Y)}{\sqrt{Var(X)}\sqrt{Var(Y)}}$$

$$= \frac{-0.4544}{\sqrt{1.1776}\sqrt{0.5411}} = -0.5692$$

이 된다.

끝으로, 기댓값의 성질을 이용하면 다음과 같은 두 확률변수 X와 Y의 합에 대한 분산, 공분산 및 상관계수에 대한 중요한 공식을 유도할 수 있다.

(1) $Var(aX+bY) = a^2 Var(X) + b^2 Var(Y) + 2ab\,Cov(X, Y)$

(2) $Cov(aX+b, cY+d) = ac\,Cov(X, Y)$

(3) $Corr(aX+b, cY+d) = \begin{cases} Corr(X, Y), & ac > 0 \text{인 경우} \\ -Corr(X, Y), & ac < 0 \text{인 경우} \end{cases}$

(4) $-1 \le Corr(X, Y) \le 1$, 단 a, b, c, d는 상수

5.5 두 확률변수의 독립

두 사건의 독립성에 대해 앞의 4.4절에서 설명한 바 있다. 이 개념을 확률변수의 경우로 확장하면, 두 확률변수 X와 Y가 서로 독립(independent)이라는 것은 모든 실수 x와 y에 대하여 $\{X=x\}$인 사건과 $\{Y=y\}$인 사건이 서로 독립임을 의미한다. 즉,

$$P(X=x, Y=y) = P(X=x)P(Y=y)$$

이 됨을 내포한다.

만약, 조건부확률분포함수 $f(x|y)$가 y에 의존하지 않는 경우에는 $f(x|y) = f_1(x)$가 성립하므로, $f(x,y) = f_1(x)f_2(y)$라는 결론이 나온다. 물론 조건부확률분포함수 $f(y|x)$도 x에 의존하지 않는 경우에는 $f(y|x) = f_2(y)$가 성립한다.

이 개념을 연속형인 경우까지 일반화시켜 두 확률변수의 독립성을 정의하면 다음과 같다.

두 확률변수의 독립

두 확률변수 X와 Y의 결합분포에서 모든 실수 x와 y에 대하여

$$f(x,y) = f_1(x)f_2(y)$$

가 성립할 때, 두 확률변수 X와 Y는 서로 독립(mutually independent)이라고 한다. 서로 독립이 아니면 서로 종속(mutually dependent)이라고 한다.

○ 예제 5-8

하나의 동전을 세 번 던질 때, X와 Y를

X=처음 두 번 던질 때 나오는 앞면의 수

Y=세 번째 던질 때 나오는 앞면의 수

라고 정의하면 X와 Y는 독립인가?

풀이 확률변수 X와 Y의 결합확률분포를 구해 보면 다음과 같다.

X \ Y	0	1	계
0	1/8	1/8	1/4
1	2/8	2/8	1/2
2	1/8	1/8	1/4
계	1/2	1/2	1

결합분포표로부터 $f(x,y) = f_1(x)f_2(y)$가 성립함을 알 수 있다. 즉,

$$f_1(0)f_2(0) = \frac{1}{4}\times\frac{1}{2} = \frac{1}{8} = f(0,0),\quad f_1(0)f_2(1) = \frac{1}{4}\times\frac{1}{2} = \frac{1}{8} = f(0,1)$$

$$f_1(1)f_2(0) = \frac{1}{2}\times\frac{1}{2} = \frac{1}{4} = f(1,0),\quad f_1(1)f_2(1) = \frac{1}{2}\times\frac{1}{2} = \frac{1}{4} = f(1,1)$$

$$f_1(2)f_2(0) = \frac{1}{4}\times\frac{1}{2} = \frac{1}{8} = f(2,0),\quad f_1(2)f_2(1) = \frac{1}{4}\times\frac{1}{2} = \frac{1}{8} = f(2,1)$$

이 된다. 따라서 두 확률변수 X와 Y는 서로 독립이다.

두 확률변수가 독립인 경우, 독립의 정의와 기댓값의 성질을 이용하면, 다음과 같은 성질을 만족함을 알 수 있다.

(1) $E(XY) = E(X)E(Y)$

(2) $Cov(X,Y) = 0,\quad Corr(X,Y) = 0$

(3) $Var(aX+bY) = a^2 Var(X) + b^2 Var(Y)$

연습문제

1 X의 확률분포가 다음과 같다.

x	1	3	5	7	9	11
$P(X=x)$	0.08	0.10	0.27	0.25	0.20	0.10

(1) 막대그래프를 그려라.

(2) $E(X)$를 구하여라.

(3) $P(3 \le X < 10)$을 구하여라.

2 다음은 어느 한 도시의 가구별 자녀의 수에 대한 확률분포이다.

자녀의 수 x	0	1	2	3	4	5	6
확률 $P(X=x)$	0.05	0.21	0.39	0.25	0.07	0.02	0.01

(1) $P(X \ge 2)$과 $P(0 < X \le 2)$를 구하여라.

(2) $E(X)$를 구하여라.

(3) $E(X^2)$과 $Var(X)$를 구하여라.

3 연속확률변수 X의 확률밀도함수 $f(x)$가 다음과 같을 때, 다음 물음에 답하여라.

$$f(x) = \begin{cases} kx(1-x)^2, & 0 \le x \le 1 \\ 0, & \text{그 외} \end{cases}$$

(1) 상수 k의 값을 결정하여라.

(2) $P\left(|X| \le \frac{1}{2}\right)$을 구하여라.

(3) $E(X), E(X^2)$과 $Var(X)$를 구하여라.

4 연속확률변수 X의 확률밀도함수가 다음과 같을 때, 물음에 답하여라.

$$f(x) = \begin{cases} kx, & 0 \le x \le 1 \\ 0, & \text{그 외} \end{cases}$$

(1) 상수 k의 값을 구하여라.

(2) $E(X)$, $Var(X)$를 구하여라.

(3) $E[(2X-1)^2]$을 구하여라.

5 다음 두 확률변수 X와 Y의 결합확률함수에 대하여 다음 물음에 답하여라.

$$P(X=x,\ Y=2x)=\begin{cases}\dfrac{1}{5}, & x=1,2,3,4,5\\ 0, & \text{그 외}\end{cases}$$

(1) $E(X)$와 $Var(X)$을 구하여라.

(2) $Cov(X, Y)$를 구하여라.

(3) $Corr(X, Y)$를 구하고, 그 의미를 설명하여라.

6 두 확률변수 X와 Y의 결합확률함수가 다음과 같다.

Y \ X	−2	0	2
0	0	1/3	0
2	1/3	0	1/3

(1) 상관계수 $Corr(X, Y)$를 계산하여라.

(2) 두 확률변수 X와 Y는 서로 독립이 아님에 대해 이유를 제시하여라.

(3) 새로운 확률변수 $Z=X^2$이라 정의할 경우, 두 확률변수 X와 Z의 독립성에 대하여 논하여라.

7 이산확률변수 X의 확률분포는 다음과 같다. $E(X)=1.6$일 때, 상수 c_1과 c_2의 값을 구하여라.

x	−1	0	1	2	3	4	5	계
$P(X=x)$	0.05	c_1	0.30	c_2	0.10	0.10	0.05	1

8 두 연속형 변수 X와 Y 사이의 상관계수가 0.3이라고 할 때, $-X$와 $2Y+1$ 사이의 상관계수를 구하여라.

9 두 이산확률변수 X와 Y의 결합확률분포표가 다음과 같다고 한다.

	$Y=-1$	$Y=0$	$Y=1$
$X=1$	0.1	0.1	0.2
$X=2$	0.1	0.2	0.3

(1) $X+Y$의 기댓값을 구하여라

(2) $2X-Y$의 기댓값을 구하여라.

(3) X와 Y의 공분산을 구하여라.

(4) X와 Y의 상관계수를 구하여라.

10 두 변수 X와 Y에 대한 10개의 관측쌍 $(x_1, y_1), (x_2, y_2), \cdots, (x_{10}, y_{10})$에 대하여 x_i와 y_i를 다음과 같이 표준화하였다.

$$z_{1i} = \frac{x_i - \overline{x}}{s_x},\ z_{2i} = \frac{y_i - \overline{y}}{s_y},\ i = 1, 2, \cdots, 10.$$

$\sum_{i=1}^{10} z_{1i} z_{2i} = 0.9$일 때, X와 Y의 표본상관계수를 구하여라.

(단, $\overline{x} = \sum_{i=1}^{10} x_i/10,\ \overline{y} = \sum_{i=1}^{10} y_i/10,\ s_x = \sqrt{\sum_{i=1}^{10}(x_i - \overline{x})^2/9},\ s_y = \sqrt{\sum_{i=1}^{10}(y_i - \overline{y})^2/9}$ 이다.)

11 0 또는 1의 값만 가질 수 있는 확률변수 X가 $E(X) = 4Var(X)$를 만족할 때, X의 기댓값을 구하여라. (단, $Var(X) \neq 0$이다.)

12 두 확률변수 X_1과 X_2가 평균이 μ, 분산이 σ^2인 분포를 따르고 서로 독립일 때, 확률변수 $X_1(X_1 + X_2)$의 기댓값을 구하여라.

13 확률변수 X는 평균이 3이고, 분산이 4이다. $E\left(\frac{X-3}{2}\right)=p$라고 하고 $E\left[\left(\frac{X-3}{2}\right)^2\right]=q$ 라고 할 때, $p+q$를 구하여라.

14 확률변수 X와 Y의 분산이 각각 25와 36이고, X와 Y의 공분산은 -20일 때, $2X+1$과 $Y-5$ 사이의 상관계수를 구하여라.

15 어느 제품이 불량일 확률은 0.1이고, 각 제품이 불량일 사건은 서로 독립이다. 각 상자가 2개의 제품으로 구성되어 있을 때, 2개의 상자 중 불량품을 적어도 하나 포함하는 상자 수의 기댓값을 구하여라.

16 아래 그림과 같은 과녁을 향해 화살을 쏠 때 화살이 한가운데 흰색 부분을 맞을 확률은 1/10, 중간의 회색 부분에 맞을 확률은 1/5, 과녁을 벗어날 확률은 1/5이다. 화살이 흰색 부분을 맞추면 4점, 회색 부분은 2점, 검은색 부분은 1점, 과녁을 벗어나면 0점의 점수를 받는다고 한다. 모두 다섯 발을 쏘았을 때 얻게 되는 점수의 합의 기댓값은 얼마인가? (단, 화살이 경계선 위에 맞을 가능성은 없다.)

17 확률변수 X와 Y의 표준편차는 각각 2와 5이고 두 확률변수 X와 Y 사이의 상관계수가 -0.5일 때, X와 Y 사이의 공분산을 구하여라.

18 이산확률변수 X의 확률분포가 다음과 같을 때, X의 평균과 분산을 구하여라.

x	−1	0	1
$P(X=x)$	0.25	0.5	0.25

19 어떤 항아리에 1,2,2,3,3,3이 하나씩 적혀 있는 6개의 공이 들어 있다. 이 항아리에서 임의로 하나의 공을 선택할 때, 이 공에 적혀 있는 숫자를 확률변수 X라고 하자. 확률변수 $Y=aX+b$의 평균과 분산이 각각 10과 5일 때, $a+b$의 값을 구하여라. (단, a는 양수이다.)

20 한 개의 동전을 2회 던지는 실험에서 앞면이 나오는 횟수를 확률변수 X라고 할 때, 확률변수 $Y=(X-1)^2$의 기댓값 $E(Y)$를 구하여라.

21 행운권 100장을 임의로 추첨하여 1등 1장은 100,000원, 2등 2장은 30,000원, 3등 3장은 10,000원의 상금을 받는다. 이 행운권을 사기 위해서는 한 장에 1,000원을 내야 한다. 어떤 사람이 이 행운권을 한 장 샀을 때의 기대이익금액을 구하여라. (단, 1, 2, 3등 이외의 등수는 없다.)

6장

여러 가지 확률분포

이 장에서는 앞 장에서 다룬 확률분포함수의 대표적인 유형으로 통계학의 전 분야에 걸쳐 주로 사용되는 분포에 대해 알아본다. 이산형확률분포로 초기하분포, 이항분포, 포아송 분포를 연속형확률분포로 정규분포를 소개하고 이와 관련된 내용을 살펴보기로 한다.

6.1 초기하분포

크기가 N인 유한 모집단에서 크기 n의 표본을 비복원으로 뽑는 경우를 생각해 보자. 이 유한모집단에서 D개가 특별한 속성 A를 갖고 있고 나머지 $N-D$는 속성 A를 갖고 있지 않다고 가정하자. 이러한 모집단에서 크기가 $n(n \le N)$인 랜덤표본을 뽑을 때, 추출된 표본에서 속성 A를 갖고 있는 개수 X의 확률분포를 **초기하분포**(hypergeometric distribution)라고 한다. 확률변수 X의 값이 x일 경우의 수는, D개 중에서 x개를 뽑고 나머지 $N-D$개 중에서 $n-x$개를 뽑는 경우의 수이므로 $\binom{D}{x}\binom{N-D}{n-x}$가지이며, 각각의 경우가 나타날 확률은 $1/\binom{N}{n}$이므로 초기하분포는 다음과 같은 확률분포를 갖는다.

초기하분포(Hypergeometric Distribution)

N =모집단의 크기, D =모집단에서 속성 A를 갖는 것의 개수
n =표본의 크기, X =표본에서 속성 A를 갖는 것의 개수
확률변수 X는 초기하분포를 따르며 다음과 같은 확률분포를 갖는다(단, $n \le N$).

$$P(X=x) = \frac{\binom{D}{x}\binom{N-D}{n-x}}{\binom{N}{n}}, \quad x=0,1,\cdots,\min(n,D), \ 0 \le n-x \le N-D$$

또한 초기하분포의 평균과 분산은 다음과 같다.

초기하분포의 평균과 분산

(1) 평균 : $E(X)=np$, 단 $p=\dfrac{D}{N}$

(2) 분산 : $Var(X)=np(1-p)\dfrac{N-n}{N-1}$

초기하분포에서 만일 D/N를 일정한 상수 $p(0<p<1)$로 두고 모집단의 크기 N을 무한히 크게 할 때, X의 분포는 점차적으로 다음 절에서 소개되는 이항분포에 가까워짐을 증명할 수 있다.

○ 예제 6-1

흰 공 3개와 빨간 공 2개가 들어있는 주머니에서 임의로 2개를 꺼냈을 때, X를 빨간 공의 개수인 확률변수로 정의하자. X가 0, 1, 2의 값을 취할 확률은?

풀이 X는 $N=5$, $D=2$, $n=2$인 초기하분포를 따른다. X는 0, 1, 2의 값을 취할 수 있으며 각각의 확률은 다음과 같다.

$$P(X=0)=\frac{\binom{2}{0}\binom{3}{2}}{\binom{5}{2}}=\frac{3}{10}=0.3$$

$$P(X=1)=\frac{\binom{2}{1}\binom{3}{1}}{\binom{5}{2}}=\frac{6}{10}=0.6$$

$$P(X=2)=\frac{\binom{2}{2}\binom{3}{0}}{\binom{5}{2}}=\frac{1}{10}=0.1$$

6.2 이항분포

모든 확률실험이나 관찰에서 단순한 두 가지 결과만을 기대할 수 있는 것은 아니지만 두 가지 결과로 구분하여 생각할 수 있는 경우는 얼마든지 있다. 예를 들면 주사위를 한 번 던졌을 때 기대할 수 있는 결과는 6가지이지만, 나타난 결과가 홀수, 즉 1, 3, 5인 경우와 그렇지 않은 경우로 구별할 수 있을 것이다. 즉, 주사위를 던졌을 때 더욱 관심 있는 결과가 발생하였을 경우를 성공(S)이라고 하고, 그 나머지의 경우를 실패(F)라고 간주한다면, 주사위를 한 번 던지는 확률실험의 결과는 S 또는 F의 두 가지 시행으로 구분된다. 물론 동전을 한 번 던지는 실험은 그 결과가 앞면(H) 또는 뒷면(T)이 되는 시행이며 어떤 공정의 제품을 하나 뽑아 검사하는 실험은 그 결과가 합격(S) 또는 불합격(F)이 되는 두 가지 사건으로 구분된다. 이러한 시행을 **베르누이 시행**(Bernoulli trial)이라고 하며, 이는 이항분포의 기초가 되는 것으로 다음과 같이 정의할 수 있다.

> **베르누이 시행(Bernoulli Trial)**
>
> 베르누이 시행은 다음의 두 조건을 만족시키는 시행으로 정의된다.
>
> (1) 시행의 결과는 일반적으로 성공(S)과 실패(F)로 구분된다.
>
> (2) 각 시행에서 성공의 확률을 $p=P(S)$, 실패의 확률을 $q=P(F)$라고 하면, 두 확률의 합 $p+q=1$이 된다.

베르누이 시행은 그 결과에 따라 0 또는 1의 값을 대응시킬 수 있는데, 이러한 변수를 베르누이 확률변수라고 하며 다음과 같이 정의된다. 즉, 베르누이 확률변수 X는 실험이 성공(S)이면 1, 실패(F)이면 0의 값을 취하도록 정의된다. 이 경우 확률변수 X의 분포를 베르누이 분포라고 하고, 확률분포는 다음과 같이 주어진다.

|표 6-1| 베르누이 분포의 확률분포

x	0	1	계
$P(X=x)$	$1-p$	p	1

위의 베르누이 분포의 평균은

$$E(X)=1\cdot p+0\cdot(1-p)=p$$

이고,

$$E(X^2)=1^2\cdot p+0^2\cdot(1-p)=p$$

이므로 분산은

$$Var(X)=E(X^2)-\{E(X)\}^2=p(1-p)$$

이다.

성공확률이 p인 베르누이 시행이 n번 독립적으로 반복시행되었을 때, 성공횟수를 나타내는 확률변수를 X라고 하면, 이를 이항확률변수라고 한다. 여기에서 독립적으로 반복시행한다는 의미는 매 시행에서의 성공확률이 동일함을 의미한다. 또한 이때의 확률분포를 시행횟수 n과 성공확률 p를 갖는 **이항분포**(binomial distribution)라고 한다.

이항확률변수 X가 취할 수 있는 값은 $0, 1, 2, \cdots, n$ 이며, 이들의 각각에 대해서 $P(X=x)$를 계산하기 위해 간단한 경우를 생각해 본다. $n=4$ 인 경우에서 각 시행 결과가 S 또는 F라 하면, 모든 가능한 결과는 $2^4=16$ 개가 있다. 또 각 시행에서 $P(S)=p$ 이고 $P(F)=q=1-p$ 라고 하고, 확률변수 X를 성공횟수라고 하면 다음 [표 6-2]와 같이 정리할 수 있다.

|표 6-2| $n=4$인 경우 X의 확률분포

근원사건	$FFFF$	$SFFF$ $FSFF$ $FFSF$ $FFFS$	$SSFF$ $SFSF$ $SFFS$ $FSSF$ $FSFS$ $FFSS$	$SSSF$ $SSFS$ $SFSS$ $FSSS$	$SSSS$
X의 값	0	1	2	3	4
각 결과의 확률	q^4	pq^3	p^2q^2	p^3q	p^4
경우의 수	$\binom{4}{0}$	$\binom{4}{1}$	$\binom{4}{2}$	$\binom{4}{3}$	$\binom{4}{4}$
$P(X=x)$	$\binom{4}{0}p^0q^4$	$\binom{4}{1}p^1q^3$	$\binom{4}{2}p^2q^2$	$\binom{4}{3}p^3q^1$	$\binom{4}{4}p^4q^0$

이를 기초로 일반적인 경우로 확장하여 보면, n회의 독립적인 베르누이 시행 중 x회의 성공(S)과 $(n-x)$회의 실패(F)가 있을 경우의 수는 $\binom{n}{x}=\dfrac{n!}{x!(n-x)!}$가지이며, 각각의 경우가 발생할 확률은 $p^x q^{n-x}$이다. 따라서 일반적으로

$$P(X=x)=\begin{cases}\binom{n}{x}p^x q^{n-x}, & x=0,1,2,\cdots,n \\ 0, & \text{그 외}\end{cases}$$

가 되며 이를 **이항확률분포(binomial probability distribution)**라고 하며 간단히 이항분포(binomial distribution)라고도 한다.

이항분포(Binomial Distribution)

확률변수 X가 다음과 같은 확률분포함수를 가질 때 시행횟수 n, 성공확률 p인 이항분포를 따른다고 하며, 기호로는 $X \sim B(n, p)$를 사용한다.

$$P(X=x)=\begin{cases}\binom{n}{x}p^x q^{n-x}, & x=0,1,2,\cdots,n\\ 0, & \text{그 외}\end{cases}$$

이항분포에 대한 여러 가지 확률을 알고자 하는 경우에는 부록 B[표 B]에 있는 이항분포의 누적확률분포표를 이용하면 매우 편리하다.

이 표에는 $P(X \le c)=\sum_{x=0}^{c} b(x;n,p)=\sum_{x=0}^{c}\binom{n}{x}p^x(1-p)^{n-x}$의 값들이 여러 가지의 n, p, c들의 값에 대하여 주어져 있다. 따라서 이 누적확률분포표를 이용하면 X에 관한 여러 가지 형태의 다른 확률들도 쉽게 계산할 수 있다.

○ 예제 6-2

어떤 혈액병 환자의 치유율이 0.3이라고 한다. 지금 20명의 혈액병 환자 중에서 (1) 적어도 11명 (2) 4명에서 10명 (3) 정확히 8명이 치유될 확률을 구하여라.

풀이 20명의 환자 중 치유된 환자의 수를 나타내는 확률변수를 X라고 하자. 그러면 X는 이항분포 $B(20, 0.3)$에 따름을 알게 된다. 따라서

(1) $P(X \ge 11)=1-P(X \le 10)$

$$=1-\sum_{x=0}^{10} b(x;20,0.3)=1-0.983=0.017$$

(2) $P(4 \le X \le 10)=P(X \le 10)-P(X \le 3)$

$$=\sum_{x=0}^{10} b(x;20,0.3)-\sum_{x=0}^{3} b(x;20,0.3)$$

$$=0.983-0.107=0.876$$

(3) $P(X=8)=P(X \le 8)-P(X \le 7)$

$$=0.887-0.772=0.115$$

○ 예제 6-3

시행횟수 n, 성공확률 p인 이항분포 $B(n,p)$의 평균 $\mu=np$, 분산 $\sigma^2=npq=np(1-p)$임을 보여라.

풀이 여러 가지 방법이 있겠지만, 여기서는 베르누이 시행과 이항분포와의 관계를 통해서 해결하도록 하자. $Y_1, Y_2, \cdots, Y_n$을 서로 독립이고 동일한 성공확률 p를 갖는 베르누이 확률변수라고 하자. 즉, 서로 독립

$$Y_1, Y_2, \cdots, Y_n \sim P(Y_i = 1) = P(S) = p$$
$$P(Y_i = 0) = P(F) = 1 - p \ (i = 1, 2, \cdots n)$$

그리고 $X = Y_1 + Y_2 + \cdots + Y_n$이라고 하면 $X \sim B(n, p)$가 성립한다.
확률변수 $Y_1, Y_2, \cdots Y_n$이 서로 독립이므로

$$\mu = E(X) = E(Y_1 + Y_2 + \cdots + Y_n) = np$$
$$\sigma^2 = Var(X) = Var(Y_1 + Y_2 + \cdots + Y_n) = npq$$

가 된다.

6.3 포아송 분포

실험의 결과가 주어진 시간 혹은 주어진 구간에서 발생하는 사건의 건수로 관측되는 경우가 있다. 예를 들면, 고속도로상에서 하루 동안 발생하는 교통사고 수, 어느 공공기관의 민원실에 한 시간 동안 걸려오는 전화통화 수, 정오 12에서 오후 2시까지 매표소에 도착하는 고객의 수, 백과사전의 한 페이지에 나타나는 오타의 수 등이 있다. 이러한 각각의 사고 건수를 확률변수로 정의하고 다음 조건들이 만족된다면 X의 확률분포를 **포아송 분포**(Poisson distribution)라고 한다.

(1) **독립성** : 한 단위시간이나 공간에서 출현하는 사건의 횟수와 중복되지 않는 다른 단위 시간이나 공간에서 출현하는 사건의 횟수는 서로 독립이다.
(2) **비집락성** : 극히 작은 시간이나 공간에서 둘 또는 그 이상의 사건이 일어날 확률은 매우 작다.
(3) **비례성** : 시간이나 공간의 크기에 비례하여 사건이 발생한다.

포아송 분포(Poisson Distribution)

확률변수 X를 단위시간이나 단위공간에서 희귀하게 일어나는 사건의 횟수라고 하면 X는 포아송 분포를 따르며 기호로 $X \sim P(\lambda)$ 이라고 표현한다.

$$P(X=x)=\frac{e^{-\lambda}\lambda^x}{x!}\ ,\quad x=0,1,2,\cdots$$

(1) 평균 : $E(X)=\lambda$

(2) 분산 : $Var(X)=\lambda$

○ 예제 6-4

은행에서 하루 평균 6건의 불량수표를 받는다고 할 때, 어떤 특정한 날에 불량수표를 4번 받을 확률은 얼마인가?

풀이 확률변수 X를 이 은행에서 하루 동안 받는 불량수표의 수라고 정의한다면 X는 평균 $\lambda=6$인 포아송 분포를 따른다. 따라서 $\lambda=6$인 포아송 분포를 적용하여 구하는 확률을 계산하면 다음과 같다.

$$P(X=4)=\frac{(6)^4e^{-6}}{4!}=0.134$$

이항분포의 포아송 근사

n이 충분히 크고 p가 0에 가까운 경우, 이항분포 $B(n,p)$를 따르는 확률변수 X에 대해 x가 상당히 작은 0 이상의 정수라면

$$\binom{n}{x}p^x(1-p)^{n-x}\approx\frac{e^{-\lambda}\lambda^x}{x!}$$

의 근사관계가 성립된다. 따라서 이항분포의 근사분포로서 포아송 분포를 정의할 수 있다.

○ 예제 6-5

화재보험회사에서 1,860명의 보험계약자를 보유하고 있는데, 1년에 화재가 발생하여 보험금을 청구하는 확률이 1/600이다. 어느 해에 보험계약자 중 화재보험금을 청구하는 횟수를 확률변수 X로 하여 청구횟수가 0, 1, 2, 3회인 경우의 확률을 구하라.

풀이 $n=1{,}860,\ p=\frac{1}{600}$이므로 평균 $\lambda=np=1{,}860\times\frac{1}{600}=3.1$이 된다. 따라서 $\lambda=3.1$인 포아송 분포를 적용하면

$$P(X=0)=\frac{(3.1)^0e^{-3.1}}{0!}=0.045$$

$$P(X=1)=\frac{(3.1)^1e^{-3.1}}{1!}=0.140$$

$$P(X=2)=\frac{(3.1)^2e^{-3.1}}{2!}=0.216$$

$$P(X=3)=\frac{(3.1)^3e^{-3.1}}{3!}=0.223$$

으로 계산된다.

6.4 정규분포

정규분포(normal distribution)는 대표적인 연속형 분포로서, 앞으로 다루게 될 통계적 추론 등에 가장 중요한 분포로 사용될 것이다. 정규분포는 다음과 같은 확률밀도 함수를 가지며 가우스(Gauss) 분포라고 하기도 한다.

정규분포(Normal Distribution)

평균이 μ이고 분산이 σ^2인 정규분포의 확률밀도함수는 다음과 같다.

$$f(x)=\frac{1}{\sqrt{2\pi\sigma^2}}e^{-(x-\mu)^2/2\sigma^2},\ -\infty<x<\infty$$

단, $\pi=3.14159\cdots$이고 $e=2.71828\cdots$이다.

확률변수 X가 위의 분포를 따를 때, 이를 기호로 $X\sim N(\mu,\sigma^2)$이라고 표현한다.

정규분포는 평균이 μ이고 분산이 σ^2인 확률분포이며, 이 값의 변화에 따라 [그림 6-1], [그림 6-2]와 같이 다양한 형태의 분포모양을 가진다. 또한 이 그림으로부터 모든 정규분포는 평균을 중심으로 좌우대칭이며 종모양 형태를 가짐을 알 수 있다.

이제 정규분포로부터의 특정한 영역의 확률을 구하는 방법을 알아보자. 확률변수 X가 평균이 μ이고 분산이 σ^2인 정규분포를 따른다고 하자. 임의의 상수 a, b에 대해 확률 $P(a<X<b)$는 다음의 식으로부터 구할 수 있다.

$$P(a<X<b)=\int_a^b\frac{1}{\sqrt{2\pi}\,\sigma}e^{-(x-\mu)^2/2\sigma^2}dx$$

우측의 적분은 다음의 그림에서 빗금 친 부분의 면적을 의미한다.

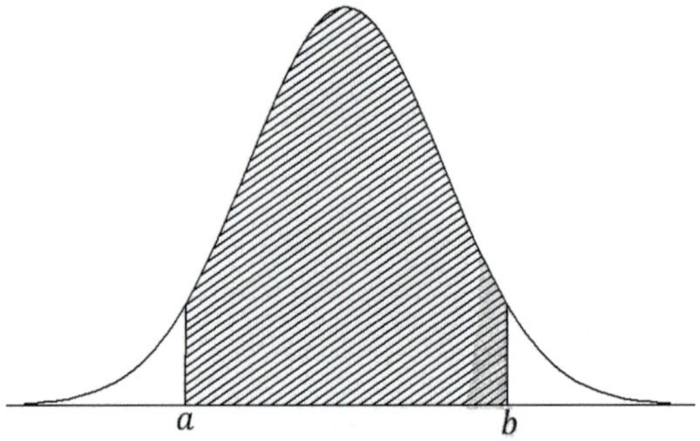

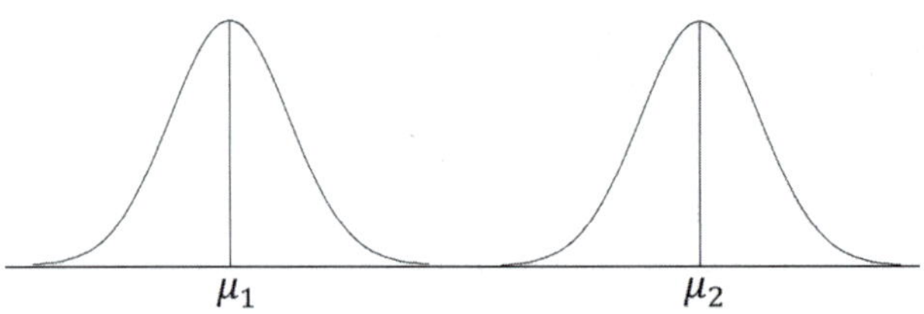

|그림 6-1| 분산은 같고, 평균값이 다른 두 정규분포

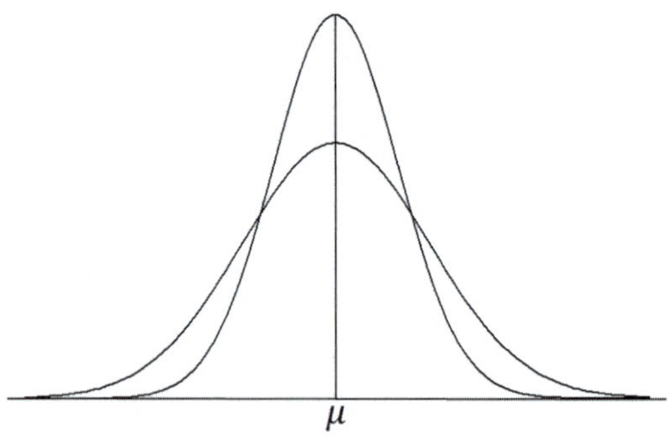

|그림 6-2| 평균은 같고 분산이 서로 다른 두 정규분포

위의 확률 $P(a < X < b)$은 μ와 σ^2의 값이 변함에 따라 달라지는 것은 당연하며, μ와 σ^2이 취하는 모든 실수값에 대하여 이 확률을 직접 계산하는 것은 불가능하다. 다행히 정규분포에서는 다음과 같은 방법으로 이러한 문제를 해결할 수 있다.

먼저 정규분포 $N(\mu,\sigma^2)$을 따르는 확률변수 X의 표준화된 확률변수

$$Z = \frac{X - \mu}{\sigma}$$

는 평균이 0이고 분산이 1인 정규분포를 따른다. 확률변수 Z를 표준정규확률변수라

하고, 이의 분포를 **표준정규분포**(standard normal distribution)라고 한다. 표준정규분포는 $N(0,1)$으로 표현하고 확률밀도함수는

$$f(z)=\frac{1}{\sqrt{2\pi}}e^{-z^2/2},\quad -\infty < z < \infty$$

이다. 부록 B의 [표 C]에는 표준정규분포에 대한 누적확률 $\Phi(z)=P(Z\le z)$가 수록되어 있다. 이를 이용하여 임의의 μ와 σ^2에 대해 $P(a<X<b)$를 다음과 같이 구할 수 있다.

$$\begin{aligned}P(a<X<b) &= P\left(\frac{a-\mu}{\sigma}<Z<\frac{b-\mu}{\sigma}\right),\quad Z=\frac{X-\mu}{\sigma}\sim N(0,1)\\ &= P(z_1<Z<z_2),\ z_1=\frac{a-\mu}{\sigma},\ z_2=\frac{b-\mu}{\sigma}\\ &= \Phi(z_2)-\Phi(z_1)\end{aligned}$$

위의 방법을 이용하면 모든 정규분포에 대한 확률을 쉽게 계산할 수 있다. 또한, 임의의 정규분포를 따르는 확률변수 X에 대해 다음의 사실이 항상 성립한다([그림 6-3]).

$$P(\mu-\sigma<X<\mu+\sigma)=0.6826$$
$$P(\mu-2\sigma<X<\mu+2\sigma)=0.9544$$
$$P(\mu-3\sigma<X<\mu+3\sigma)=0.9974$$

이 사실로부터 임의의 정규분포를 따르는 확률변수가 표준편차의 3배보다 벗어나는 값을 취할 확률은 0.0026으로 대단히 작은 값을 가짐을 알 수 있다. 따라서 어떤 관측된 자료의 몇 %가 그 자료의 2배 또는 3배인 자료의 표준편차로부터 벗어나는지를 알아봄으로써, 그 자료의 모집단이 정규분포를 따르는지에 대한 판단을 할 수 있다.

또한 표준정규분포의 분포함수 $\Phi(z)$는 다음과 같은 성질을 가진다.

표준정규분포의 성질

(1) $\Phi(0)=P(Z\le 0)=0.5$

(2) $\Phi(-z)=P(Z\le -z)=1-\Phi(z)=1-P(Z\le z)$, z: 양수

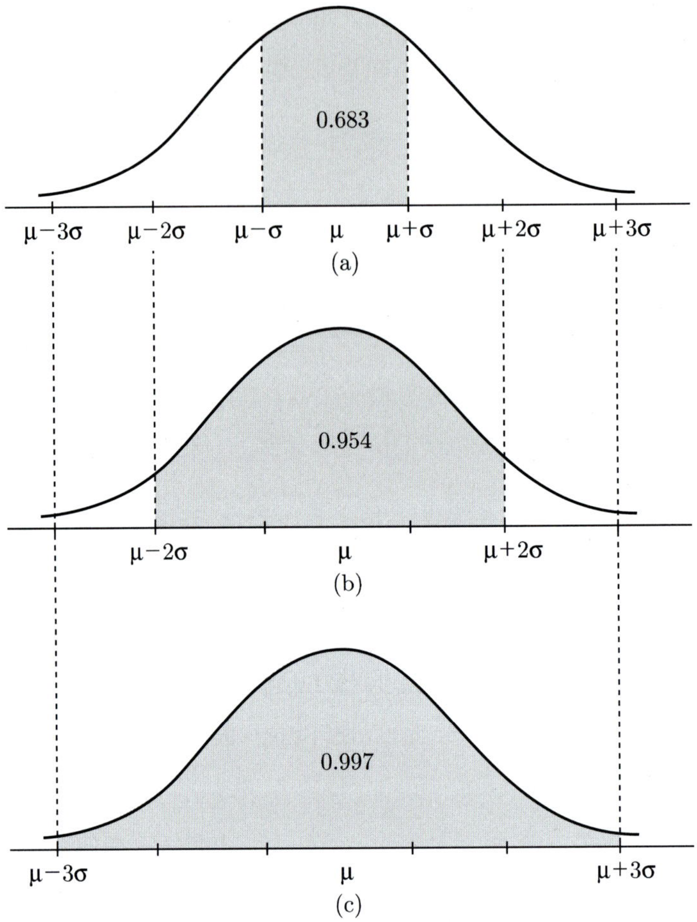

|그림 6-3| $P(\mu-\sigma<X<\mu+\sigma)$, $P(\mu-2\sigma<X<\mu+2\sigma)$와 $P(\mu-3\sigma<X<\mu+3\sigma)$

예제 6-6

$X\sim N(30,4^2)$일 때 다음의 확률을 구하여라.

(1) $P(30<X<35)$ (2) $P(X>40)$

(3) $P(X<37)$ (4) $P(20\le X\le 37)$

풀이 (1) $P(30<X<35)=P\left(\dfrac{30-30}{4}<\dfrac{X-30}{4}<\dfrac{35-30}{4}\right)$

$$=P(0<Z<1.25)$$

이고, 부록 B의 [표 C]에 의하여

$$P(0< Z< 1.25) = \Phi(1.25) - \Phi(0)$$
$$= 0.8944 - 0.5$$
$$= 0.3944$$

(2) $P(X> 40) = P\left(\frac{X-30}{4} > \frac{40-30}{4}\right)$

$= P(Z> 2.5)$

$= 1 - \Phi(2.5)$

부록 B의 [표 C]에 의하여, $\Phi(2.5) = 0.9938$이므로

$$P(X> 40) = 1 - \Phi(2.5)$$
$$= 1 - 0.9938$$
$$= 0.0062$$

(3) $P(X< 37) = P\left(\frac{X-30}{4} < \frac{37-30}{4}\right)$

$= P(Z< 1.75)$

$= \Phi(1.75)$

부록 B의 [표 C]에 의하여, $\Phi(1.75) = 0.9599$이므로

$$P(X< 37) = \Phi(1.75) = 0.9599$$

(4) $P(20 \leq X \leq 37) = P\left(\frac{20-30}{4} \leq \frac{X-30}{4} \leq \frac{37-30}{4}\right)$

$= P(-2.5 \leq Z \leq 1.75)$

$= \Phi(1.75) - \Phi(-2.5)$

$= 0.9599 - 0.0062$

$= 0.9537$

○ 예제 6-7

어떤 용기에 들어 있는 식품의 무게는 평균 $500lb$, 표준편차 $5lb$의 정규분포를 따른다고 한다. 하나의 용기를 임의로 뽑았을 때, 식품의 무게가 다음과 같을 확률을 구하여라.

(1) $510lb$ 이상일 확률

(2) $498lb$ 이하일 확률

(3) $491lb$와 $498lb$ 사이일 확률

풀이 X를 용기 안에 들어 있는 식품의 무게라고 하자.

(1) $P(X \geq 510) = P\left(Z \geq \dfrac{510-500}{5}\right) = P(Z \geq 2)$

$= 1-\Phi(2) = 1-0.9772 = 0.0228$

(2) $P(X \leq 498) = P\left(Z \leq \dfrac{498-500}{5}\right) = P(Z \leq -0.4)$

$= \Phi(-0.4) = 1-\Phi(0.4) = 1-0.6554 = 0.3446$

(3) $P(491 \leq X \leq 498) = P\left(\dfrac{491-500}{5} \leq Z \leq \dfrac{498-500}{5}\right)$

$= P(-1.8 \leq Z \leq -0.4)$

$= \Phi(-0.4) - \Phi(-1.8)$

$= 0.3446 - 0.0359 = 0.3087$

6.5 이항분포의 정규근사

이항분포의 확률을 구하는 산술적 계산은 n이 어느 정도 커지면 매우 복잡하고 시간이 많이 걸리는 것이 하나의 흠이다.

예를 들어, $n=20$, $p=0.4$일 때만 해도 $P(X \geq 10)$을 구하려면,

$$P(X \geq 10) = P(X=10) + P(X=11) + \cdots + P(X=20)$$

$$= \frac{20!}{10!10!}(0.4)^{10}(0.6)^{10} + \frac{20!}{11!9!}(0.4)^{11}(0.6)^{9}$$

$$+ \cdots + \frac{20!}{20!0!}(0.4)^{20}(0.6)^{0}$$

을 계산해야 한다. 이것을 계산하기에는 매우 지루하고, 경우에 따라서는 불가능할 수도 있을 것이다. 이 절에서는 이러한 불편을 해결하기 위한 방법을 생각할 것이다.

n이 크고 p가 0이나 1에 가깝지 않을 때에는 정규분포에 근사하다는 것을 다음의 극한정리를 통해 알 수 있다.

드모아브르-라플라스(De Moivre-Laplace)의 극한정리

충분히 큰 n과 0과 1에 가깝지 않는 p에 대하여, 이항분포의 확률모형

$$f(x) = \binom{n}{x} p^x (1-p)^{n-x}$$

은 근사적으로 정규분포곡선

$$\frac{1}{\sqrt{2\pi}\sqrt{np(1-p)}} exp\left[-\frac{1}{2}\left(\frac{x-np}{\sqrt{np(1-p)}}\right)^2\right]$$

과 일치한다. 이 정리를 드모아브르-라플라스의 극한정리라고 한다.

즉, 극한정리에 의하면, 충분히 큰 n에 대하여

$$Z = \frac{X - np}{\sqrt{np(1-p)}} \doteq N(0, 1)$$

이 성립한다. 극한정리의 증명은 이 책의 정도를 벗어나므로 생략한다. 경험에 의하면, $p < 0.5$이면 $np > 15$인 n에 대하여, $p > 0.5$이면 $n(1-p) > 15$인 n에 대하여, p가 0.5에 가까울 때는 비교적 작은 n에 대하여, p가 1또는 0에 가까울 때는 약간 더 큰 n에 대하여 이 근사식을 만족한다는 것을 알 수 있다([표 6-3], [그림 6-4]).

|표 6-3| 확률함수와 근사식의 값의 비교

x	$n=8 \quad p=0.2$		$n=8 \quad p=0.5$		$n=25 \quad p=0.2$	
	근사치	정밀치	근사치	정밀치	근사치	정밀치
0	0.130	0.168	0.005	0.004	0.009	0.004
1	0.336	0.336	0.030	0.031	0.027	0.024
2	0.331	0.294	0.104	0.109	0.065	0.071
3	0.164	0.147	0.220	0.219	0.121	0.136
4	0.037	0.046	0.282	0.273	0.176	0.187
5	0.004	0.009	0.220	0.219	0.199	0.196
6	0.000	0.001	0.104	0.109	0.176	0.163
7	0.000	0.000	0.030	0.031	0.121	0.111
8	0.000	0.000	0.005	0.004	0.065	0.062
9					0.027	0.029
10					0.009	0.012
11					0.002	0.004

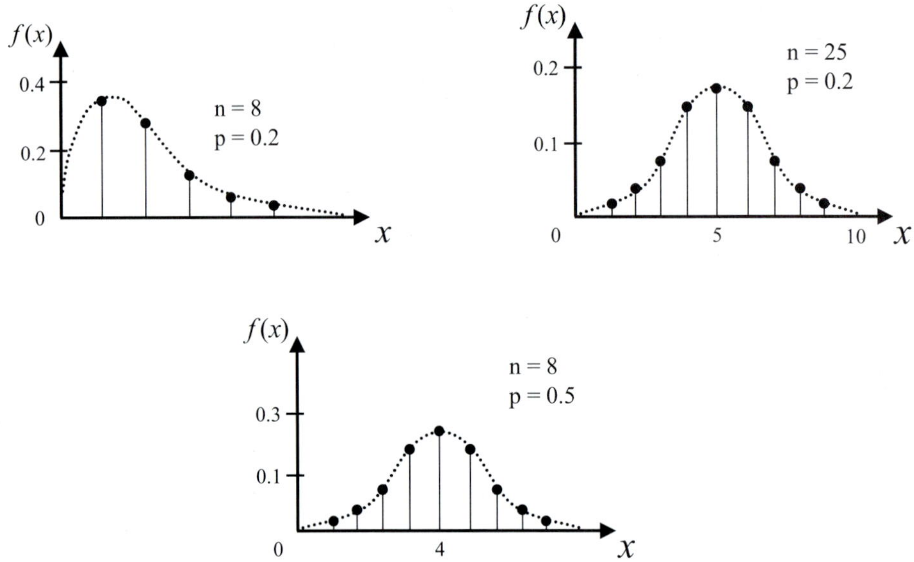

|그림 6-4| [표 6-3]의 그림

그런데 위에서 언급한 드모아브르-라플라스의 극한정리를 사용하여 이항분포를 따르는 확률변수 X에 대한 확률을 구하고자 할 경우에 다음과 같은 주의를 하지 않으면 약간의 오차를 감수해야 할 것이다. 즉, $0 < a < b < n$인 임의의 상수 n에 대하여, $X \sim B(n, p)$이면, n이 큰 경우에는

$$\begin{aligned} P(a < X < b) &= P(a - np < X - np < b - np) \\ &= P\left(\frac{a-np}{\sqrt{np(1-p)}} < \frac{X-np}{\sqrt{np(1-p)}} < \frac{b-np}{\sqrt{np(1-p)}}\right) \\ &\simeq \Phi\left(\frac{b-np}{\sqrt{np(1-p)}}\right) - \Phi\left(\frac{a-np}{\sqrt{np(1-p)}}\right) \end{aligned}$$

와 같이 계산할 수 있지만, 작은 n에 대해서는

$$\begin{aligned} P(a < X < b) &= P(a - 0.5 < X < b + 0.5) \\ &= P\left(\frac{a-np-0.5}{\sqrt{np(1-p)}} < \frac{X-np}{\sqrt{np(1-p)}} < \frac{b-np+0.5}{\sqrt{np(1-p)}}\right) \\ &\simeq \Phi\left(\frac{b-np+0.5}{\sqrt{np(1-p)}}\right) - \Phi\left(\frac{a-np-0.5}{\sqrt{np(1-p)}}\right) \end{aligned}$$

와 같이 계산하는 것이 정밀치에 비교적 가까워진다는 것을 [그림 6-5]를 보면 알 수 있을 것이다.

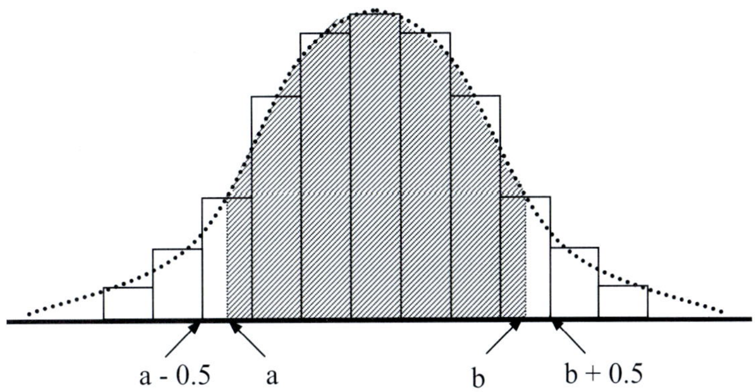

[그림 6-5] 연속성 수정에 대한 그림

이와 같이 양쪽의 끝 값에 0.5를 더하거나 빼주는 방법을 통하여 이산분포를 연속분포로 근사시킴으로서 발생되는 오차를 줄일 수 있다. 이러한 수정 방법을 연속성 수정(correction for continuity)이라고 한다.

○ 예제 6-8

$X \sim B(10, 0.5)$이면, $np = 5$이고, $np(1-p) = 2.5$이다. 그러면 연속성수정을 생각한 경우는

$$P(2 \le X \le 4) \simeq P\left(\frac{2-5-0.5}{\sqrt{2.5}} \le Z \le \frac{4-5+0.5}{\sqrt{2.5}}\right)$$

$$= \Phi(-0.316) - \Phi(-2.214)$$

이고, 부록 B의 [표 C]에 의하면

$$\Phi(-0.316) = 0.376$$
$$\Phi(-2.214) = 0.0134$$

이므로

$$P(2 \le X \le 4) \simeq 0.376 - 0.0134 = 0.3626$$

이고, 연속성에 대한 수정을 생각하지 않는 경우에는

$$P(2 \le X \le 4) \simeq P\left(\frac{2-5}{\sqrt{2.5}} \le Z \le \frac{4-5}{\sqrt{2.5}}\right)$$
$$= \Phi(-0.63) - \Phi(-1.90)$$

이고, 부록B의 [표 C]에 의하면

$$\Phi(-0.63) = 0.2643$$
$$\Phi(-1.90) = 0.0287$$

이므로

$$P(2 \le X \le 4) \simeq 0.2643 - 0.0287 = 0.2356$$

이다. 이항분포 $B(10, 0.5)$의 식에서 직접 구하면

$$P(2 \le X \le 4) = \sum_{x=0}^{4} \binom{10}{x} (0.5)^x (0.5)^{10-x} - \sum_{x=0}^{1} \binom{10}{x} (0.5)^x (0.5)^{10-x}$$
$$= 0.377 - 0.011 = 0.366$$

이다. 따라서 n이 작은 경우에는 연속성에 대한 수정을 생각한 경우가 생각하지 않는 경우보다 더 정확한 것을 알 수 있다.

○ 예제 6-9

$X \sim B(100, 0.5)$이면, $np = 50$, $np(1-p) = 25$이다. 그러면 연속성에 대한 수정을 생각한 경우에는

$$P(20 \le X \le 40) \simeq P\left(\frac{20-50-0.5}{\sqrt{25}} \le Z \le \frac{40-50+0.5}{\sqrt{25}}\right)$$
$$= \Phi(-1.9) - \Phi(-6.1)$$
$$= 0.0287$$

이고, 연속성에 대한 수정을 생각하지 않은 경우에는

$$P(20 \le X \le 40) \simeq P\left(\frac{20-50}{\sqrt{25}} \le Z \le \frac{40-50}{\sqrt{25}}\right)$$
$$= P(-6 \le Z \le -2)$$
$$= \Phi(-2) - \Phi(-6)$$

$$= 0.0228$$

이다. 또 이항분포 $B(100, 0.5)$에서 직접 계산하면

$$P(20 \le X \le 40) = \sum_{x=0}^{40} \binom{100}{x} (0.5)^x (0.5)^{100-x} - \sum_{x=0}^{19} \binom{100}{x} (0.5)^x (0.5)^{100-x}$$

$$\simeq 0.0284$$

그러므로 n이 충분히 큰 경우에는 연속성에 대한 수정을 고려하지 않아도 확률 계산에 큰 영향을 주지 않음을 알 수 있다.

○ 예제 6-10

어떤 새로운 백신의 효과를 실험하기 위하여 100명에게 약물을 투여하였다. 제약회사는 이 백신을 맞은 임의의 사람은 확률 0.8로 면역성을 갖게 된다고 주장할 때 다음의 확률을 구하여라.

(1) 74명 미만이 면역성을 갖게 될 확률

(2) 74명 이상, 85명 이하가 면역성을 갖게 될 확률

풀이 X를 100명 중 면역성을 갖게 된 사람 수라고 하자. 그러면 $X \sim B(100, 0.8)$이다. 따라서 $np = 80$이고 $np(1-p) = 16$이다. n이 충분히 크므로,

(1) $P(X < 74) \simeq P\left(Z < \dfrac{74-80}{4}\right) \simeq \Phi(-1.5) = 0.0668$

(2) $$P(74 \le X \le 85) \simeq P\left(\frac{74-80}{4} \le Z \le \frac{85-80}{4}\right)$$

$$\simeq \Phi(1.25) - \Phi(-1.5)$$

$$= 0.8944 - 0.0668$$

$$= 0.8276$$

6.6 R 실습

R에서는 확률분포에 대한 정보를 얻기 위해 4가지 형태가 사용된다.

d	pdf	밀도함수계산	$P(X=x)$
p	cdf	누적분포확률	$P(X \le x)$ 계산
q	quantile	역함수	$P(X \le x)=p$를 만족하는 x 계산
r	random samples	난수생성	

이 장에서 사용된 확률분포함수의 사용법은 다음과 같다.

분포	Distribution	PDF
초기하분포	Hypergeometric	dhyper(x, m, n, k)
이항분포	Binomial	dbinom(m, n, p)
정규분포	Normal	dnorm(x, mean=0, sd=1)

예제 6-1 초기하분포

[예제 6-1]의 경우와 같이 흰 공 3개와 빨간 공 2개가 들어 있는 주머니에서 임의로 2개를 꺼냈을 때, X를 빨간 공의 개수인 확률변수로 정의하자. X가 (1) 0인 확률, (2) 1 이하일 확률을 다음의 절차대로 구할 수 있다. [예제 6-1]에서와 같이 요약되어 있는 경우를 가정한다.

```
> dhyper(x=0, m=2, n=3, k=2)     # Pr(X=0)
[1] 0.3
> # m=2: 주머니에 있는 빨간 공의 개수
> # n=3: 주머니에 있는 흰 공의 개수
> # k=2: 주머니에서 꺼낸 공의 개수
> # x=0: 주머니에서 꺼낸 빨간 공의 개수

> dhyper(x=1, m=2, n=3, k=2)     # Pr(X=1)
[1] 0.6

> phyper(q=1, m=2, n=3, k=2)     # Pr(X<=1)
[1] 0.9
```

명령어 dhyper(x, m, n, k)는 m개의 빨간색 공과 n개의 하얀색 공이 있는 주머니에서 k개의 공을 비복원추출하였을 때, 그 중 x개가 빨간색일 확률값을 계산한다. 반면 phyper(q, m, n, k)는 동일한 조건하에서 누적확률값을 계산하여 준다. 결과를 살펴보면 (1)의 경우 X가 0인 확률은 0.3이며 (2)의 경우 X가 1 이하일 확률은 0.9임을 알 수 있다.

예제 6-2 이항분포

[예제 6-2]의 경우와 같이 혈액병 환자의 치유율이 0.3이라고 한다. 지금 20명의 환자 중에서 (1) 정확히 8명 (2) 11명 이하가 치유될 확률을 다음의 절차대로 구할 수 있다. [예제 6-2]에서와 같이 요약되어 있는 경우를 가정한다.

```
> dbinom(x=8, size=20, prob=0.3)     # Pr(X=8)
[1] 0.1143967
> # size=2: 전체 20명의 환자 대상
> # prob=0.3:  치유율 0.3
> # x=8: 치유된 사람의 수

> pbinom(x=11, size=20, prob=0.3)     # Pr(X<=11)
[1] 0.9948618
```

명령어 dbinom(x, size=n, prob=p)는 시행횟수 n, 성공확률이 p이 이항분포에서 성공이 x개 발생할 확률을 계산한다. 반면, 명령어 pbinom(q, size=n, prob=p)는 동일한 상황에서 성공의 개수가 q개 이하일 확률을 계산해준다. 결과를 살펴보면, (1)의 경우 8명이 치유될 확률은 0.114이며, (2)의 경우 11 이하가 치유될 확률은 0.995임을 알 수 있다.

예제 6-4 포아송 분포

[예제 6-4]의 경우와 같이 은행에서 하루 평균 6건의 불량수표를 받는다고 할 때, 어떤 특정한 날에 불량수표를 (1) 4번 (2) 3번 이하로 받을 확률을 다음의 절차대로 구할 수 있다. [예제 6-4]에서와 같이 요약되어 있는 경우를 가정한다.

```
> dpois(x=4, lambda=6)    # Pr(X=4)
[1] 0.1338526
> # lambda=6: 하루 평균 불량수표의 건수
> # x=4: 불량수표 건수

> ppois(q=3, lambda=6)    # Pr(X<=3)
[1] 0.1512039
```

명령어 dpois(x, lambda)는 사건의 평균 발생율이 lambda인 포아송 분포에서 사건이 x번 발생할 확률을 계산한다. 명령어 ppois(q, lambda)는 같은 상황에서 발생 사건의 수가 q개 이하일 확률을 계산한다. 결과를 살펴보면, (1) 불량수표를 4번 받을 확률은 0.134이며, (2) 불량수표를 3번 이하로 받을 확률은 0.151임을 알 수 있다.

예제 6-6 정규분포

[예제 6-6]의 경우와 같이 확률변수 X가 평균이 30, 분산이 4^2인 정규분포를 따르는 경우 X가 (1) 37일 때의 확률밀도함수값 (2) 37 이하일 때의 확률 (3) 제1사분위수를 다음의 절차대로 구할 수 있다. [예제 6-6]과 같이 자료가 요약되어 있는 경우를 가정하자.

```
> dnorm(x=37, mean=30, sd=4)     # 37일 때의 확률밀도 함수값
[1] 0.02156933
> pnorm(q=37, mean=30, sd=4)     # Pr(X<=37)
[1] 0.9599408
> qnorm(p=0.25, mean=30, sd=4)     # 제1사분위수
[1] 27.30204
```

명령어 dnorm(x, mean=μ, sd=σ)는 확률변수 X가 평균이 μ, 표준편차가 σ인 정규분포를 따를 때, x에서의 확률밀도함수값을 계산한다. 명령어 pnorm(q, mean =μ, sd=σ)는 같은 상황에서 X가 q 이하일 확률값을 계산한다. 또한 qnorm(p, mean=μ, sd=σ)는 제100p백분위수를 구해준다. 결과를 살펴보면 (1)의 경우의 확률밀도함수값은 0.022이며 (2)의 경우의 확률은 0.960이고, (3) 제1사분위수가 27.302임을 알 수 있다.

연습문제

1 15명의 회원이 있는 소모임에서 어느 안건에 대해 8명이 찬성을 하고 있다. 이 가운데서 5명을 임의로 추출했을 경우 X를 찬성자 수라고 하자.

(1) X는 어떤 확률분포를 따르는가?

(2) 확률분포표를 작성하여라.

(3) 평균과 분산을 구하여라.

2 X가 $n=10$, $p=0.4$인 이항확률변수일 때, 다음의 각 확률을 구하여라.

(1) $P(X=3)$ (2) $P(X \le 6)$ (3) $P(X > 6)$ (4) $P(4 \le X < 8)$

3 이항분포표를 이용하여 다음 확률을 구하여라(p : 성공률).

(1) $p=0.3$일 때, 5회의 시행 중 2회 성공할 확률

(2) $p=0.7$일 때, 18회의 시행 중 6회 실패할 확률

(3) $p=0.3$일 때, 10회의 시행 중 5회 이하의 실패할 확률

(4) $p=0.7$일 때, 20회의 시행 중 9회 이상 15회 이하의 성공할 확률

4 주사위를 12번 던질 때 5 또는 6이 나오면 성공으로 생각할 때, 다음 확률을 구하여라.

(1) 정확히 4번 성공할 확률

(2) 적어도 1번 성공할 확률

(3) 4번 이하의 성공할 확률

5 어떤 학생이 10개의 문항으로 구성된 객관식 시험에 응시하려고 한다. 각 문항은 5지선다형으로 그 중 오직 한 개만이 정답이다. 만일 10개의 문항 중 6개 이상을 맞추면 합격한다고 할 때, 이 학생이 합격할 확률은 얼마인가?

6 미국 내의 도시주민에 대한 조사결과, 백색전화기를 사용하는 주민이 전체의 30%라고 한다. 임의로 20명을 조사하였을 때 그 절반 이상이 백색전화기를 사용할 확률은 얼마인가?

7 X는 포아송 분포를 따른다. 다음을 구하여라.

(1) $m=3$일 때, $P(X=1)$과 $P(X \le 5)$

(2) $m=0.3$일 때, $P(X=0)$과 $P(X>1)$

(3) $m=2$일 때, $P(X=2)$과 $P(3 \le X \le 7)$

8 어느 회사에서 휴일 다음 날 결근하는 회사원의 수는 평균 2.5명으로 포아송 분포를 따른다고 할 때,

(1) 평균과 분산을 구하여라.

(2) 어느 휴일 다음날 5명이 결근할 확률을 구하여라.

(3) 어느 휴일 다음날 5명 이상이 결근할 확률을 구하여라.

9 한 생명보험회사의 조사에 따르면 어떤 특수한 혈액병으로 인하여 한 사람이 일년 동안 사망할 확률이 0.0001이라고 한다. 만약 이 보험회사의 보험가입자가 10만 명이라면, 어느 한 해 동안 혈액병으로 사망할 사람들에게 보험금이 지급되는 건수가 5 이상일 확률을 구하라.

10 표준정규분포를 따르는 Z에 대해 다음 확률을 구하여라.

(1) $P(Z<-1.96)$ (2) $P(Z>1.96)$ (3) $P(Z>1.5)$

(4) $P(|Z|<2)$ (5) $P(-1<Z<2)$ (6) $P(1.22<Z<1.71)$

11 표준정규분포를 따르는 Z에 대해 다음 각 경우의 c의 값을 구하여라.

(1) $P(Z \ge c)=0.05$ (2) $P(Z \le c)=0.95$ (3) $P(Z \le c)=0.01$

(4) $P(|Z|>c)=0.10$ (5) $P(|Z|<c)=0.99$

(6) $P(-c \le Z \le 0)=0.45$

12 $X \sim N(100, 36)$ 일 때 다음의 확률을 구하여라.

(1) $P(X>110)$ (2) $P(X<105)$ (3) $P(90<X<110)$

13 $X \sim N(100, 8^2)$일 때 다음 각 경우의 c값을 구하여라.

(1) $P(X \geq c) = 0.025$ (2) $P(X \leq c) = 0.95$ (3) $P(|X| \geq c) = 0.10$

14 한 대학 강사가 학생들의 시험 점수를 가지고 학점을 주고자 한다. 이때 학생들의 점수가 정규분포 $N(\mu, \sigma^2)$을 따른다고 가정하자. 학생들의 점수가 $\mu + \sigma$를 넘으면 A를, $\mu + \sigma$와 μ 사이이면 B를, μ와 $\mu - \sigma$ 사이이면 C를, $\mu - 2\sigma$와 $\mu - \sigma$ 사이이면 D를, $\mu - 2\sigma$ 이하이면 F를 주기로 기준을 세웠을 때 한 학생이 다음과 같은 학점을 받을 확률을 각각 계산하여라.

(1) A를 받을 확률

(2) B를 받을 확률

(3) C를 받을 확률

(4) D를 받을 확률

(5) F를 받을 확률

15 항공기 조종사에 대한 자질검사로서 몇 가지의 작업을 연속적으로 얼마나 빨리 수행할 수 있는가를 측정하려고 한다. 이러한 자질검사의 소요시간은 평균 90분, 표준편차 20분인 정규분포를 따른다고 한다.

(1) 자질검사의 합격 상한시간이 80분 이내라면 지원자의 몇 %가 자질검사에 합격하겠는가?

(2) 만약 전체 지원자 중 우수한 사람 5%에게만 자격증을 부여한다면, 이를 받기 위해서는 얼마나 빨리 자질검사를 끝내야 하는가?

16 $X \sim B(20, 0.6)$일 때, 다음 각 물음에 답하여라.

(1) 이항분포표를 이용하여 $P(14 \leq X \leq 17)$의 정확한 확률을 구하여라.

(2) 연속성 수정을 하지 않고 (1)의 확률의 근삿값을 정규분포로의 근사를 이용하여 구하여라.

(3) 연속정 수정을 하여 (2)와 같이 근사확률을 구하여라.

(4) 위의 결과들을 바탕으로, 이항분포의 정규근사화에서 연속성 수정을 하는 이유에 대하여 설명하여라.

17 대학입시에서의 본고사 부활에 대하여 전 국민의 60% 정도가 찬성한다고 하자. 80명을 임의로 추출하여 이에 대한 찬반을 묻는다고 할 때, 47명 이하가 찬성할 확률을 구하여라.

18 어느 대학의 학기별 성적에 대한 평점은 평균이 2.95이고 표준편차가 0.5인 정규분포를 따른다고 한다. 이 대학에서 학기별 성적이 상위 10%에 해당하는 학생들에게 장학금을 지급할 때 한 학생이 장학금을 받기 위한 최소 평점을 구하여라.

19 어느 공장에서 하루 동안 생산되는 부품의 개수가 500개이고 부품의 불량률은 10%이며 하루 동안 발생하는 불량 부품의 개수는 이항분포를 따른다고 한다. 이 공장에서 하루 동안 발생하는 불량 부품의 개수가 40개보다 많을 확률을 정규분포로 근사하여 구하여라.

20 어느 공장에서 생산되는 제품의 불량률이 5%라고 한다. 이 공장에서 생산되는 제품을 임의로 추출하여 추출된 순서대로 조사할 때 10번째 제품이 첫 번째 불량품일 확률을 구하여라.

21 어느 지역의 남자 고등학생들의 키는 평균 172 cm, 표준편차 5 cm인 정규분포를 따른다고 한다. 한 명의 남학생을 랜덤하게 선택했을 때, 이 남학생의 키가 170 cm 이하일 확률을 구하여라.

22 확률변수 X가 정규분포 $N(6, 2^2)$을 따르고 확률변수 Y가 정규분포 $N(4, 2^2)$을 따르며 서로 독립일 때, $P(X < 6 < Y)$의 값을 구하여라.

23 위치 A에서 0 또는 1의 메시지 x를 송신하면 위치 B에서는 x에 표준정규분포를 따르는 확률변수 e을 더한 값 $R = x + e$으로 수신한다. 위치 B에서는 수신된 메시지 R가 0.3 이하이면 0으로 판독하고, 0.3보다 크면 1로 판독한다. 위치 A에서 1을 송신할 때, 위치 B에서 수신한 메시지를 0으로 판독할 확률을 구하여라.

24 어느 도시에서 시행하고 있는 승용차요일제에 등록된 자동차의 연간 운휴일 위반 횟수는 평균이 2인 포아송 분포를 따른다고 한다. 승용차요일제 준수를 독려하기 위해 1년 동안 운휴일 위반이 없는 자동차에 대해 다음 해의 자동차세를 추가로 감면하려고 한다. 다음 해의 추가 감면 대상 승용차의 비율을 구하여라.

25 새로 개발된 신제품이 고장 없이 작동하는 기간은 평균 500일이고, 표준편차가 100일인 정규분포를 따른다고 한다. 판매한 제품의 5% 이내만 보증기간 내에 수리가 요구되도록 보증기간을 정하고자 한다면, 보증기간을 얼마 이내로 정해야 하는가?

26 어느 자격시험 성적은 평균이 68.4점이고 표준편차가 10점인 정규분포를 따른다고 한다. 이 시험에서 88점을 받은 응시자는 상위 a%에 해당한다. a의 값을 구하여라.

27 어느 회사 직원들의 업무평가점수가 평균이 70점이고 표준편차가 10점인 정규분포를 따를 때, 하위 5%에 해당하는 업무평가점수의 최댓값을 구하여라.

7장

표본분포

7.1 표본분포

통계학의 중요한 관심사 가운데 하나는 모집단에서 추출된 자료로부터 모집단의 특성치, 즉 모수(parameter)를 추정하는 것이다. 여기서 모집단에서 얻어낸 서로 독립이고 동일한 분포를 따르는 확률변수들을 확률표본(random sample)이라고 하며, $X_1, X_2, \cdots, X_n$으로 표기한다. 확률표본은 추출과정에서 나타날 수 있는 모든 값을 택할 수 있으며 자료 $x_1, x_2, \cdots, x_n$은 확률변수 $X_1, X_2, \cdots, X_n$의 관측값을 의미한다. 흔히, 이들 자료를 '표본'이라고 하기도 한다.

확률표본을 이용하여 모집단의 분포에 대한 추론을 할 때, 미지의 모수를 포함하지 않는 확률표본만의 함수를 통계량(statistic)이라고 하며, 이를 통해 모집단의 분포를 추론하게 된다. 예를 들어, 표본평균(sample mean) $\overline{X}$, 표본분산(sample variance) S^2 등은 통계량이라고 볼 수 있다. 또한 σ^2을 아는 경우에는 $\overline{X}+\sigma^2$은 통계량이라고 볼 수 있지만 모분산 σ^2을 모르는 경우에 $\overline{X}+\sigma^2$은 통계량이라고 할 수 없다.

통계량(Statistic)

모수에 의존하지 않는 하나 이상의 확률변수의 함수를 통계량이라고 한다.

이들 통계량은 확률변수들만의 함수이기 때문에, 여러 개의 값을 취할 수 있는 새로운 확률변수가 된다. 즉, 통계량 역시 확률변수이기 때문에 분포를 가진다고 말할 수 있다. 이들 통계량의 확률분포를 우리는 **표본분포**(sampling distribution)라고 한다.

표본분포(Sampling Distribution)

통계량의 확률분포를 표본분포라고 한다.

7.2 표본평균의 분포와 중심극한정리

주어진 모집단에 대해 특정한 형태의 통계량의 분포를 구하는 것은 쉬운 문제가 아니다. 이 절에서는 모평균의 추론에 주로 사용되는 표본평균 $\overline{X}$의 표본분포의 기본적 성질과 중심극한정리에 대해 알아보기로 하자. $X_1, X_2, \cdots, X_n$을 모평균 μ, 모분산 σ^2인 모집단 분포로부터의 확률표본이라고 한다면 표본평균 $\overline{X} = \sum_{i=1}^{n} X_i / n$는 하나의 통계량으로서 표본분포를 갖게 된다. 이러한 표본평균의 표본분포에 대한 성질을 알아보기 위해 먼저 표본평균의 기댓값과 분산을 구해 보자.

$$\mu_{\overline{X}} = E(\overline{X}) = \frac{1}{n} E(X_1 + X_2 + \cdots + X_n)$$

$$= \frac{1}{n}[E(X_1) + E(X_2) + \cdots + E(X_n)] = \frac{1}{n} n\mu = \mu$$

$$\sigma^2_{\overline{X}} = Var(\overline{X}) = \frac{1}{n^2} Var(X_1 + X_2 + \cdots + X_n)$$

$$= \frac{1}{n^2}[Var(X_1) + Var(X_2) + \cdots + Var(X_n)] = \frac{1}{n^2} n\sigma^2 = \frac{\sigma^2}{n}$$

표본평균의 기댓값과 분산

모평균이 μ, 모분산이 σ^2인 모집단으로부터 구한 크기 n인 확률표본 $X_1, X_2, \cdots, X_n$의 표본평균 $\overline{X}$에 대하여 다음이 성립한다.

(1) $E(\overline{X}) = \mu$

(2) $Var(\overline{X}) = \dfrac{\sigma^2}{n}$

위의 결과로부터 표본평균 $\overline{X}$의 평균은 모집단의 평균과 같으며 표본크기 n이 클수록 그 분산이 0에 가까워져서 결국 표본의 크기가 클 때 $\overline{X}$는 모집단의 평균인 μ 근처에 밀집되어 분포한다는 사실을 알 수 있다. 만약 모집단의 분포가 정규분포 $N(\mu, \sigma^2)$인 경우에 정규분포의 성질에 의해 표본평균 $\overline{X}$의 분포가 정규분포임을 알 수 있으며 위에서 본 바와 같이 기댓값과 분산이 각각 μ, $\dfrac{\sigma^2}{n}$이 되어 $\overline{X} \sim N(\mu, \dfrac{\sigma^2}{n})$이 성립한다.

○ 예제 7-1

모집단(X)의 분포가 [표 7-1]과 같다고 가정하자.

|표 7-1| X의 모집단의 분포

x	2	4	6	8	계
$f(x)$	$\frac{1}{4}$	$\frac{1}{4}$	$\frac{1}{4}$	$\frac{1}{4}$	1

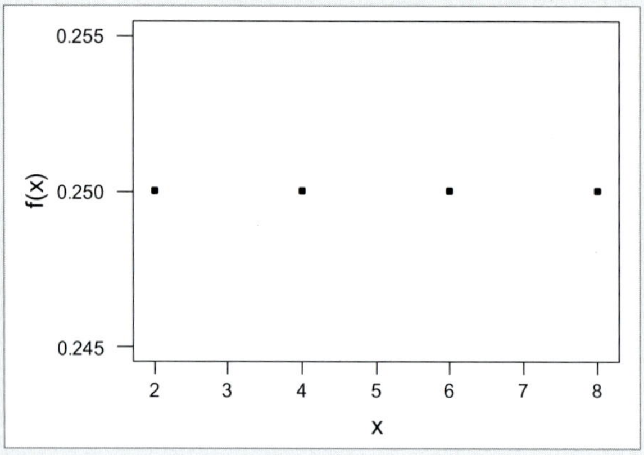

|그림 7-1| X의 모집단의 분포

이 모집단에서 크기가 2인 확률표본 X_1과 X_2를 추출했다면 $\overline{X} = \frac{(X_1 + X_2)}{2}$ 의 확률분포는 다음과 같다([표 7-2], [그림 7-2]). 이때 $\overline{X}$ 의 기댓값과 분산은

$$\mu_{\overline{X}} = E(\overline{X}) = \frac{1}{16}(2\times 1 + 3\times 2 + \cdots + 8\times 1) = \frac{80}{16} = 5 = \mu$$

$$\sigma^2_{\overline{X}} = Var(\overline{X}) = E(\overline{X}^{\,2}) - [E(\overline{X})]^2$$

$$= \frac{1}{16}(2^2\times 1 + 3^2\times 2 + \cdots + 8^2\times 1) - 5^2$$

$$= \frac{440}{16} - 25 = 27.5 - 25 = 2.5 = \frac{5}{2} = \frac{1}{2}\sigma^2$$

이 되어, 모집단의 분포보다는 $\overline{X}$ 의 분포가 정규분포에 더 근사하다는 것을 알 수 있을 것이다([그림 7-1], [그림 7-2]).

|표 7-2| [표 7-1]에서 $\overline{X}$ 의 표본분포

$\bar{x}$	2	3	4	5	6	7	8	계
$f(\bar{x})$	$\frac{1}{16}$	$\frac{2}{16}$	$\frac{3}{16}$	$\frac{4}{16}$	$\frac{3}{16}$	$\frac{2}{16}$	$\frac{1}{16}$	1

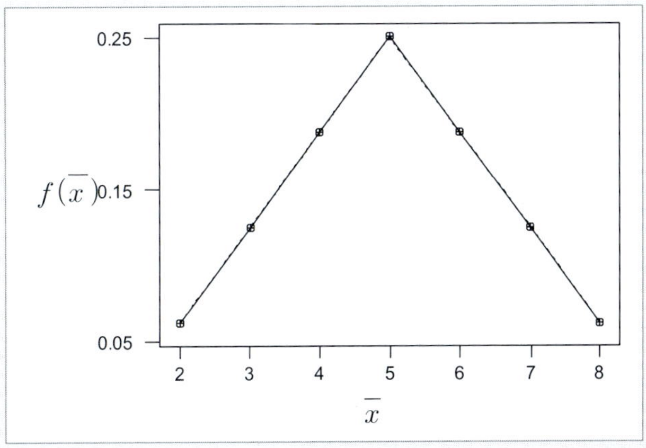

|그림 7-2| $\overline{X}$의 표본분포

위의 예제에서 표본의 크기를 3, 4, ⋯ 등으로 늘리면 통계량 $\overline{X}$의 분포는 어떻게 변할까? 이 문제에 대한 답은 다음의 중심극한정리(Central Limit Theorem)로부터 유추해 낼 수 있다.

중심극한정리(Central Limit Theorem)

크기 n인 확률표본 $X_1, X_2, \cdots, X_n$이 평균 μ, 분산 σ^2인 모집단으로부터 취해졌다고 하면, 충분히 큰 n에 대해서

$$\overline{X} \sim N\left(\mu, \frac{\sigma^2}{n}\right)$$

또는

$$Z = \frac{(\overline{X} - \mu)}{\sigma / \sqrt{n}} \sim N(0, 1)$$

위의 정리는 통계학의 모든 분야에서 대단히 중요하게 취급되는 내용으로, 모집단의 분포에는 관계없이 표본평균의 분포는 충분히 큰 n에 대하여 정규분포를 따른다는 것이다. 또한 [그림 7-3]과 같이 표본의 크기가 커짐에 따라 평균은 변하지 않지만, 분산은 표본의 크기에 역비례하며 작아진다는 사실도 알 수 있다. 앞의 예제와는 달리 모집단의 분포가 비대칭의 형태인 경우에도 이러한 사실들은 그대로 성립한다. 즉, 모집단의 형태는 비록 비대칭일지라도 표본평균의 분포는 표본의 크기가 커

짐에 따라 분포의 형태가 대칭인 정규분포에 가까워짐을 의미한다.

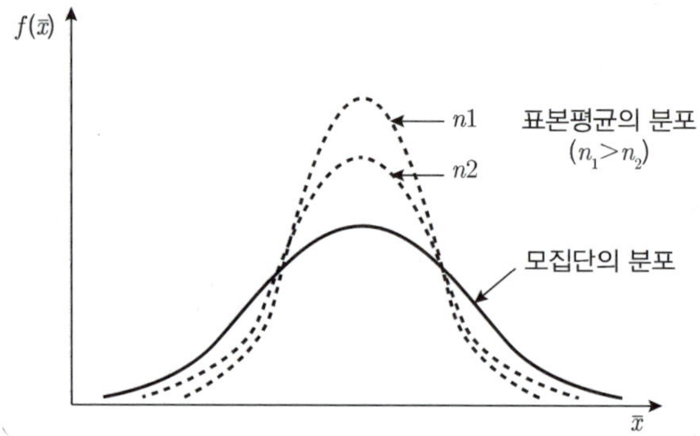

|그림 7-3| n에 따른 표본평균의 분포와 모집단의 분포와의 비교

7.3 정규모집단에서의 표본분포

이 절에서는 여러 가지 통계적 추론에서 다양하게 사용되는 정규모집단에서의 몇 가지 중요한 표본분포에 대해 소개하기로 한다.

카이제곱분포

카이제곱분포(chisquare distribution)는 모집단의 분산에 대한 추론이나 범주형 자료분석에서 동일성, 독립성검정 등에서 사용되며, t 분포나 F 분포를 정의할 때 사용하기도 한다. 카이제곱분포의 곡선은 자유도에 따라 다르지만 그 대략적인 형태는 [그림 7-4]와 같이 되며 정의는 다음과 같다.

정의 카이제곱분포(Chisquare Distribution)

확률변수 $Z_1, Z_2, \cdots Z_k$가 각각 표준정규분포 $N(0, 1)$을 따르고 서로 독립일 때,

$$Z_1^2 + Z_2^2 + \cdots + Z_k^2$$

의 분포를 자유도(degree of freedom) k인 카이제곱분포라고 한다. 이를 기호로 $Z_1^2 + Z_2^2 + \cdots + Z_k^2 \sim \chi^2(k)$로 나타낸다.

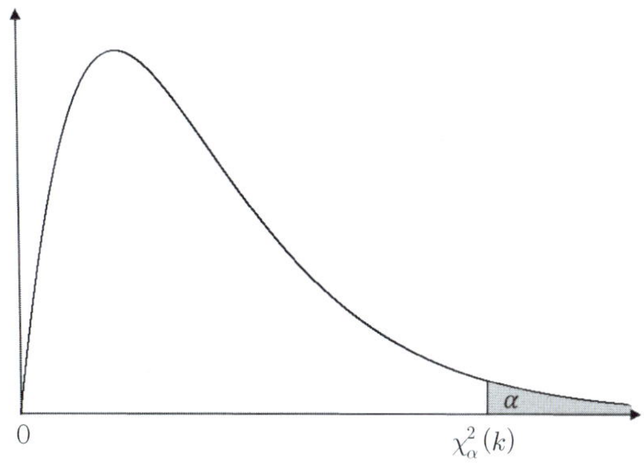

|그림 7-4| 카이제곱분포의 형태

[그림 7-4]에서 $\chi^2_\alpha(k)$은 자유도 k인 카이제곱분포에서 오른쪽 꼬리 면적이 α인 점으로 $100(1-\alpha)\%$ 백분위수라고 한다. 부록B의 [표 E]로부터 $\chi^2_{0.995}(4)$는 0.207, $\chi^2_{0.975}(4)$는 0.484가 됨을 알 수 있다.

또한, 표본분산 S^2은 모분산 σ^2을 추론할 때 사용되며 모집단이 정규분포일 때 S^2의 분포는 카이제곱분포를 따른다. 따라서 정규모집단에서 표본분산의 분포를 다음과 같이 정의할 수 있다.

정규모집단에서의 표본분산의 분포

$X_1, X_2, \cdots, X_n$을 정규분포 $N(\mu, \sigma^2)$으로부터의 확률표본이라고 할 때, 표본분산 $S^2 = \frac{1}{n-1}\sum_{i=1}^{n}(X_i - \overline{X})^2$에 대하여,

$$\frac{(n-1)S^2}{\sigma^2} \sim \chi^2(n-1)$$

이 성립한다.

○ 예제 7-2

확률변수 V가 자유도 4인 카이제곱분포를 따른다고 할 때, $P\{V \geq v\} = 0.1$이 성립하는 v의 값을 구하여라.

풀이 부록 B [표 E]에서 자유도가 4이고 α가 0.1인 경우이므로 $v = 7.7794$의 값을 얻을 수 있다.

t 분포

$X_1, X_2, \cdots, X_n$이 정규모집단 $N(\mu, \sigma^2)$으로부터의 확률표본일 때, 표본평균 $\overline{X}$에 대하여

$$\overline{X} \sim N\left(\mu, \frac{\sigma^2}{n}\right) \text{ 또는 } \frac{\overline{X}-\mu}{\sigma/\sqrt{n}} \sim N(0,1)$$

이 성립함을 앞절에서 살펴보았다. 그러나 μ에 대한 통계적 추론에서 σ를 모르는 경우에는 σ 대신 표본표준편차 $S=\sqrt{\sum_{i=1}^{n}(X_i-\overline{X})^2/(n-1)}$를 사용한 스튜던트화(studentized)된 표본평균 $\frac{\overline{X}-\mu}{S/\sqrt{n}}$의 분포가 필요하게 된다. 다음에 정의된 t 분포(t distribution)가 이러한 확률변수의 분포를 잘 나타내 준다.

정의 t 분포(t Distribution)

두 확률변수 Z와 V가 서로 독립이고, 각각 $Z \sim N(0,1)$이고 $V \sim \chi^2(k)$일 때

$$T=\frac{Z}{\sqrt{V/k}}$$

의 분포를 자유도(degree of freedom) k인 t 분포라고 하며, 기호로 $T \sim t(k)$로 나타낸다.

위에서 정의된 t 분포는 표준정규분포와 같이 0에 대해서 대칭이지만 표준정규분포에 비해 약간 두터운 꼬리를 갖는다([그림 7-5]). 그러나 자유도가 증가할수록 점점 표준정규분포와 가까워진다. 자유도 k인 t 분포에서 오른쪽 꼬리 면적인 α인 점을 흔히 $t_\alpha(k)$로 표기하고 $P\{T \geq t_\alpha(k)\}=\alpha$를 만족한다. 부록 B[표 D]에 자유도에 따른 t 분포표가 수록되어 있다.

또한, $X_1, X_2, \cdots, X_n$이 정규모집단 $N(\mu, \sigma^2)$으로부터의 확률표본일 때 $\frac{\overline{X}-\mu}{S/\sqrt{n}}$의 분포는 자유도 $n-1$인 t 분포를 따르게 된다. 따라서 스튜던트화된 확률변수의 분포를 다음과 같이 정의할 수 있다.

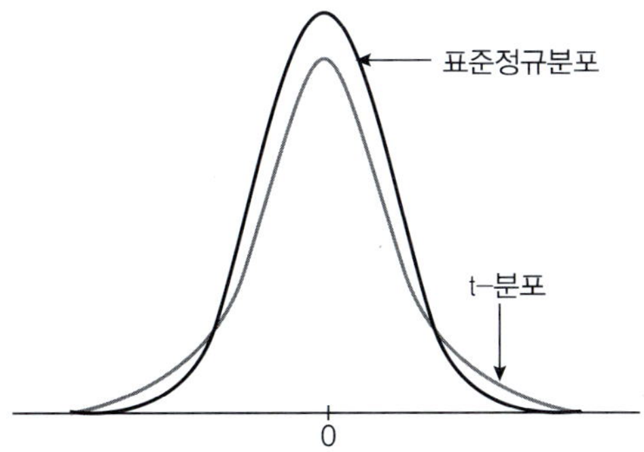

|그림 7-5| 표준정규분포와 t 분포

스튜던트화(Studentized)된 확률변수의 분포

정규분포 $N(\mu, \sigma^2)$으로부터의 확률표본 $X_1, X_2, \cdots, X_n$에 대하여,

$$\frac{\overline{X}-\mu}{S/\sqrt{n}} \sim t(n-1)$$

이 성립한다.

○ 예제 7-3

확률변수 T가 자유도 4인 t 분포를 따른다고 할 때, $P\{T \geq t\} = 0.05$가 성립하는 t의 값을 구하라.

풀이 부록 B[표 D]에서 자유도가 4이고 α가 0.05인 경우이므로 $t = 2.132$의 값을 얻을 수 있다.

F 분포

F 분포(F distribution)는 두 정규모집단에서 분산비에 대한 검정이나, 여러 모평균을 비교하는 분산분석 등에서 많이 사용되는 표본분포이다. F 분포는 다음과 같이 정의된다.

정의 F 분포(F Distribution)

두 확률변수 V_1과 V_2가 서로 독립이고 $V_1 \sim \chi^2(k_1)$과 $V_2 \sim \chi^2(k_2)$일 때

$$F = \frac{V_1/k_1}{V_2/k_2}$$

의 분포를 자유도 (k_1, k_2)인 F 분포라고 하며 기호로 $F \sim F(k_1, k_2)$ 로 표기한다.

F 분포의 확률밀도함수 형태는 자유도에 따라 다르지만, 대략적인 형태는 [그림 7-6]과 같다. F 분포에서 오른쪽 꼬리 면적이 α인 점을 흔히 $F_\alpha(k_1, k_2)$로 표기하고 이는 $P\{F \geq F_\alpha(k_1, k_2)\} = \alpha$를 만족한다. 부록 B[표 F]에 자유도에 따른 F 분포표가 수록되어 있다.

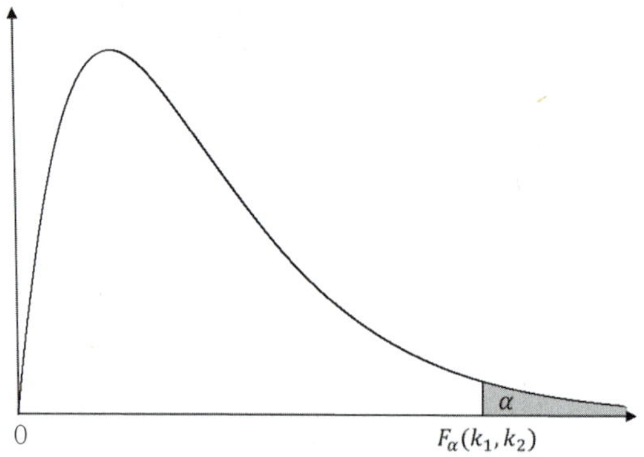

|그림 7-6| F 분포의 형태

F 분포는 서로 독립인 카이제곱 확률변수의 비로 정의되므로 다음과 같은 성질을 만족한다.

F 분포(F Distribution)의 성질

(1) $F \sim F(k_1, k_2)$ 이면 $\frac{1}{F} \sim F(k_2, k_1)$ 이다.

(2) $F_{1-\alpha}(k_2, k_1) = \frac{1}{F_\alpha(k_1, k_2)}$

○ 예제 7-4

확률변수 F가 자유도 3, 4인 F분포를 따른다고 할 때, $P\{F \geq f\} = 0.05$가 성립하는 f의 값을 구하여라.

풀이 부록 B[표 F]에서 자유도가 $\phi_1 = 3$, $\phi_2 = 4$이고 α가 0.05인 경우이므로 $f = 6.59$의 값을 얻을 수 있다.

이제, 두 정규모집단에서의 표본분산들의 비율에 대한 분포를 F분포의 정의를 이용하여 알아보도록 하자. $X_1, X_2, \cdots, X_m$과 $Y_1, Y_2, \cdots, Y_n$을 각각 두 정규모집단 $N(\mu_1, \sigma_1^2)$, $N(\mu_2, \sigma_2^2)$으로부터의 확률표본이라 하고, S_1^2과 S_2^2을 각각 두 확률표본에서의 표본분산으로 정의하면 앞의 정의에 의해서

$$\frac{(m-1)S_1^2}{\sigma_1^2} \sim \chi^2(m-1), \quad \frac{(n-1)S_2^2}{\sigma_2^2} \sim \chi^2(n-1)$$

가 성립하고 이들은 서로 독립이므로, 각각 자신의 자유도로 나눈 후의 비인 $\left(\frac{\sigma_2^2}{\sigma_1^2} \cdot \frac{S_1^2}{S_2^2}\right)$은 자유도가 $(m-1, n-1)$인 F분포를 따르게 된다.

두 정규모집단에서의 표본분산의 비에 대한 분포

$X_1, X_2, \cdots, X_m$과 $Y_1, Y_2, \cdots, Y_n$을 각각 두 정규모집단 $N(\mu_1, \sigma_1^2)$, $N(\mu_2, \sigma_2^2)$으로부터의 확률표본이고 서로 독립이라고 가정하면

$$\frac{\sigma_2^2}{\sigma_1^2} \cdot \frac{S_1^2}{S_2^2} \sim F(m-1, n-1)$$

가 성립한다.

끝으로 F분포와 t분포의 관계를 살펴보자. 자유도 k인 t분포를 따르는 확률변수를 T라고 하면

$$T = \frac{Z}{\sqrt{V/k}}, \text{ 단 } Z \sim N(0,1), \ V \sim \chi^2(k) \text{ 이며 } Z\text{와 } V\text{는 서로 독립}$$

로 표시될 수 있으므로

$$T^2 = \frac{Z^2/1}{V/k}$$

로 쓸 수 있다. 그런데 여기서 $Z^2 \sim \chi^2(1)$ 이고 Z와 V는 서로 독립이므로 다음의 사실이 성립된다.

t 분포와 F 분포의 관계

확률변수 T가 자유도 k인 t 분포를 따를 때 다음이 성립한다.

$$T^2 \sim F(1, k)$$

7.4 R 실습

이 장에서 사용되는 확률분포함수의 사용법은 다음과 같다.

분포	Distribution	PDF
카이제곱분포	chi-square	dchisq(x, df)
t분포	t	dt(x, df)
F분포	F	df(x, df1, df2)

예제 7-2 카이제곱분포

```
> curve(dchisq(x, 4), 0, 15)
> qchisq(0.9,4)
[1] 7.77944
```

예제 7-3 t 분포

```
> curve(dnorm(x), -5,5)
> curve(dt(x, 2), -5,5, add=T)
> qt(0.95, 4)
[1] 2.131847
```

예제 7-4 F 분포

```
> curve(df(x, 3, 4), 0, 10)
> qf(0.95, 3, 4)
[1] 6.591382
```

연습문제

1 공정한 주사위를 던져 윗면에 나타나는 눈의 개수를 나타내는 확률변수를 X라고 하자. 확률변수 X와 동일한 모집단분포에서의 확률표본 X_1, X_2의 표본평균의 분포를 구하여라.

2 $X_1, \cdots, X_n$ 이 평균 μ, 분산 σ^2인 정규모집단에서의 임의표본일 때, $\sum_{i=1}^{n}(X_i - \mu)^2$의 기댓값을 구하여라. (단, $n \geq 2$)

3 $N(20, 8^2)$를 따르는 모집단으로부터 크기가 16인 표본을 추출할 때, 다음의 각 확률들을 구하여라.

(1) $P(\overline{X} \leq 18)$ (2) $P(\overline{X} \geq 23)$ (3) $P(18 \leq \overline{X} \leq 21)$

4 우리나라 성인 남자의 신장은 평균이 168㎝이고, 표준편차가 5㎝인 정규분포를 따른다고 한다. 25명의 성인 남자들을 임의로 추출하였을 때, 평균 신장의 표준편차는 얼마인가? 만일 100명의 성인 남자들을 임의로 추출하였다면, 평균 신장의 표준편차는 얼마인가?

5 어느 공장에서 생산되는 제품의 무게는 과거의 경험으로 볼 때 평균이 40g이고, 표준편차가 18g이라고 한다. 이 공장에서 생산되는 제품 중 36개를 임의로 추출할 때 평균무게가 34g과 43g 사이일 확률은 얼마인가?

6 어느 공정에서 생산되는 전구의 수명은 평균이 900시간이고 표준편차 40시간인 정규분포를 따른다고 한다. 다음 각 물음에 답하여라.

(1) 1000개의 전구 중에서 940시간 이하의 수명을 가진 전구는 몇 개인가?

(2) 이 공정으로부터 100개의 전구를 임의로 추출하여 전구의 평균수명을 측정하였을 때 905시간 이상일 확률은 얼마인가?

7 부록 B의 χ^2 분포표를 이용하여 다음을 구하여라.

(1) 자유도 4일 때 상위 5% 백분위수

(2) 자유도 9일 때 상위 10% 백분위수

(3) 자유도 16일 때 하위 2.5% 백분위수

(4) 자유도 8일 때 하위 1% 백분위수

8 확률변수 V가 자유도 20인 카이제곱분포를 따를 때 다음의 확률을 구하여라.

(1) $P(V \le 7.4338)$

(2) $P(V \ge 31.4104)$

(3) $P(9.5908 \le V \le 28.4120)$

9 부록 B의 t 분포표를 이용하여 다음을 구하여라.

(1) 자유도 6일 때 상위 5% 백분위수

(2) 자유도 12일 때 상위 10% 백분위수

(3) 자유도 20일 때 하위 1% 백분위수

(4) 자유도 7일 때 하위 2.5% 백분위수

10 확률변수 T가 자유도 25인 t 분포를 따를 때 다음의 확률을 구하여라.

(1) $P(T \le 1.316)$

(2) $P(T \ge 2.060)$

(3) $P(1.708 \le T \le 2.787)$

11 부록 B의 F 분포표를 이용하여 다음을 구하여라.

(1) 자유도 (6, 8)일 때 상위 5% 백분위수

(2) 자유도 (10, 7)일 때 상위 1% 백분위수

(3) 자유도 (3, 9)일 때 하위 10% 백분위수

(4) 자유도 (12, 7)일 때 하위 2.5% 백분위수

12 확률변수 F가 자유도 (3, 20)인 F 분포를 따를 때 다음의 확률을 구하여라.

(1) $P(F \leq 3.1)$ (2) $P(F \geq 4.94)$ (3) $P(3.1 \leq F \leq 4.94)$

13 어느 도시에서 근로자의 한 달 수입은 평균이 300만 원이고 표준편차는 100만 원인 정규분포를 따른다고 한다. 이 도시에서 임의추출한 근로자 100명에 대한 한 달 수입의 표본평균이 290만 원보다 크게 나올 확률을 구하여라.

14 음료를 판매하는 회사에서 나온 어느 제품의 한 개당 용량은 평균이 100mL, 표준편차가 10mL인 정규분포를 따른다고 할 때, 이 제품에서 임의로 추출한 25개의 표본평균이 97mL 이상 102mL 이하일 확률을 구하여라.

15 어느 지역 주민의 수축기 혈압이 평균 120이고 표준편차 20인 정규분포를 따른다고 한다. 이 지역 주민 중 랜덤하게 선택된 25명의 수축기 혈압 평균을 $\overline{X}$라고 할 때, $P(\overline{X} \geq x) = 0.05$인 x의 값을 구하여라.

16 모표준편차가 알려져 있는 모집단으로부터 10개의 표본을 임의추출하여 얻은 표본평균의 표준오차는 같은 모집단으로부터 40개의 표본을 임의추출하여 얻은 표본평균의 표준오차의 몇 배인지 구하여라.

17 어떤 음료수 공장에서 생산되는 음료수의 용량은 평균 μ, 분산 16인 확률분포를 따른다고 한다. 이 공장에서 n개의 음료수를 독립적으로 랜덤하게 추출하여 표본평균 $\overline{X}$의 기댓값은 200, 표준편차는 0.2였다. $\mu + n$을 계산하여라.

18 표준편차가 알려진 모집단으로부터 16개의 표본을 임의추출하였을 때, 표본평균의 표준오차가 8로 주어졌다. 표본의 크기를 다르게 하여 표본평균의 표준오차를 반으로 줄이고자 할 때, 모집단으로부터 임의추출하여야 할 표본의 크기를 구하여라.

8장

추정

앞 장에서는 주어진 데이터를 정리하여 자료가 갖고 있는 특성을 요약하고 정리하는 방법을 다루었다. 그러나 단순히 자료를 요약하고 정리하는 것으로는 미지의 현상에 대한 추측을 하거나 의사결정을 내려야 하는 문제를 해결할 수 없다. 모평균, 모분산, 모비율과 같은 모수(parameter)에 대한 어떤 판단을 내리기 위해 모집단으로부터 표본을 추출하여 자료를 얻고 이 자료를 기초로 하여 통계이론에 의한 결론을 내리게 된다. 이와 같은 추론의 과정을 통계적 추론(statistical inference)이라고 한다.

통계적 추론은 보통 모수에 대한 추정(estimation)과 가설검정(testing statistical hypotheses)으로 분류된다. 일반적으로 표본을 추출하여 모수와 같은 모집단의 어떤 미지의 값을 추측하는 과정을 통계적 추정이라고 하고 표본을 이용하여 모집단에 대한 어떤 예상 또는 주장의 옳고 그름을 판정하거나, 주장의 채택 또는 기각을 결정하는 과정을 통계적 가설검정이라고 한다. 통계적 추정은 다시 점추정(point estimation)과 구간추정(interval estimation)으로 분류된다. 이 장에서는 통계적 추론 중 점추정과 구간추정을 다루고 가설검정에 대해서는 9장에서 다루기로 한다.

8.1 점추정의 원리

점추정이란 표본에서 얻어지는 정보를 이용하여 미지인 모수를 하나의 값으로 추정하는 방법이다. 모수가 θ인 모집단 분포로부터의 확률표본을 $X_1, X_2, \cdots, X_n$이라고 하자. 확률표본 $X_1, X_2, \cdots, X_n$의 관측값 $x_1, x_2, \cdots, x_n$이 주어지면 통계량에 의해 하나의 값 $T(x_1, \cdots, x_n)$을 계산하여 이를 θ의 참값으로 추측하게 된다. 이때 추정에 사용되는 통계량 $T(X_1, \cdots, X_n)$을 θ의 점추정량(point estimator)이라고 하고, $\hat{\theta}(X_1, \cdots, X_n)$ 또는 $\hat{\theta}$으로 표기한다. 또한 특정한 관측값 $x_1, x_2, \cdots, x_n$에 대한 추정량의 값을 θ의 점추정치(point estimate)라고 한다. 예를 들면, 어떤 모집단의 평균 μ를 추정하기 위하여, 그 모집단으로부터 크기 n인 표본을 추출하였다고 하자. 이때 이 표본을 $X_1, \cdots, X_n$이라고 하면, $\overline{X} = \sum_{i=1}^{n} X_i / n$을 추정량이라고 하고 $\overline{x} = \sum_{i=1}^{n} x_i / n$을 추정치라고 한다.

추정량(Estimator)과 추정치(Estimate)

(1) 추정량 : 미지의 모수(θ)의 추정에 사용되는 통계량, $\hat{\theta}(X_1,\cdots,X_n)$

(2) 추정치 : 확률표본의 특정한 관측값에 대한 추정량의 관측값, $\hat{\theta}(x_1,\cdots,x_n)$

이제 추정량 $\hat{\theta}$이 모수 θ에 대한 바람직한 추정량이 되기 위한 몇 가지 성질들을 살펴보기로 하자.

그 중 한 가지는 추정량의 분포의 중심위치가 모수가 되기를 기대하는 것이다. 즉, 점추정량의 기댓값이 모수(θ)일 것을 요구하는 것으로 이러한 성질을 갖는 추정량을 불편추정량(unbiased estimator)이라고 하며, 다음과 같이 정의할 수 있다.

불편추정량(Unbiased Estimator)

모수 θ의 모든 참값에 대해

$$E(\hat{\theta}) = \theta$$

이면, $\hat{\theta} = \hat{\theta}(X_1,\cdots,X_n)$ 을 θ의 불편추정량이라고 한다.

○ 예제 8-1

$X_1, X_2, \cdots, X_n$을 평균 μ, 분산 σ^2인 모집단으로부터의 확률표본이라고 하면 표본평균 $\overline{X} = \sum_{i=1}^{n} X_i/n$은 모평균 μ의 불편추정량임을 보여라.

풀이

$$E(\overline{X}) = E\left(\frac{X_1 + X_2 + \cdots + X_n}{n}\right)$$

$$= \frac{1}{n}[E(X_1) + E(X_2) + \cdots + E(X_n)]$$

$$= \frac{1}{n}(\mu + \mu + \cdots + \mu) = \mu$$

○ 예제 8-2

[예제 8-1]과 같은 가정하에서 표본분산 $S^2 = \frac{1}{n-1}\sum_{i=1}^{n}(X_i - \overline{X})^2$은 σ^2의 불편추정량임을 보여라.

풀이

$$E(S^2)=E\left[\frac{1}{n-1}\sum_{i=1}^{n}(X_i-\overline{X})^2\right]$$
$$=\frac{1}{n-1}E\left[\sum_{i=1}^{n}(X_i-\overline{X})^2\right]$$
$$=\frac{1}{n-1}E\left[\sum_{i=1}^{n}(X_i-\mu+\mu-\overline{X})^2\right]$$
$$=\frac{1}{n-1}E\left[\sum_{i=1}^{n}(X_i-\mu)^2+2(\mu-\overline{X})\sum_{i=1}^{n}(X_i-\mu)+n(\mu-\overline{X})^2\right]$$
$$=\frac{1}{n-1}E\left[\sum_{i=1}^{n}(X_i-\mu)^2-n(\overline{X}-\mu)^2\right]$$
$$=\frac{1}{n-1}\left[n\sigma^2-n\cdot\frac{\sigma^2}{n}\right]=\sigma^2$$

불편성은 추정량의 분포에서 중심위치에 대하여 요구되는 성질로서는 바람직하나, 추정량의 분포에 대한 산포도를 나타내지는 못한다. $\hat{\theta}_1$, $\hat{\theta}_2$가 모두 θ에 대한 불편추정량이라고 할지라도, 추정량의 분포가 모수(θ)에 밀집해 있을수록 참값 θ에 가까운 값을 관측할 가능성이 더 많아질 것이다. 이와 같은 흩어짐의 측도로 흔히 추정량의 표준편차를 사용하고 이를 추정량의 표준오차(standard error)라고 한다. 따라서 두 불편추정량 중에서 표준오차가 작은 추정량을 더 유효(efficient)하다고 한다.

유효성(Efficiency)

(1) 표준오차 : 추정량 $\hat{\theta}$의 표준편차

$$S.E.(\hat{\theta})=\sqrt{Var(\hat{\theta})}$$

(2) 유효성 : 두 추정량 $\hat{\theta}_1$과 $\hat{\theta}_2$에 대하여

$$S.E.(\hat{\theta}_1)<S.E.(\hat{\theta}_2)$$

이면, 추정량 $\hat{\theta}_1$이 $\hat{\theta}_2$보다 더 유효하다고 한다.

예제 8-3

X_1, X_2, X_3를 평균이 μ이고 분산이 σ^2인 모집단으로부터의 확률표본이라고 하자.

이때 $\hat{\theta}_1 = \dfrac{X_1 + 2X_2 + 3X_3}{6}$, $\hat{\theta}_2 = \dfrac{X_1 + X_2 + X_3}{3}$이라고 하면, $\hat{\theta}_2$가 $\hat{\theta}_1$보다 더 유효한 추정량임을 보여라.

풀이 먼저 $S.E.(\hat{\theta}_1)$과 $S.E.(\hat{\theta}_2)$를 각각 구하면 다음과 같다.

$$S.E.(\hat{\theta}_1) = \sqrt{Var\left(\frac{X_1 + 2X_2 + 3X_3}{6}\right)}$$

$$= \sqrt{\frac{1}{36}(\sigma^2 + 4\sigma^2 + 9\sigma^2)} = \frac{\sqrt{14}}{6}\sigma$$

$$S.E.(\hat{\theta}_2) = \sqrt{Var\left(\frac{X_1 + X_2 + X_3}{3}\right)}$$

$$= \sqrt{\frac{1}{9}(\sigma^2 + \sigma^2 + \sigma^2)} = \frac{1}{\sqrt{3}}\sigma$$

따라서 $S.E.(\hat{\theta}_1) > S.E.(\hat{\theta}_2)$이므로 추정량 $\hat{\theta}_2$가 $\hat{\theta}_1$보다 더 유효하다.

하지만 유효성만을 생각한다면 불편성이 무시되는 경우가 발생한다. 이와 같이 불편성과 유효성을 동시에 고려하여 추정량을 찾는 방법이 바람직하다.

8.2 여러 모수에 대한 점추정

모평균의 추정

모평균 μ는 대표적인 모집단 특성치 중 하나이다. 모집단에서 표본을 추출하여 이를 기초로 μ를 추정하는 방법은 여러 가지가 있지만 주로 표본평균을 이용하여 μ를 추정한다. $X_1, X_2, \cdots, X_n$을 평균이 μ이고 분산이 σ^2인 모집단으로부터의 확률표본이라고 할 때, 표본평균 $\overline{X} = \sum_{i=1}^{n} X_i / n$에 대하여 다음의 성질이 성립함을 쉽게 알 수 있다.

$$E(\overline{X}) = \mu, \qquad Var(\overline{X}) = \frac{\sigma^2}{n}$$

즉, 표본평균 $\overline{X}$는 모평균 μ의 불편추정량이고, 표준편차가 $\sigma/\sqrt{n}$이다. 따라서 표본평균은 모평균 μ의 불편추정량으로 표준오차(S.E.)가 $\sigma/\sqrt{n}$이다.

모표준편차 σ를 모르는 경우에는 표본평균의 표준오차 $\sigma/\sqrt{n}$는 의미를 갖지 못하므로 모표준편차 σ대신 σ의 추정치를 이용하여 표준오차 추정량을 계산하여야 한다. σ의 추정량으로는 표본표준편차

$$S = \sqrt{\sum_{i=1}^{n}(X_i - \overline{X})^2/(n-1)}$$

를 사용한다. 따라서 표준오차의 추정량은 $S/\sqrt{n}$가 된다.

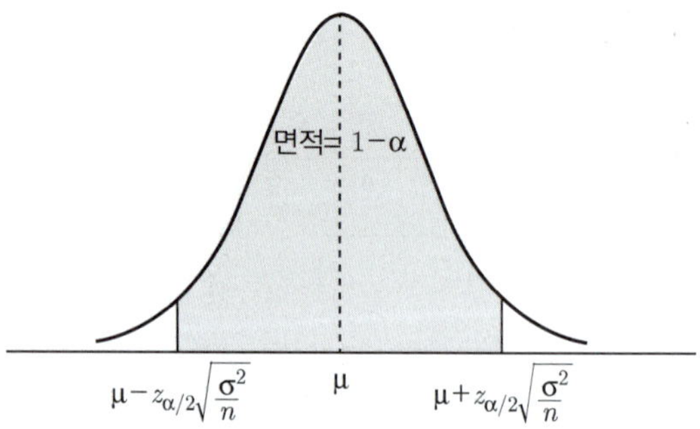

|그림 8-1| $\overline{X}$**의 근사분포 및 오차한계**

만일 모집단이 정규분포를 따른다면, 표본평균 $\overline{X}$의 분포가 정규분포를 따른다는 것은 당연하다. 하지만 모집단이 정규분포를 따르지 않는다 하더라도 표본크기가 큰 경우에는, 중심극한정리에 의하여 표본평균 $\overline{X}$의 분포가 근사적으로 정규분포를 따르게 된다. 따라서 [그림 8-1]과 같이 $\overline{X}$의 근사분포를 나타낼 수 있는데, 이로부터 추정량 $\overline{X}$가 미지의 모수 μ로부터 $2 \cdot \frac{\sigma}{\sqrt{n}}$ 이내의 값을 취할 확률이 정규분포의 성질로부터 약 0.954임을 알 수 있다. 이는 μ에 대한 추정량 $\overline{X}$의 95.4% 오차한계는 약 $2 \cdot \frac{\sigma}{\sqrt{n}}$라고 나타내고, 그 의미는 표본의 관측 이전에 약 0.954의 확률로서 추정오차 $|\overline{X} - \mu|$가 $2 \cdot S.E.(\overline{X})$ 이내일 것이라고 추측할 수 있다는 것이다. 일반적으로 표준정규분포에서의 $100(1-\alpha)\%$ 백분위수를 z_α로 표시하면 모평균 μ에 대한 추정량 $\overline{X}$의 $100(1-\alpha)\%$ 오차한계는 $z_{\alpha/2} \cdot \frac{\sigma}{\sqrt{n}}$가 된다. 따라서 약 99.7% 오차한계는 $3 \cdot \frac{\sigma}{\sqrt{n}}$가 된다. 그러므로 모평균 μ의 점추정에 대하여 다음과 같이 요약할 수 있다.

모평균 μ의 점추정과 오차한계

(1) 추정량 : 표본평균 $\overline{X} = \frac{1}{n}\sum_{i=1}^{n} X_i$

(2) 표준오차 : $S.E.(\overline{X}) = \frac{\sigma}{\sqrt{n}}$

(3) 표준오차의 추정량 : $\widehat{S.E.}(\overline{X}) = \frac{S}{\sqrt{n}}$

(4) $100(1-\alpha)\%$ 오차한계 : $z_{\alpha/2} \cdot \frac{\sigma}{\sqrt{n}}$

(5) $100(1-\alpha)\%$ 오차한계의 추정량 : $z_{\alpha/2} \cdot \frac{S}{\sqrt{n}}$

예제 8-4

D 자동차 회사의 영업사원이 기존 고객들을 대상으로 신차 홍보우편을 발송하고자 한다. 그런데 우편발송에 드는 비용상 자신이 관리하고 있는 고객들 중 차량수명이 거의 다한 고객들에게만 우편을 발송하고자 한다. 그래서 이 영업사원은 D 회사 자동차의 수명을 추정하고자 폐차장으로 들어온 차의 수명에 관한 자료를 수집하였다. 자료가 [표 8-1]과 같이 주어졌을 때, 신차 평균수명(μ)의 추정치, 표준오차 및 95% 오차한계를 구하여라. 단, D 자동차 회사에서 생산되는 자동차의 수명은 정규분포를 따른다.

[표 8-1] D 자동차의 수명(단위: 년)

7.5	6	5.5	3	3.5	10	8	6.5	7	4
3.5	3	5	5	11	2	2.5	7	7	7

풀이 $\bar{x} = \sum_{i=1}^{n} \frac{x_i}{n} = \frac{114}{20} = 5.7$이고,

$$s^2 = \frac{1}{n-1}\left(\sum_{i=1}^{n} x_i^2 - n\bar{x}^2\right)$$

$$= \frac{1}{20-1}(764.5 - 20 \times 5.7^2)$$

$$= \frac{1}{19}(114.7) = 6.04$$

이므로 $s = \sqrt{6.04} = 2.46$이다.

따라서 신차 평균 수명의 추정치는 $\bar{x} = 5.7$이고 표준오차의 추정치 $\widehat{S.E.}(\overline{X})$는 $\frac{2.46}{\sqrt{20}} = 0.55$

이며, 95% 오차한계의 추정치는 $1.96 \times 0.55 = 1.078$이다.

모비율의 추정

모비율은 불량률, 실업률, 찬성률 등과 같이 모집단에서 어떤 속성을 갖는 것의 비율을 의미한다. 어떤 특정 속성에 대한 모비율이 p인 모집단으로부터 n개의 표본을 추출하여 특정한 속성을 갖는 개수를 X라고 하면, p의 직관적인 추정량으로 표본비율 $\hat{p} = \frac{X}{n}$을 생각할 수 있다. 한편, X는 이항분포 $B(n,p)$를 따르므로

$$E(X) = np, \quad Var(X) = np(1-p)$$

가 성립하다. 따라서 표본비율 $\hat{p}$에 대해 다음이 성립한다.

$$E(\hat{p}) = E\left(\frac{X}{n}\right) = \frac{np}{n} = p$$

$$Var(\hat{p}) = Var\left(\frac{X}{n}\right) = \frac{Var(X)}{n^2} = \frac{p(1-p)}{n}$$

이 성립한다. 따라서 $\hat{p}$는 p의 불편추정량이며 표준오차는

$$S.E.(\hat{p}) = \sqrt{\frac{p(1-p)}{n}}$$

이다. 여기서 모비율 p는 미지이므로 표준오차의 추정량으로

$$\widehat{S.E.}(\hat{p}) = \sqrt{\frac{\hat{p}(1-\hat{p})}{n}}$$

을 사용한다. 또한 표본크기가 큰 경우에, $\hat{p}$는 근사적으로 정규분포를 따르므로 $100(1-\alpha)\%$ 오차한계의 추정량은

$$z_{\alpha/2}\sqrt{\frac{\hat{p}(1-\hat{p})}{n}}$$

로 생각할 수 있다. 그러므로 모비율의 점추정에 대하여 다음과 같이 요약할 수 있다.

모비율의 점추정

(1) 추정량 : 표본비율 $\hat{p} = \frac{X}{n}$ (단, X는 n개의 표본 중 특정한 속성을 갖는 개수)

(2) 표준오차 : $S.E.(\hat{p}) = \sqrt{\dfrac{p(1-p)}{n}}$

(3) 표준오차의 추정량 : $\widehat{S.E.}(\hat{p}) = \sqrt{\dfrac{\hat{p}(1-\hat{p})}{n}}$

(4) $100(1-\alpha)\%$ 오차한계의 추정량 : $z_{\alpha/2}\sqrt{\dfrac{\hat{p}(1-\hat{p})}{n}}$

○ 예제 8-5

어떤 지방에서 출생한 3000명의 유아 가운데 1578명은 남자 아이였다. 이때 확률변수 X를 남자 아이의 출생수로 정의하면, X는 이항분포를 따른다. 이때 남자 아이가 출생할 확률과 표준오차 및 95% 오차한계의 추정치를 구하여라.

풀이

$$\hat{p} = \frac{1578}{3000} = 0.526$$

이고, 표준오차의 추정치는

$$\widehat{S.E.}(\hat{p}) = \sqrt{\frac{0.526(1-0.526)}{3000}} = 0.0091$$

이고, $n = 3000$으로 n이 충분히 크다고 볼 수 있으므로, 95% 오차한계는

$$z_{0.025}\sqrt{\frac{0.526(1-0.526)}{3000}} = 1.96 \times 0.0091 = 0.0179$$

가 된다. 즉, 모비율 p의 추정치 $\hat{p} = 0.526$이고, 95% 근사오차한계는 0.0179이다.

모분산과 모표준편차의 추정

$X_1, X_2, \cdots, X_n$을 평균이 μ이고 분산이 σ^2인 모집단으로부터의 확률표본이라고 하자. 이 확률표본의 표본분산(sample variance)을

$$S^2 = \frac{1}{n-1}\sum_{i=1}^{n}(X_i - \overline{X})^2$$

으로 정의하면, S^2은 모분산 σ^2의 불편추정량이 된다([예제 8-2] 참조).

한편, 모표준편차 σ에 대한 추정량으로는 다음과 같이 정의된 표본표준편차

(sample standard deviation) S를 사용한다.

$$S = \sqrt{\frac{1}{n-1}\sum_{i=1}^{n}(X_i - \overline{X})^2}$$

이때 표본분산 S^2은 모분산 σ^2의 불편추정량이나 표본표준편차 S는 모표준편차 σ의 불편추정량이 아니며, $E(S) < \sigma$가 성립함에 유의해야 한다. 그러나 표본의 크기 n이 충분히 큰 경우에는 이러한 편의(bias)는 무시할 수 있을 정도로 작다. 따라서 표본표준편차 S를 수정하지 않고 그대로 모표준편차 σ의 추정량으로 사용하는 것이 일반적이다.

모분산과 모표준편차의 점추정

- 모분산의 추정량 : $S^2 = \frac{1}{n-1}\sum_{i=1}^{n}(X_i - \overline{X})^2$
- 모표준편차의 추정량 : $S = \sqrt{\frac{1}{n-1}\sum_{i=1}^{n}(X_i - \overline{X})^2}$

8.3 구간추정의 원리

구간추정(interval estimation)이란 표본에서 얻어지는 정보를 이용하여 미지인 모수의 참값이 속할 것으로 기대되는 범위를 일정한 방법에 따라 구하는 과정이다. 점추정의 경우에는 모수의 추정량으로서 적당한 통계량을 생각하고, 그 정확도(precision)를 오차의 한계로서 나타냈는데 구간추정에서는 이러한 오차의 한계의 개념을 이용하여 모수를 포함할 범위를 정하여 준다. $X_1, X_2, \cdots, X_n$을 관측하여 자료 $x_1, x_2, \cdots, x_n$이 얻어지면 지정된 방법에 의해 $L(x_1, x_2, \cdots, x_n)$, $U(x_1, x_2, \cdots, x_n)$을 계산하고 미지의 모수 θ가 구간 $(L(x_1, x_2, \cdots, x_n),\ U(x_1, x_2, \cdots, x_n))$에 속할 것으로 추측하게 된다. 이때 $L(X_1, X_2, \cdots, X_n)$과 $U(X_1, X_2, \cdots, X_n)$은 $\hat{\theta}_L(X_1, X_2, \cdots, X_n)$과 $\hat{\theta}_u(X_1, X_2, \cdots, X_n)$ 혹은 $\hat{\theta}_L$, $\hat{\theta}_U$로 나타내고 구간 $(\hat{\theta}_L(X_1, X_2, \cdots, X_n),\ \hat{\theta}_U(X_1, X_2, \cdots, X_n))$를 구간추정량 또는 **신뢰구간(confidence interval)**이라고 한다.

미리 지정된 확률 $1-\alpha$에 대해, 모수 θ에 대한 구간추정은 신뢰구간이

$$P(\hat{\theta}_L(X_1, X_2, \cdots, X_n) \leq \theta \leq \hat{\theta}_U(X_1, X_2, \cdots, X_n)) = 1 - \alpha$$

가 성립되도록 신뢰구간$(\hat{\theta}_L, \ \hat{\theta}_U)$을 정하는 과정을 의미한다. 이때 $1-\alpha$를 신뢰수준(confidence level)이라고 하고, 보통 0.9, 0.95, 0.99를 많이 사용한다. 신뢰구간 $(\hat{\theta}_L, \ \hat{\theta}_U)$을 모수 θ에 대한 $100(1-\alpha)\%$ 신뢰구간이라고 하고, $\hat{\theta}_L$, $\hat{\theta}_U$를 각각 신뢰하한(confidence lower bound), 신뢰상한(confidence upper bound)이라고 한다.

8.4 여러 모수에 대한 구간추정

모평균의 구간추정

$X_1, X_2, \cdots, X_n$을 정규분포 $N(\mu, \sigma^2)$을 따르는 모집단으로부터의 확률표본이라고 하자. 그러면 표본평균의 분포는

(1) σ^2이 알려진 경우, $\dfrac{\overline{X}-\mu}{\sigma/\sqrt{n}} \sim N(0,1)$

(2) σ^2이 미지인 경우, $\dfrac{\overline{X}-\mu}{S/\sqrt{n}} \sim t(n-1)$

과 같다.

(i) 먼저 (1)의 경우를 살펴보자. 이 경우에 $\alpha = P(Z > z_\alpha)$ (단, $Z \sim N(0,1)$)로 정의하면,

$$P\left(-z_{\alpha/2} < \frac{\overline{X}-\mu}{\sigma/\sqrt{n}} < z_{\alpha/2}\right) = 1 - \alpha$$

이 성립하고, 이를 μ에 관해 풀면

$$P\left(\overline{X} - z_{\alpha/2}\frac{\sigma}{\sqrt{n}} < \mu < \overline{X} + z_{\alpha/2}\frac{\sigma}{\sqrt{n}}\right) = 1 - \alpha$$

로 표현되므로, μ에 대한 $100(1-\alpha)\%$ 신뢰구간은 다음과 같이 주어진다.

$$\left(\overline{X}-z_{\alpha/2}\frac{\sigma}{\sqrt{n}},\ \overline{X}+z_{\alpha/2}\frac{\sigma}{\sqrt{n}}\right)$$

위의 신뢰구간을 간략하게 $\overline{X}\pm z_{\alpha/2}\dfrac{\sigma}{\sqrt{n}}$로 쓰기도 한다.

(ii) 다음으로 (2)의 경우를 살펴보자. 이 경우에 $\alpha = P\{T > t_{\alpha}(n-1)\}$(단, $T \sim t(n-1)$)로 정의하면,

$$P\left(-t_{\alpha/2}(n-1) < \frac{\overline{X}-\mu}{S/\sqrt{n}} < t_{\alpha/2}(n-1)\right) = 1-\alpha$$

이다. 즉,

$$P\left(\overline{X}-t_{\alpha/2}(n-1)\frac{S}{\sqrt{n}} < \mu < \overline{X}+t_{\alpha/2}(n-1)\frac{S}{\sqrt{n}}\right) = 1-\alpha$$

이므로, μ에 대한 $100(1-\alpha)\%$ 신뢰구간은 다음과 같이 주어진다.

$$\left(\overline{X}-t_{\alpha/2}(n-1)\frac{S}{\sqrt{n}},\ \overline{X}+t_{\alpha/2}(n-1)\frac{S}{\sqrt{n}}\right)$$

(iii) 만일 표본크기 n이 충분히 큰 경우에는, 모분산 σ^2이 미지이더라도 S가 σ에 근사하므로

$$\frac{\overline{X}-\mu}{S/\sqrt{n}} \doteq N(0,1)$$

이 성립함을 알 수 있다. 이때

$$P\left(-z_{\alpha/2} < \frac{\overline{X}-\mu}{S/\sqrt{n}} < z_{\alpha/2}\right) \approx 1-\alpha$$

이므로

$$P\left(\overline{X}-z_{\alpha/2}\frac{S}{\sqrt{n}} < \mu < \overline{X}+z_{\alpha/2}\frac{S}{\sqrt{n}}\right) \approx 1-\alpha$$

가 성립한다.

따라서 위의 세 가지 결과를 요약해 보면, 모평균 μ에 대한 $100(1-\alpha)\%$ 신뢰구간은 다음과 같다.

모평균의 구간추정

모평균에 대한 $100(1-\alpha)\%$ 신뢰구간은

(1) σ^2이 알려진 경우,

$$\left(\overline{X}-z_{\alpha/2}\frac{\sigma}{\sqrt{n}},\ \overline{X}+z_{\alpha/2}\frac{\sigma}{\sqrt{n}}\right)$$

(2) σ^2이 미지인 경우,

$$\left(\overline{X}-t_{\alpha/2}(n-1)\frac{S}{\sqrt{n}},\ \overline{X}+t_{\alpha/2}(n-1)\frac{S}{\sqrt{n}}\right)$$

(3) σ^2이 미지이나 n이 충분히 큰 경우,

$$\left(\overline{X}-z_{\alpha/2}\frac{S}{\sqrt{n}},\ \overline{X}+z_{\alpha/2}\frac{S}{\sqrt{n}}\right)$$

예제 8-6

$N(\mu,\ 1.76^2)$인 모집단에서 다음과 같은 20개의 표본을 독립적으로 얻었다 하자.

89.6	88.8	86.3	82.6	84.7	85.8	80.5	84.3	91.3	86.7
87.6	85.2	78.5	85.3	81.5	83.9	86.9	82.0	83.0	85.5

위의 자료를 이용하여, 모평균 μ에 대한 99% 신뢰구간을 구하여라.

풀이 $1-\alpha=0.99$이므로 $\alpha=0.01$이고, $z_{\alpha/2}=z_{0.005}=2.58$이며, $\overline{x}=85.0$이다. 따라서 μ에 대한 99% 신뢰구간은

$$\left(\overline{x}-z_{\alpha/2}\frac{\sigma}{\sqrt{n}},\ \overline{x}+z_{\alpha/2}\frac{\sigma}{\sqrt{n}}\right)$$

$$=\left(85.0-2.58\times\frac{1.76}{\sqrt{20}},\ 85.0+2.58\times\frac{1.76}{\sqrt{20}}\right)$$

$$=(83.98,\ 86.02)$$

이 된다.

○ 예제 8-7

어떤 담배의 니코틴 함량을 알기 위해 16개비의 담배를 임의로 뽑았더니, 평균 니코틴 함량이 18.3mg이고 표준편차 s는 1.8mg이었다. 이 담배 전체의 평균 니코틴 함량 μ의 90% 신뢰구간을 결정하여라. 단, 담배의 니코틴 함량은 정규분포를 따른다고 가정한다.

풀이 $n=16,\ \bar{x}=18.3,\ s=1.8$ 이고 $\alpha=0.1$ 이다. 또한 자유도 $n-1=15$ 이고, $t_{\alpha/2}(15)=t_{0.05}(15)=1.753$ 이다. 따라서, μ에 대한 90% 신뢰구간은

$$\left(\bar{x}-t_{\alpha/2}(n-1)\frac{s}{\sqrt{n}},\ \bar{x}+t_{\alpha/2}(n-1)\frac{s}{\sqrt{n}}\right)$$

$$=\left(18.3-1.753\times\frac{1.8}{\sqrt{16}},\ 18.3+1.753\times\frac{1.8}{\sqrt{16}}\right)$$

$$=(17.51,\ 19.09)$$

이다.

○ 예제 8-8

출납 계원의 고객 한 사람당 서비스 시간(단위: 분)을 추정하기 위해 은행장이 64명의 고객을 관찰하여 각 고객에 소모된 서비스 시간을 측정하였다. 이 결과 평균은 3.2이고, $s^2=1.44$이었다. 평균 서비스 시간 μ의 98% 근사신뢰구간을 결정하여라.

풀이 $\bar{x}=3.2,\ s^2=1.44,\ \alpha=0.02$ 이고 $n=64$ 이므로 자유도는 $n-1=63$ 이다. 그러나 n이 충분히 크므로, t 분포를 사용하지 않고 정규분포를 사용하자. 즉, $t_{0.01}(63)\approx z_{0.01}=2.33$ 이다. 따라서 μ에 대한 98% 근사신뢰구간은

$$\left(\bar{x}-z_{\alpha/2}\frac{s}{\sqrt{n}},\ \bar{x}+z_{\alpha/2}\frac{s}{\sqrt{n}}\right)$$

$$=\left(3.2-2.33\frac{\sqrt{1.44}}{\sqrt{64}},\ 3.2-2.33\frac{\sqrt{1.44}}{\sqrt{64}}\right)$$

$$=(2.85,\ 3.55)$$

이다.

○ 예제 8-9

다음 자료는 어느 가정에서 임의로 뽑은 5주 동안의 설탕소비량(단위: 파운드)이다.

주당 평균 소비량 μ에 대한 90% 신뢰구간을 결정하여라. 단, 설탕소비량은 정규분포를 따른다고 가정한다.

3.8	4.5	5.2	4.0	5.5

풀이 $\overline{x}=4.6$, $s^2=0.545$, $s=0.738$, $n=5$이다. 자유도는 4이고 $\alpha=0.1$이므로 $t_{0.05}(4)=2.132$이다. 따라서 μ에 대한 90% 신뢰구간은

$$\left(\overline{x}-t_{\alpha/2}(n-1)\frac{s}{\sqrt{n}},\ \overline{x}+t_{\alpha/2}(n-1)\frac{s}{\sqrt{n}}\right)$$
$$=\left(4.6-2.132\times\frac{0.738}{\sqrt{5}},\ 4.6+2.132\times\frac{0.738}{\sqrt{5}}\right)$$
$$=(3.897,\ 5.304)$$

이다.

모비율의 구간추정

모평균의 신뢰구간을 생각한 것과 마찬가지로 모비율 p에 관한 신뢰구간을 추정할 수 있다. 표본크기 n이 충분히 큰 경우에, 중심극한정리에 의하여 표본비율 $\hat{p}$은 근사적으로 정규분포를 따른다. 즉,

$$\hat{p} \sim N\left(p,\ \frac{p(1-p)}{n}\right)$$

따라서 n이 충분히 큰 경우에,

$$P\left(-z_{\alpha/2}<\frac{\hat{p}-p}{\sqrt{\frac{\hat{p}(1-\hat{p})}{n}}}<z_{\alpha/2}\right)\approx 1-\alpha$$

이 성립하므로 모비율 p에 대한 $100(1-\alpha)\%$ 근사신뢰구간[1)]은 다음과 같이 주어진다.

$$\left(\hat{p}-z_{\alpha/2}\sqrt{\frac{\hat{p}(1-\hat{p})}{n}},\ \hat{p}+z_{\alpha/2}\sqrt{\frac{\hat{p}(1-\hat{p})}{n}}\right)$$

1) 근사신뢰구간(approximate C. I.)은 표본의 크기가 충분히 큰 경우의 신뢰구간을 의미한다.

모비율의 구간추정

모비율에 대한 $100(1-\alpha)\%$ 근사신뢰구간은

$$\left(\hat{p}-z_{\alpha/2}\sqrt{\frac{\hat{p}(1-\hat{p})}{n}},\ \hat{p}+z_{\alpha/2}\sqrt{\frac{\hat{p}(1-\hat{p})}{n}}\right)$$

○ **예제 8-10**

[예제 8-5]에서 남자 아이가 출생할 확률 p에 대한 95% 근사신뢰구간을 구해 보자.

풀이 $\hat{p}=0.526$이고 오차한계가 0.0179이므로 p에 대한 95% 근사신뢰구간은

$$\left(\hat{p}-z_{0.025}\sqrt{\frac{\hat{p}(1-\hat{p})}{n}},\ \hat{p}+z_{0.025}\sqrt{\frac{\hat{p}(1-\hat{p})}{n}}\right)$$

$$=(0.526-0.0179,\ 0.526+0.0179)$$

$$=(0.5081,\ 0.5439)$$

가 된다.

모분산의 구간추정

모집단의 산포도를 나타내는 모분산 σ^2에 대한 추정 역시 모평균 μ에 대한 추정과 마찬가지로 중요하다. 이 절에서는 모집단의 분포가 정규분포라는 가정하에 모분산 σ^2의 구간추정에 대하여 생각해 보기로 하자. 이때 모평균 μ가 알려진 경우와 미지인 경우에 따라서 약간의 차이가 있기는 하지만, 미지인 경우에 대해서만 살펴보기로 한다.

$X_1, X_2, \cdots, X_n$을 모평균 μ와 모분산 σ^2이 알려지지 않은 $N(\mu, \sigma^2)$으로부터의 확률표본이라고 하자. 모분산 σ^2에 대한 추정량인 표본분산

$$S^2=\frac{1}{n-1}\sum_{i=1}^{n}(X_i-\overline{X})^2$$

에 대하여,

$$\frac{(n-1)S^2}{\sigma^2}\sim\chi^2(n-1)$$

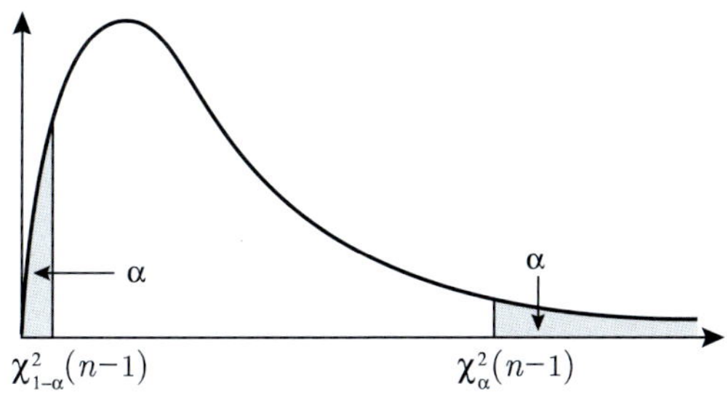

|그림 8-2| $\chi^2(n-1)$분포의 백분위수

이 성립한다. 따라서

$$P\left(\chi^2_{1-\alpha/2}(n-1) \le \frac{(n-1)S^2}{\sigma^2} \le \chi^2_{\alpha/2}(n-1)\right) = 1-\alpha$$

이다. 여기서 $\chi^2_\alpha(n-1)$는 $\chi^2 \sim \chi^2(n-1)$일 때 $P\left[\chi^2 \ge \chi^2_\alpha(n-1)\right] = \alpha$를 만족하는 값이다([그림 8-2]). 즉,

$$P\left(\frac{(n-1)S^2}{\chi^2_{\alpha/2}(n-1)} \le \sigma^2 < \frac{(n-1)S^2}{\chi^2_{1-\alpha/2}(n-1)}\right) = 1-\alpha$$

이므로, σ^2에 관한 $100(1-\alpha)\%$ 신뢰구간은 다음과 같이 주어진다.

$$\left(\frac{(n-1)S^2}{\chi^2_{\alpha/2}(n-1)},\ \frac{(n-1)S^2}{\chi^2_{1-\alpha/2}(n-1)}\right)$$

또한 모표준편차 σ에 대한 $100(1-\alpha)\%$ 신뢰구간은 위의 모분산 σ^2에 대한 신뢰구간으로부터 다음과 같이 쉽게 구할 수 있다.

모분산과 모표준편차의 구간추정

(1) 모분산에 대한 $100(1-\alpha)\%$ 신뢰구간은

$$\left(\frac{(n-1)S^2}{\chi^2_{\alpha/2}(n-1)},\ \frac{(n-1)S^2}{\chi^2_{1-\alpha/2}(n-1)}\right)$$

(2) 모표준편차에 대한 $100(1-\alpha)\%$ 신뢰구간은

$$\left(S\sqrt{\frac{(n-1)}{\chi^2_{\alpha/2}(n-1)}},\ S\sqrt{\frac{(n-1)}{\chi^2_{1-\alpha/2}(n-1)}}\right)$$

○ 예제 8-11

기계로 생산되는 플라스틱판들이 그 두께의 변동에 대하여 주기적으로 점검된다. 플라스틱을 만드는 용액의 점도에 있는 조절 불가능한 이질성으로 인해, 두께에 있어서 약간의 변이 정도는 필연적으로 있기 마련이다. 그러나 두께의 표준편차가 1.5mm 이상인 경우에는 품질이 나쁜 것으로 간주된다. 어느 날 점검에서 10개의 표본에 대한 두께의 mm 단위의 측정결과가 다음과 같다. 단, 플라스틱 두께는 정규분포를 따른다고 가정한다.

226	228	226	225	232	228	227	229	225	230

이 자료에 의하여 두께의 실제 표준편차에 대한 95% 신뢰구간을 구하여라.

풀이 주어진 자료로부터 $\bar{x}=227.6$, $n=10$, $s^2=5.16$임을 계산할 수 있다. 또한 $\chi^2_{0.025}(9)=19.023$이고, $\chi^2_{0.975}(9)=2.700$이므로, σ^2에 대한 95% 신뢰구간은

$$\left(\frac{(n-1)s^2}{\chi^2_{\alpha/2}(n-1)},\ \frac{(n-1)s^2}{\chi^2_{1-\alpha/2}(n-1)}\right)$$

$$=\left(\frac{(10-1)\times 5.16}{19.023},\ \frac{(10-1)\times 5.16}{2.700}\right)$$

$$=(2.44,\ 17.2)$$

가 된다. 이 구간이 σ^2을 포함할 확률이 0.95라는 뜻이 아님은 앞에서 언급한 바 있다. 단지 위에서와 같이 크기 10인 표본을 충분히 추출했을 경우 크기 10인 각 표본마다 이러한 구간이 만들어지게 되는데, 이 구간들 중에 σ^2의 참값을 포함하는 구간이 전체의 약 95%정도 기대된다는 뜻으로, 이 신뢰구간의 뜻을 해석하기 바란다. 위에서 구한 신뢰구간은 σ^2의 참값을 포함할 수도 있고, 포함하지 않을 수도 있다는 말이다. 또한 σ에 대한 95% 신뢰구간은 위에서 구한 σ^2에 대한 신뢰구간으로부터 (1.56, 4.15)임을 쉽게 계산할 수 있다.

앞 절에서 살펴본 추정에 관한 내용들을 자세히 살펴보면, n의 크기가 큰 경우에는 정규분포를 가정하고 신뢰구간을 구하였다. 즉, 분산을 알고 있는 경우이든 모르고 있는 경우이든 간에 n이 충분히 큰 경우에는 모두 정규분포를 따른다고 보았는데 t 분포의 분포함수는 $n\to\infty$일 때 표준정규분포의 분포함수로 근사하므로, 큰 n의 값에 대하여는 위의 두 가지 경우의 신뢰구간은 거의 일치하게 된다. 이때 유용한 결과를 얻는 데 필요한 최소한의 표본크기는 모수에 따라 다르다. 만일 모집단

분포가 지나치게 비대칭적이지 않을 경우에는, 모평균에 대한 신뢰구간을 추정하는 데 적어도 30개의 표본을, 그리고 모분산에 대한 신뢰구간을 추정하는 데는 적어도 100개의 표본을 갖고 있어야 한다. 다음 절에서 최소한 필요로 하는 표본의 크기를 결정하는 문제를 생각해 보기로 하자.

8.5 표본크기의 결정

주어진 정확도, 즉 신뢰도를 달성하기 위해서는 최소한 표본의 크기를 얼마로 해야 하는가 하는 문제는 비용과 노력을 절약하는 데 있어서 매우 중요한 문제가 된다. 이 절에서는 각 경우에 대한 표본의 최소 크기를 알아보는 문제를 생각하기로 한다.

모평균 추정에서 표본크기의 결정

모평균 μ에 대하 추정을 할 경우에 필요한 표본의 크기를 생각해 보기로 하자. 모평균 μ에 관한 $100(1-\alpha)\%$ 신뢰구간은

$$P\left(-z_{\alpha/2} \le \frac{\overline{X}-\mu}{\sigma/\sqrt{n}} \le z_{\alpha/2}\right) = 1-\alpha$$

또는

$$P\left(-t_{\alpha/2}(n-1) \le \frac{\overline{X}-\mu}{S/\sqrt{n}} \le t_{\alpha/2}(n-1)\right) = 1-\alpha$$

를 변형한 구간임은 앞 절에서 언급한 바 있다. 위의 두 식을 추정의 오차에 대하여 풀면,

$$P\left(-z_{\alpha/2}\sqrt{\frac{\sigma^2}{n}} \le \overline{X}-\mu \le z_{\alpha/2}\sqrt{\frac{\sigma^2}{n}}\right) = 1-\alpha$$

또는

$$P\left(-t_{\alpha/2}(n-1)\sqrt{\frac{S^2}{n}} \le \overline{X}-\mu \le t_{\alpha/2}(n-1)\sqrt{\frac{S^2}{n}}\right) = 1-\alpha$$

이 성립한다. 따라서,

$$P\left(|\overline{X}-\mu| \le z_{\alpha/2}\sqrt{\frac{\sigma^2}{n}}\right) = 1-\alpha$$

또는

$$P\left(|\overline{X}-\mu| \le t_{\alpha/2}(n-1)\sqrt{\frac{S^2}{n}}\right) = 1-\alpha$$

임을 알 수 있다. 즉, 표본평균 $\overline{X}$의 $100(1-\alpha)\%$ 오차한계는 다음과 같다.

(1) 모분산 σ^2이 알려진 경우, $z_{\alpha/2}\sqrt{\frac{\sigma^2}{n}}$

(2) 모분산 σ^2이 미지인 경우, $t_{\alpha/2}(n-1)\sqrt{\frac{S^2}{n}}$

따라서 오차의 한계를 d 이하로 하려면, 신뢰수준 $1-\alpha$를 만족해 주도록 하는 표본의 크기는

$$d \ge z_{\alpha/2}\sqrt{\frac{\sigma^2}{n}}$$

또는

$$d \ge t_{\alpha/2}(n-1)\sqrt{\frac{S^2}{n}}$$

을 만족해야 한다. 위 식들을 n에 대해 풀면

$$n \ge \frac{(z_{\alpha/2})^2 \cdot \sigma^2}{d^2}$$

또는

$$n \ge \frac{(t_{\alpha/2}(n-1))^2 \cdot S^2}{d^2}$$

(단, 우변의 n과 S^2은 과거의 자료로부터 구해짐)

이 됨을 알 수 있다.

모평균의 추정에서 표본크기의 결정

오차의 한계를 d 이하로 하려면, 신뢰수준 $1-\alpha$를 만족해 주도록 하는 표본의 크기는

$$n \geq \frac{(z_{\alpha/2})^2 \cdot \sigma^2}{d^2} \quad \text{또는} \quad n \geq \frac{(t_{\alpha/2}(n-1))^2 \cdot S^2}{d^2}$$

단, 부등식 우변의 n과 S^2은 과거의 자료로부터 구해지는 값이다.

○ **예제 8-12**

어느 광고회사가 지난 한 해 동안 어떤 형태의 기업들이 광고비로 지출한 총 비용에 대한 실제 평균값을 추정하고자 한다. 다음의 각 경우에 95% 신뢰수준으로서 실제 평균값과의 차가 40만 원 이하가 될 추정치를 얻기 위해서는 표본의 크기를 얼마로 잡아야 되는가?

(1) $\sigma^2 = 1$억8천(만원)^2

(2) $s^2 = 1$억8천(만원)^2 (과거의 조사에서 20개의 기업을 대상으로 조사한 결과)

풀이 (1) σ^2이 알려진 경우이므로,

$$n \geq \frac{(z_{\alpha/2})^2 \cdot \sigma^2}{d^2} = \frac{(1.96)^2 \cdot (18{,}000)}{(40)^2} = 43.22$$

따라서 필요한 표본의 크기는 44로, 이 광고회사는 44개의 기업을 임의로 추출하면 된다.

(2) σ^2이 미지인 경우이므로,

$$n \geq \frac{(t_{\alpha/2}(n-1))^2 \cdot s^2}{d^2} = \frac{(2.093)^2 \cdot (18{,}000)}{(40)^2} = 49.28$$

따라서 50개의 표본이 필요함을 알 수 있다.

모비율의 추정에서 표본크기의 결정

이번에는 모비율 p에 대한 추정을 할 경우에 필요한 표본의 크기를 생각해 보기로 하자. 모비율 p의 구간추정으로부터,

$$P\left(|\hat{p} - p| \leq z_{\alpha/2}\sqrt{\frac{p(1-p)}{n}}\right) = 1 - \alpha$$

이 성립함을 알 수 있다. 이때 $\hat{p}$의 $100(1-\alpha)\%$ 오차의 한계는 $z_{\alpha/2}\sqrt{\dfrac{p(1-p)}{n}}$이다. 따라서 오차의 한계를 d 이하로 하려면

$$d \geq z_{\alpha/2}\sqrt{\frac{p(1-p)}{n}}$$

이므로

$$n \geq \frac{(z_{\alpha/2})^2 \cdot p(1-p)}{d^2}$$

임을 얻을 수 있다. 그러나 모비율 p를 알고 있지 않으므로 n을 계산하기가 불가능하다. 따라서 과거의 조사에서 표본비율(p^*)을 알고 있을 경우에는 모비율 p 대신 사용하여 계산할 수도 있을 것이다. 또는 $p(1-p)$의 최대치가 $1/4$이므로

$$n \geq \frac{(z_{\alpha/2})^2}{4d^2}$$

을 사용하여 최대의 값에 해당하는 최소의 n을 사용할 수 있다.

모비율의 추정에서 표본크기의 결정

(1) p에 대한 지식이 없는 경우 : $n \geq \dfrac{(z_{\alpha/2})^2}{4d^2}$

(2) 과거의 조사에 의해 표본비율(p^*)을 알고 있는 경우 : $n \geq \dfrac{(z_{\alpha/2})^2 \cdot p^*(1-p^*)}{d^2}$

○ 예제 8-13

어느 여론 조사원이 그의 추정치와 모비율 p와의 차이가 0.01보다 작게 하려고 한다. 95%의 신뢰수준으로 최소의 표본의 개수를 결정하여라.

풀이 $d=0.01$이므로 $n \geq \dfrac{(1.96)^2}{4 \cdot (0.01)^2} = 9{,}604$

따라서 최소한 9,604개의 표본이 필요함을 알 수 있다.

8.6 R 실습

이 절에서는 R을 이용하여 한 모집단에 대한 모평균 μ와 모비율 p, 그리고 모분산 σ^2에 대한 추정을 실시하는 과정을 소개한다.

예제 8-6 모평균에 대한 추정

모평균에 대한 추정을 위하여 앞 절에서 사용한 [예제 8-6]의 자료를 이용하기로 한다. 모평균에 대한 추정은 모집단 분산을 아는 경우와 모집단 분산을 모르는 경우로 나누어 생각해 보자.

(1) 모집단 분산을 아는 경우(Z 분포를 이용)

[예제 8-6]의 경우와 같이 20개의 자료에 대한 모분산이 3.10이라는 것을 알고 있는 경우에 모평균에 대한 99% 신뢰구간은 다음의 절차대로 추정할 수 있다.

```
> data<-read.table("H:\\R실습\\eg_8_2.txt", header=T)    # 자료입력
> str(data)    # 자료구조 확인
'data.frame':   20 obs. of  1 variable:
 $ x: num  89.6 88.8 86.3 82.6 84.7 85.8 80.5 84.3 91.3 86.7 ...
> mean<-mean(data$x)    # 표본평균
> mean
[1] 85
> n<-nrow(data)    # 표본크기
> n
[1] 20
> sigma<-sqrt(3.10)    # 표준편차
> sigma
[1] 1.760682
> sigma/sqrt(n)    #표본평균의 표준오차
[1] 0.3937004
> alpha<-0.01    # 신뢰수준
> error<-qnorm(alpha/2, lower.tail=F)*sigma/sqrt(n)
> error
[1] 1.014105
> lower<-round(mean-error,digits=3)    # 신뢰하한
```

```
> upper<-round(mean+error, digits=3)     # 신뢰상한
> c(lower, upper)     # 신뢰구간
[1] 83.986 86.014
```

명령어 qnorm(alpha/2, lower.tail=F)는 표준정규분포에서 상위 $\alpha/2=0.005$ (=0.5%)에 해당하는 분위수값 $z_{\alpha/2}=z_{0.005}=2.576$을 제공한다. 결과를 살펴보면 모평균에 대한 점추정치는 85이며, 모평균에 대한 99% 신뢰구간 (83.986, 86.014)를 얻을 수 있다.

(2) 모분산을 모르는 경우(t 분포를 이용)

만약 앞의 예제에서 모분산을 모르고 있다면 다음과 같은 절차에 의해 모평균에 대한 추정을 실시할 수 있다.

```
> data<-read.table("H:\\R실습\\eg_8_2.txt", header=T)     # 자료입력
> str(data)     # 자료구조 확인
'data.frame':    20 obs. of  1 variable:
 $ x: num  89.6 88.8 86.3 82.6 84.7 85.8 80.5 84.3 91.3 86.7 ...
> mean<-mean(data$x)     # 표본평균
> mean
[1] 85
> n<-nrow(data)     # 표본크기
> n
[1] 20
> alpha<-0.01
> sd<-sd(data$x)     # 표본표준편차
> sd
[1] 3.13352
> sd/sqrt(n)     #표본평균의 표준오차 추정량
[1] 0.7006764
> error<-qt(alpha/2, lower.tail=F, df=n-1)*sd/sqrt(n)
> error
[1] 2.004589
> lower<-round(mean-error, digits=3)     # 신뢰하한
> upper<-round(mean+error, digits=3)     # 신뢰상한
> c(lower, upper)     # 99% 신뢰구간
[1] 82.995 87.005
```

명령어 qt(alpha/2, lower.tail=F, df=n−1)는 자유도가 $n-1$인 t 분포에서 상위 $\alpha/2=0.005(=0.5\%)$에 해당하는 분위수값 $t_{\alpha/2}(n-1)=t_{0.005}(19)=2.861$을 제공한다. 결과를 살펴보면, 모평균에 대한 점추정치는 85로 앞의 경우와 동일하지만 99% 신뢰구간이 (82.995, 87.005)로 보다 넓어진 것을 알 수 있다.

예제 8-5 모비율에 대한 추정

[예제 8-5]에서 남아의 출생률에 대한 95% 신뢰구간 추정을 통해 모비율에 대한 추정 절차를 소개하기로 한다. 이 문제를 R을 이용하여 수행하려면 다음의 단계를 따른다. 이때 자료가 요약된 형태인 경우와 원시형태인 경우 두 가지에 따라 방법이 조금 다르다. 본 예에서는 자료가 [예제 8-5]에서와 같이 이미 요약되어 있는 경우를 가정한다. 즉 3000명의 신생아 가운데 남자 아이가 1578명임을 알고 있다고 하자.

```
> n<-3000     # 총 출생아 수
> x<-1578     # 남아 출생아 수
> p<-x/n     # 남아 출생률에 대한 표본비율
> p
[1] 0.526
> q<-1-p     # 여아 출생비율
> q
[1] 0.474
> sigma<-sqrt(p*(1-p)/n)     # 표본비율의 표준오차 추정량
> sigma
[1] 0.009116359
> alpha<-0.05
> error<-qnorm(alpha/2, lower.tail=F)*sigma
> error
[1] 0.01786774
> lower<-round(p-error, digits=3)     # 신뢰하한
> upper<-round(p+error, digits=3)     # 신뢰상한
> c(lower, upper)     # 95% 신뢰구간
[1] 0.508 0.544
```

결과를 살펴보면, 남아 출생률에 대한 95% 신뢰구간은 (0.508, 0.544)가 된다. 함수 prop.test()를 사용해 남아 출생률에 대한 신뢰구간을 구하면 다음과 같다.

```
> prop.test(x, n, p=0.5, correct=F)
  1-sample proportions test without continuity correction
data:  x out of n, null probability 0.5
X-squared = 8.112, df = 1, p-value = 0.004397
alternative hypothesis: true p is not equal to 0.5
95 percent confidence interval:
 0.5081104 0.5438231
sample estimates:
    p
0.526
```

예제 8-11 모분산에 대한 추정

모분산에 대한 추정을 위해 [예제 8-11]의 자료를 이용하여 모분산에 대한 95% 신뢰구간을 추정하여 보자.

```
> x<-c(226, 228, 226, 225, 232, 228,  227, 229, 225, 230)     # 자료입력
> n<-length(x)     # 표본크기
> n
[1] 10
> ss<-var(x)     # 표본분산
> ss
[1] 5.155556
> alpha<-0.05     # 유의수준
> lower<-ss*(n-1)/qchisq(alpha/2, lower.tail=F, df=n-1)     # 신뢰하한
> upper<-ss*(n-1)/qchisq(alpha/2, lower.tail=T, df=n-1)     # 신뢰상한
> round(c(lower, upper), digits=3)     # 분산에 대한 95% 신뢰구간
[1]  2.439 17.183
> round(c(sqrt(lower), sqrt(upper)), digits=3)     # 표준편차에 대한 95% 신뢰구간
[1] 1.562 4.145
```

명령어 qchisq(alpha/2, lower.tail=F, df=n-1)는 자유도 $(n-1)$인 카이제곱분포에

서 상위 $\alpha/2=0.025$(=2.5%)에 해당하는 분위수인 $\chi^2_{\alpha/2}(n-1)=\chi^2_{0.025}(9)=19.023$를 제공해준다. 반면, 명령어 qchisq(alpha/2, lower.tail=T, df=n-1)는 자유도 $(n-1)$인 카이제곱분포에서 하위 $\alpha/2=0.025$(=2.5%)에 해당하는 분위수인 $\chi^2_{1-\alpha/2}(n-1)=\chi^2_{0.975}(9)=2.700$를 제공한다. 위의 결과를 살펴보면, 플라스틱의 두께의 모분산 σ^2에 대한 95% 신뢰구간은 (2.439, 17.183)로 얻어진다. 또한 모표준편차 σ에 대한 95% 신뢰구간은 (1.562, 4.145)이다.

연습문제

1 X_1, X_2, X_3를 평균이 μ, 분산이 σ^2인 모집단으로부터의 확률표본이라고 할 때, 모평균 μ의 추정량으로 다음의 T_1과 T_2를 고려한다고 하자.

$$T_1 = \frac{1}{4}(X_1 + 2X_2 + X_3)$$

$$T_2 = \frac{1}{5}(X_1 + 2X_2 + 2X_3)$$

(1) T_1, T_2는 각각 μ에 대한 불편추정량임을 보여라.

(2) T_1, T_2의 분산을 구하여라.

(3) 모평균 μ에 대한 추정량으로 T_1과 T_2 중 어느 것을 선택하는 것이 더 바람직하겠는가? 그리고 그 이유를 설명하여라.

2 다음은 미취학 학생들이 1학년에 입학하기 전에 실시한 준비시험의 성적이다. 단, 준비시험의 성적은 정규분포를 따른다.

35	19	40	35	51	41	27	23	39	21
41	31	46	51	34	37	36	55	52	32

(1) 시험성적에 대한 평균과 표준오차를 추정하여라.

(2) 평균에 대한 추정치의 95% 오차한계는 얼마인가?

3 한 도시의 실업률을 추정하기 위해 2000명의 취업적령자를 임의로 추출하여 조사한 결과 실업자는 165명이었다.

(1) 이 도시의 실업률과 표준오차를 추정하여라.

(2) 위에서 구한 추정치에 대한 95% 오차한계를 구하여라.

4 연습문제 2의 자료에서 모표준편차 σ를 추정하여라.

5 어느 대학에서 남학생의 평균신장 μ를 추정하기 위하여 50명을 임의로 추출한 결과

$$\overline{x} = 173(\text{cm}),\ s = 3(\text{cm})$$

이었다. 남학생의 평균신장 μ에 대한 95% 신뢰구간을 구하여라.

6 라켓볼을 만드는 회사제품 중에서 10개의 공을 임의로 택하여 지름을 측정한 결과 평균이 6.25㎝이고 표준편차가 0.15㎝이었다. 이 회사에서 제작하는 공의 평균지름에 대한 99% 신뢰구간을 구하여라.

7 임의로 선택된 10명의 자연계열 신입생에게 심리검사를 실시한 결과 책임감에 대한 득점이 다음과 같이 나타났다. 단, 책임감에 대한 득점은 정규분포를 따른다고 한다.

28.5	25.2	28.7	41.0	29.1	32.3	37.7	39.9	26.8	28.8

평균득점에 대한 90% 신뢰구간을 구하여라.

8 다음은 30명의 건강한 대학생들을 대상으로 측정한 최대호흡량(㎖)이다.

132	103	91	108	167	119	154	200	109	133
196	93	187	121	163	166	84	110	157	138
95	120	163	88	102	127	136	175	99	113

평균최대호흡량에 대한 95% 신뢰구간을 구하여라.

9 어느 회사에서 자사제품에 대한 선호도를 알아보기 위하여 임의로 주부 100명을 뽑아서 조사한 결과 20%만이 그 회사제품을 좋아한다고 했다. 이 회사의 제품을 좋아하는 모비율에 대한 95% 신뢰구간을 구하여라.

10 어느 법안에 대한 지지율을 조사하기 위하여, 200명의 유권자를 임의로 추출하여 조사한 결과 112명이 지지하였다. 지지율에 대한 90% 신뢰구간을 구하여라.

11 어느 회사에서 생산하는 배터리 16개의 수명을 조사하였더니 평균이 3.5년이고 분산이 0.5년이었다. 이 회사의 배터리 수명이 정규분포를 따른다고 할 때, 모분산 σ^2에 대한 95% 신뢰구간을 구하여라.

12 어느 공정에서 생산되는 A제품의 무게를 조사하기 위하여 11개를 임의로 추출하여 조사한 결과는 다음과 같았다. 단, 제품의 무게는 정규분포를 따른다고 한다.

38.0	37.5	38.9	40.0	38.1	35.7	38.2	37.7	35.9	36.8	37.8

제품의 무게에 대한 모분산의 90% 신뢰구간을 구하여라.

13 어느 공장에서 생산되는 전구의 평균수명을 추정하고자 한다. 과거의 경험에 의하면 표준편차가 100시간이었다. 전구의 평균수명의 추정에서 95% 오차한계가 20시간 이내가 되기 위한 표본크기를 구하여라.

14 공중보건에 관한 조사에서 시력장애자의 비율(p)을 추정하고자 한다. 만약 이 조사에서 얻어지는 p에 대한 추정량의 오차가 0.05 이하가 될 확률이 최소한 98%가 되기를 원한다면 몇 명을 대상으로 시력장애 여부를 조사하여야 하겠는가?

15 어느 학급의 영어 성적이 정규분포를 따른다고 할 때, 크기가 9인 임의표본에서 계산된 모형균의 95% 신뢰구간 길이는 2였다. 신뢰구간의 길이를 0.5 이하가 되도록 하기 위한 최소 표본크기를 구하여라.

16 $X_1, \cdots, X_n$ 은 평균이 μ, 표준편차가 5인 정규모집단에서의 임의표본일 때, 모평균 μd에 대한 추정에서 95% 수준의 오차한계가 1이 되기 위한 표본의 개수를 구하여라.

17 평균 μ, 표준편차 5인 정규모집단에서 크기 25인 랜덤표본을 추출했을 때, 모형균 μ에 대한 95% 신뢰구간의 길이를 구하여라.

18 어느 볼펜 제조 공장에서 100개의 표본을 임의로 추출하여 불량 여부를 조사한 결과 12개가 불량품이었다. 이항분포의 정규분포근사를 이용하여 불량품의 비율에 대한 95% 신뢰구간을 구하여라.

19 평균 μ이고 분산이 4인 정규모집단에서 μ에 대한 95% 신뢰구간을 추정하고자 한다. 크기가 16과 64인 임의표본으로부터 추정된 신뢰구간의 길이를 각각 A와 B라고 할 때, $\frac{B}{A}$의 값을 구하여라.

20 어느 지역의 초등학생 키는 정규분포를 따르고, 이 지역 초등학생 100명을 임의 추출하여 조사한 키의 표본평균과 표본표준편차는 각 140cm와 15cm였다. 이 지역 초등학생 키의 모평균에 대한 95% 신뢰구간을 구하여라.

21 어느 단체에 속한 성인 남성 몸무게는 평균이 65kg이고 표준편차가 15kg인 정규분포를 따른다고 한다. 이 단체에서 임의추출한 성인 남성 n명의 평균몸무게가 60kg보다 클 확률이 0.95 이상이 되도록 하는 최소 표본크기 n을 구하여라.

22 어떤 정책에 대한 지지율을 알아보기 위하여 유권자 900명을 단순임의표본추출하여 조사하였더니, 630명이 지지하는 것으로 나타났다. 이 경우 표본비율의 표준오차 추정치는 약 0.015로 계산된다. 표본비율의 추정치가 같다고 할 때 표준오차 추정치를 0.005로 줄이기 위해서는 표본의 크기를 얼마로 해야 하는지 구하여라.

9장

검정

9.1 가설검정

모집단에서 표본을 추출하고 자료를 수집하는 것은 그 모집단에 대한 추측을 하기 위한 과정이다. 이러한 통계적 추측을 위해서는 모집단에 대한 예상, 또는 추측 및 주장의 옳고 그름을 판정해야 하는 경우가 흔히 있다. 이러한 모집단에 대한 예상이나 주장 등 임의의 설정을 **통계적 가설**(statistical hypothesis)이라고 한다. 이는 흔히 모집단을 결정해 주는 모수에 의한 수식으로 표현될 수 있고, 또한 문장으로 표현될 수도 있다. 통계적 가설에 대한 절대적 결론은 있을 수 없고 항상 불확실성을 내포한다. 따라서 통계적 가설을 판정하는 데에는 항상 오류(error)가 따르게 된다. 이 절에서는 이러한 판정에 대한 원리 및 방법 등에 대해서 살펴보려고 한다.

귀무가설과 대립가설

한 아이가 출생하는 경우를 생각해 보자.

A: 남자 아이가 출생한다.
B: 여자 아이가 출생한다.

라고 생각하자. A와 B는 두 가지의 가능한 결과를 지닌 확률실험이라고 생각할 수 있다. 우리는 직관적으로 두 결과가 거의 같은 정도로 발생한다고 생각한다. 그러나 어떤 보도라든지 발표에 의하면 가끔 남자 아이의 출생률이 여자 아이의 출생률보다 약간 높다고 주장하는 경우가 있을 수 있다.

이러한 주장을 바탕으로 하여, 두 결과 A와 B가 같은 확률을 갖는다는 가설을 검정하려 한다고 하자. A가 일어날 확률을 p라고 하면, 직관적으로 느끼는 것은 $p = 0.5$라는 것이다. 이에 반하는 주장은 $p > 0.5$가 될 것이다.

이와 같이, 일반적으로 표본을 통해서 얻어지는 정보를 바탕으로 모집단에 대한 예상이나 주장을 입증하고자 하는 가설을 **대립가설**(alternative hypothesis)이라고 한다. 이에 상반되는 가설을 **귀무가설**(null hypothesis)이라고 한다.

위 출생 예에서는 주장하려고 하는 것이 $p > 0.5$이므로 $p > 0.5$를 대립가설로 설정할 수 있고, 귀무가설을 $p = 0.5$로 볼 수 있다. 앞으로는 귀무가설을 $H_0 : p = 0.5$로, 대립가설을 $H_1 : p > 0.5$로 표시하기로 한다.

위의 출생 예에서 보면

$$H_0 : p = 0.5 \qquad \text{vs} \qquad H_1 : p > 0.5$$

로 설정할 수 있는데, 실험 또는 조사의 목적에 따라 통계적 가설(H)의 형태를

(1) $H: p > 0.5$ (2) $H: p < 0.5$

(3) $H: p \neq 0.5$ (4) $H: p = 0.5$

와 같이 표현할 수 있다. 여기서 (4)와 같이 모수의 일정한 값이 주어지는 가설을 단순가설(simple hypothesis)이라고 하고, 이 외에 (1), (2), (3)과 같이 모수의 범위를 결정해 주는 가설을 복합가설(composite hypothesis)이라고 한다. 또 가설의 방향에 따라서, (1)과 (2) 같이 어떠한 일정한 수를 중심으로 하여 한쪽의 범위만을 주는 가설을 단측가설(one-side hypothesis)이라고 하고 (3)과 같이 양쪽의 방향을 모두 지정해 주는 가설을 양측가설(two-side hypothesis)이라고 한다. 위 출생률에 관한 가설에서 H_0는 단순가설이며 H_1은 복합가설이자 단측가설이다.

○ 예제 9-1

한 건축기사가 시멘트의 혼합물이 현재 사용되는 것보다 접착력이 더 좋은가를 알고자 한다. 새로운 혼합물의 값이 더 비싸기 때문에 이에 대한 실험에서 그 우수성이 시사되지 않는 한 이를 추천하지 않으려고 한다. 따라서 새로운 혼합물의 접착력에 대하여 몇 회의 실험을 행하고자 할 때에 귀무가설과 대립가설을 생각해 보아라.

풀이 이러한 경우에는 주장하고자 하는 것이 새로운 혼합물이 더 접착력이 좋다는 것이기 때문에

H_0 : 새로운 혼합물의 접착력이 더 좋은 것은 아니다.

H_1 : 새로운 혼합물의 접착력이 더 좋다.

로 표현할 수 있다. 이러한 가설은 모수의 식이 아니라, 문장으로 가설을 설정할 수 있다는 것을 주의하자.

○ 예제 9-2

한 목수가 못을 대량으로 구입하려고 한다. 이때 그 중에서 임의로 추출된 30개를 조사하여, 만약 불량품이 3개 이상이면 구입하지 않고 3개 미만이면 모두를 구입하려고 한다.

풀이 이때에 검정하려고 하는 가설은

H_0 : 불량품이 3개 이상이다.
H_1 : 불량품이 3개 미만이다.

또는 불량품이 나올 확률을 p라고 하면

$$H_0 : p \geq \frac{3}{30} = 0.1$$

$$H_1 : p < \frac{3}{30} = 0.1$$

이라고 설정할 수 있다.

통계적오류의 종류와 검정력 함수

앞의 [예제 8-5]를 생각하여 보자. 어떤 지방에서 출생한 아기 가운데에서 $H_0 : p = 0.5$가 사실이라고 한다면, 약 1,500명은 남자 아이가 출생될 것이라고 기대되므로, 실제로 관측한 남자 아이의 수가 1,500명보다 훨씬 많으면 $H_0 : p = 0.5$가 옳지 않은 것으로 보고 H_0를 기각한다고 생각할 수 있다. 이때 확률변수 X_i를

$$X_i = \begin{cases} 1, \ i\text{번째 출생한 아이가 남자일 경우} \\ 0, \ i\text{번째 출생한 아이가 여자일 경우} \end{cases}$$

로 정의하면, 확률변수 $Y = \sum_{i=1}^{3000} X_i$는 남자 아이의 출생 숫자가 될 것이다.

[예제 8-5]에서는 $Y = 1{,}578$명이므로, 1,500보다는 크지만 $p > 0.5$라고 볼 수 있을까? 이에 대해 판정을 내리는 데에는 Y의 값이 1,500명보다 얼마나 더 큰 가에 따라서 결정지어지게 될 것이다. 만약에 $Y \geq 1{,}550$이면 $H_0 : p = 0.5$를 기각한다고 생각하자. 그러면 이때 $H_0 : p = 0.5$는 $Y = 1{,}578$명이므로 기각할 수 있게 된다. 만약 $Y \geq 1{,}600$이면 $H_0 : p = 0.5$를 기각한다고 생각하면, $H_0 : p = 0.5$는 기각되지 않을 것이다.

이와 같이 귀무가설의 기각여부를 결정하는 기준으로 사용되는 통계량을 **검정통계량(test statistic)**이라고 한다. 검정방법 '$Y \geq 1{,}550$이면 H_0를 기각한다' 또는 '$Y \geq 1{,}600$이면 H_0를 기각한다'와 같이 귀무가설을 기각하게 되는 검정통계량의 관측값의 영역을 기각역(critical region)이라고 한다. 또한 1,550이나 1,600을 그

검정방법에 대한 임계치(critical value)라고 한다. 따라서 H_1에 대한 H_0의 검정방법은 검정통계량과 기각역에 의해서 결정된다.

위 예에서 H_0를 받아들인다고 하여 반드시 $p = 0.5$라는 말이 아니며, 또 H_0를 기각하게 된다고 하여 반드시 $p > 0.5$라고 할 수 없다. 이는 단지 기각하거나 채택할 충분한 근거를 그 표본에서는 발견할 수 있거나 없다는 뜻일 뿐이다. 그러므로 다른 표본을 사용한다면 그 결과가 뒤바뀔 수도 있다는 것이다.

이와 같이 가설검정에 의하여 내려진 결과는 절대적인 것이 아니며, 모수의 값에 따라서 오류를 범하게 되는데, 이 오류는 모수의 참값에 따라서 다음과 같이 분류한다.

|표 9-1| 통계적 오류의 종류

	미지의 실제 현상	
검정결과	H_0가 참($p = 0.5$)	H_0가 거짓($p > 0.5$)
H_0를 기각하는 경우	오류(제1종 오류)	옳은 결정
H_0를 기각하지 않는 경우	옳은 결정	오류(제2종 오류)

이와 같이 한 가지 검정방법을 적용할 때, 두 가지의 오류를 범하게 되는데 H_0가 참임에도 불구하고 H_0를 기각할 때에 범하게 되는 오류를 **제1종 오류**(Type Ⅰ error)라고 하고, H_0가 거짓임에도 불구하고 H_0를 기각하지 않는 경우에 범하게 되는 오류를 **제2종 오류**(Type Ⅱ error)라고 한다. [표 9-1]에서 보는 바와 같이, 이러한 오류를 범하게 될 확률은 미지의 출생률 p의 값에 따라 좌우된다. 아울러 제1종 오류를 α-오류(α-error), 제2종 오류를 β-오류(β-error)라고도 한다. 일반적으로, 모수의 참값이 θ일 때에 H_0를 기각할 확률을 $\gamma(\theta)$로 표시하면

$$\alpha(\theta) = \gamma(\theta) \quad (H_0\text{가 참일 때})$$
$$\beta(\theta) = 1 - \gamma(\theta) \quad (H_0\text{가 거짓일 때})$$

와 같이 주어진다. 이와 같이 어떤 검정방법 τ를 선택했을 때, 모수의 참값 θ가 변함에 따라, H_0를 기각할 확률을 나타내는 θ의 함수 $\gamma(\theta)$를 검정방법 τ에 대한 **검정력 함수**(power function of the test τ)라고 한다. 특히 H_1에 속하는 하나의 특수한 경우, 즉 $\theta = \theta_1$에 대한 $\gamma(\theta)$의 값 $\gamma(\theta_1)$을 그 경우에 대한 **검정력**(power of the test)이라고 한다.

○ 예제 9-3

감기에 대한 치유율이 60%로 알려진 감기약 제조회사에서 기존의 감기약보다 치유율이 더 높은 새로운 감기약을 제조하기 위하여 실험단계로서 새로운 감기약을 제조하였다. 새로 개발된 감기약이 종전의 감기약보다 더 치유율이 높다는 회사측 연구진들의 주장을 평가하기 위하여 20명의 감기 환자들을 표본추출하여 새로운 감기약을 복용시킨 후 일정 기간 후에 치유 환자의 수 Y를 기록하였다. 이로부터 얻어지는 정보를 이용하여 새로운 약품이 더 우수한가를 확인하기 위한 통계적 방법은 무엇인가?

풀이 이 예제에서 실험에 참가한 20명의 환자들을 가능한 모든 감기 환자들 가운데에서 독립적으로 임의추출된 표본이라고 가정하면 확률변수 Y는 $n=20$이고 미지의 치유율 p를 모수로 갖는 이항분포를 따른다. 이때 통계적 가설을 다음과 같이 설정했다면

$$H_0: p \le 0.6 \qquad H_1: p > 0.6$$

이 가설을 검정하기 위한 방법으로 다음 두 가지를 생각하자.

방법 A : $Y \ge 16$이면 H_0를 기각한다.
방법 B : $Y \ge 18$이면 H_0를 기각한다.

그러면 방법 A에 대한 검정력 함수 $\gamma(p)$는 기각역이 $Y \ge 16$이므로

$$\gamma(p) = P(Y \ge 16 \mid p) = 1 - P(Y \le 15 \mid p)$$

이고, 이것은 다음 [표 9-2]와 같이 구해진다.
또한 방법 B에 대한 검정력 함수 $\gamma(p)$는 기각역이 $Y \ge 18$이므로

$$\gamma(p) = P(Y \ge 18 \mid p) = 1 - P(Y \le 17 \mid p)$$

이고 이것은 다음 [표 9-3]과 같이 구해진다.

|표 9-2| [예제 9-3]에서 방법 A에 의한 검정력 함수

p	0.1	0.2	0.3	0.4	0.5
$\gamma(p)=P(Y \ge 16 \mid p)$	0	0	0	0	0.006

p	0.6	0.7	0.8	0.9	0.95	1
$\gamma(p)=P(Y \ge 16 \mid p)$	0.051	0.238	0.630	0.957	0.997	1

|표 9-3| [예제 9-3]에서 방법 B에 의한 검정력 함수

p	0.1	0.2	0.3	0.4	0.5
$\gamma(p)=P(Y \ge 18 \mid p)$	0	0	0	0	0

p	0.6	0.7	0.8	0.9	0.95	1
$\gamma(p) = P(Y \geq 18 \mid p)$	0.004	0.035	0.206	0.677	0.925	1

이제 앞에서 언급한 검정방법 A와 검정방법 B를 비교해 보자. 검정방법 A와 검정방법 B에 대한 검정력 함수 $\gamma(p)$의 그림이 [그림 9-1]과 [그림 9-2]에 그려져 있다. 두 그림에서 점선 왼쪽 부분의 $\gamma(p)$는 제1종 오류를 범할 확률을 나타내고, 오른쪽 부분의 $1-\gamma(p)$는 제2종 오류를 범할 확률 $\beta(p)$를 나타낸다. 이와 같이 $\gamma(p)$의 그림은 검정방법의 판정력을 명확히 나타내 준다.

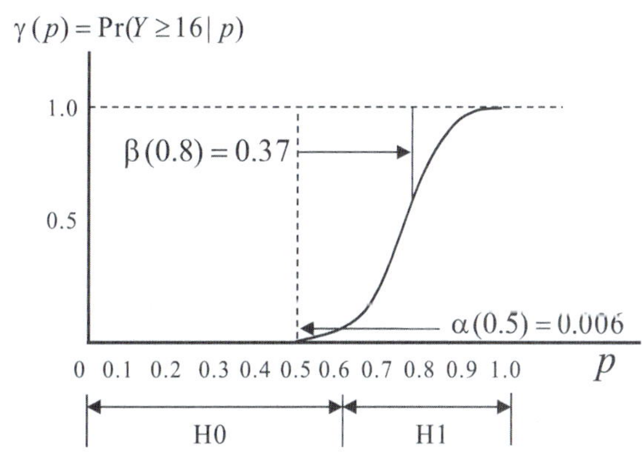

|그림 9-1| 검정방법 A에 대한 검정력 함수

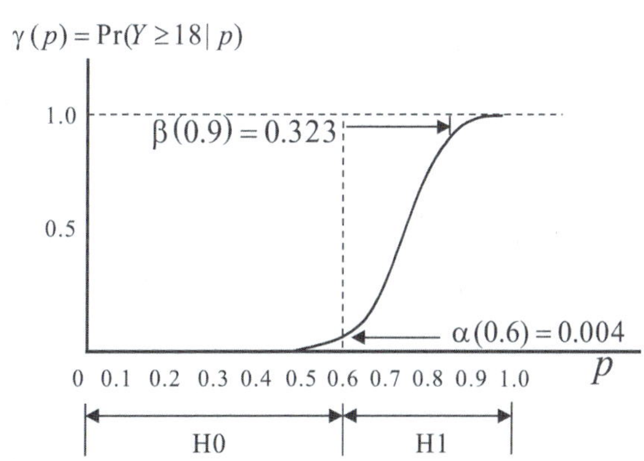

|그림 9-2| 검정방법 B에 대한 검정력 함수

[그림 9-1]과 [그림 9-2]를 보면, 어느 그림이나 $\alpha(p)$는 H_0와 H_1의 경계점인 $p=0.6$에서 최대가 된다. 따라서 $\alpha(p)$는 이 경계점에서 조절 가능하다. 또한 두 검

정방법 중 $\alpha(p)$를 크게 하면 상대적으로 $\beta(p)$가 작아지고 $\alpha(p)$가 작아지면 $\beta(p)$가 커지게 된다.

|표 9-4| [예제 9-3]에서 $Y \geq 15$ 이상의 방법에 대한 검정력 함수

p	0.3	0.4	0.5	0.6
$\gamma(p) = P(Y \geq 15 \mid p)$	0.000	0.002	0.021	0.126
$\gamma(p) = P(Y \geq 16 \mid p)$	0.000	0.000	0.006	0.051
$\gamma(p) = P(Y \geq 17 \mid p)$	0.000	0.000	0.001	0.016
$\gamma(p) = P(Y \geq 18 \mid p)$	0.000	0.000	0.000	0.004
$\gamma(p) = P(Y \geq 19 \mid p)$	0.000	0.000	0.000	0.001

p	0.7	0.8	0.9	1.0
$\gamma(p) = P(Y \geq 15 \mid p)$	0.416	0.804	0.989	1.000
$\gamma(p) = P(Y \geq 16 \mid p)$	0.238	0.630	0.957	1.000
$\gamma(p) = P(Y \geq 17 \mid p)$	0.1047	0.411	0.867	1.000
$\gamma(p) = P(Y \geq 18 \mid p)$	0.035	0.206	0.677	1.000
$\gamma(p) = P(Y \geq 19 \mid p)$	0.008	0.069	0.392	1.000

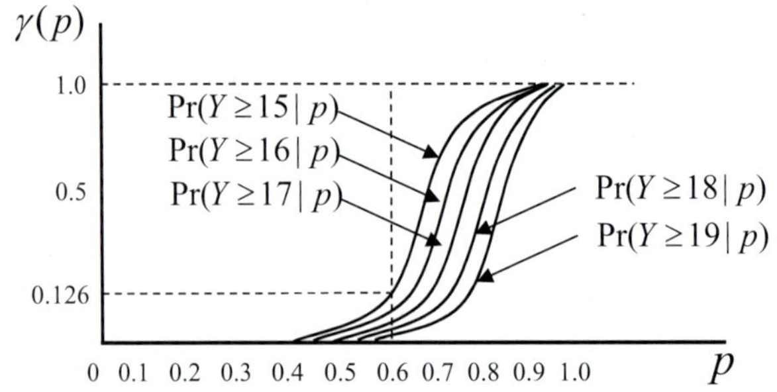

|그림 9-3| [표 9-4]의 그림

[그림 9-3]을 통해 $\alpha(p)$와 $\beta(p)$를 동시에 줄일 수 없다는 사실을 알 수 있다. 따라서 이상적인 검정방법은 존재하지 않으므로 제1종 오류가 제2종 오류보다 더 심각하다고 여기는 것이 통례이므로 제1종 오류에 대한 최대 허용한계를 정하여 놓고, 제2종 오류를 최소화하는 검정방법을 택하는 것이 가설검정의 기본적 입장이다. 따라서 α에 대한 최대 허용한계를 0.06으로 한다면 검정방법 '$Y \geq 16$', '$Y \geq 17$', '$Y \geq 18$'과 '$Y \geq 19$' 등의 방법이 이를 만족하게 된다([그림 9-3]참조). 그러나 이 중에서 β를 최소로 하는 검정방법이 '$Y \geq 16$'이다. 따라서 α에 대한 최대 허용한

계가 0.06으로 허용된 검정방법 중에서 '$Y \geq 16$'이 가장 우수한 검정방법이다. 이때 $\alpha(p)$의 최대 확률은

$$\alpha(0.6) = P(Y \geq 16 \mid p = 0.6) = 0.051$$

인데, α의 최대 허용한계, 즉 0.06을 **유의수준(level of significance)**이라고 한다. 만약 유의수준을 0.13 이상으로 잡는다면 가장 우수한 검정방법은 '$Y \geq 15$'가 될 것이다. 많은 경우에 $\alpha = 0.01$, 0.05, 0.10을 흔히 사용하며, 대개의 수표에도 이 확률들을 주로 싣고 있으므로 편리하게 사용할 수 있다. 유의수준을 0.06으로 설정한다는 것은 동일한 검정방법을 독립적으로 100회 사용하는 경우에 H_0를 잘못 기각하는 오류를 최대한 6회 허용한다는 것을 뜻한다.

제1종 오류를 범할 확률의 최댓값(즉, 유의수준)이 α 이하가 되도록 검정을 수행하는 방법은 전술한 바와 같이 검정통계량의 관측값이 해당 기각역에 속하는지의 여부에 따라 수행된다. 이제 유의수준을 미리 정해놓고 검정을 수행하는 것이 아니라, 역으로 데이터로부터 검정통계량의 관측값을 먼저 구한 후 이 값이 기각역에 포함되도록 하기 위해(즉, 귀무가설을 기각하기 위해) 유의수준을 최소한 얼마나 허용해야 하는지를 생각해 보자. 이 값을 p-값(p-value) 또는 유의확률(significant probability)이라고 한다. 즉, 유의확률은 '검정통계량의 관측값으로(데이터가 가지고 있는 증거) 귀무가설을 기각하기 위해 요구되는 최소의 유의수준'이라고 정의할 수 있다. 유의확률은 데이터가 가진 정보가 대립가설을 지지하는 정도가 강할수록 작은 값을 가지게 되며, 영(0)에 가까울수록 귀무가설을 기각할 근거가 강하다고 말할 수 있다.

유의수준(significance level)과 유의확률(significance probability)

(1) 유의수준: 제1종 오류를 범할 최대 허용 한계

(2) 유의확률: 검정통계량의 관측값으로 귀무가설(H_0)을 기각하기 위해 요구되는 최소의 유의수준

9.2 모평균과 모비율의 검정

모평균의 검정

$X_1, X_2, \cdots, X_n$을 $N(\mu, \sigma^2)$을 따르는 모집단으로부터의 확률표본이라고 하자. 이때 모평균 μ에 관한 추론은 표본평균 $\overline{X}$를 이용한다. 따라서 $\overline{X}$를 이용한 검정법을 만들려면 $\overline{X}$의 분포를 알아야 한다. 이는 8.4절의 구간추정에서와 같이 세 경우로 생각할 수 있다. 즉,

(1) σ^2이 알려진 경우, $Z = \dfrac{\overline{X} - \mu}{\sigma / \sqrt{n}} \sim N(0,1)$

(2) σ^2이 미지인 경우, $t = \dfrac{\overline{X} - \mu}{S / \sqrt{n}} \sim t(n-1)$

(3) σ^2이 미지이나 n이 충분히 큰 경우, $Z = \dfrac{\overline{X} - \mu}{S / \sqrt{n}} \dot{\sim} N(0,1)$

이를 바탕으로, 각 경우에 대하여 모평균 μ에 관한 검정문제를 살펴보기로 하자. 먼저 (1)의 경우에, 모평균 μ에 관한 아래의 가설들에 대한 검정통계량은

$$Z_0 = \frac{\overline{X} - \mu_0}{\sigma / \sqrt{n}}$$

이며, 유의수준 α에 대한 기각역은 다음과 같다.

	귀무가설	대립가설	유의수준 α에 대한 기각역
(a)	$H_0 : \mu \le \mu_0$	$H_1 : \mu > \mu_0$	$Z_0 \ge z_\alpha$
(b)	$H_0 : \mu \ge \mu_0$	$H_1 : \mu < \mu_0$	$Z_0 \le -z_\alpha$
(c)	$H_0 : \mu = \mu_0$	$H_1 : \mu \ne \mu_0$	$\lvert Z_0 \rvert \ge z_{\alpha/2}$

이와 같이 표준정규분포를 이용하여 시행하는 검정을 Z 검정(Z-test)이라고 한다.

다음으로 (2)의 경우에, 모평균 μ에 관한 아래의 가설들에 대한 검정통계량은

$$t_0 = \frac{\overline{X} - \mu_0}{S / \sqrt{n}}$$

이며, 유의수준 α에 대한 기각역은 다음과 같다.

	귀무가설	대립가설	유의수준 α에 대한 기각역
(a)	$H_0: \mu \le \mu_0$	$H_1: \mu > \mu_0$	$t_0 \ge t_\alpha(n-1)$
(b)	$H_0: \mu \ge \mu_0$	$H_1: \mu < \mu_0$	$t_0 \le -t_\alpha(n-1)$
(c)	$H_0: \mu = \mu_0$	$H_1: \mu \ne \mu_0$	$\lvert t_0 \rvert \ge t_{\alpha/2}(n-1)$

앞에서 정의된 t 통계량이 t 분포를 따름을 이용하여 시행하는 검정을 t 검정(t test)이라고 한다.

마지막으로 (3)의 경우에, 모평균 μ에 관한 아래의 가설들에 대한 검정통계량은

$$Z_0 = \frac{\overline{X} - \mu_0}{S/\sqrt{n}}$$

이며, 유의수준 α에 대한 기각역은 다음과 같다.

	귀무가설	대립가설	유의수준 α에 대한 기각역
(a)	$H_0: \mu \le \mu_0$	$H_1: \mu > \mu_0$	$Z_0 \ge z_\alpha$
(b)	$H_0: \mu \ge \mu_0$	$H_1: \mu < \mu_0$	$Z_0 \le -z_\alpha$
(c)	$H_0: \mu = \mu_0$	$H_1: \mu \ne \mu_0$	$\lvert Z_0 \rvert \ge z_{\alpha/2}$

○ 예제 9-4

$N(\mu, 3.10)$인 모집단에서 다음과 같은 20개의 표본을 얻었다고 할 때, 모평균 μ에 관한 다음의 가설을 유의수준 $\alpha = 0.05$에서 검정하여라.

89.6	88.8	86.3	82.6	84.7	85.8	80.5	84.3	91.3	86.7
87.6	85.2	78.5	85.3	81.5	83.9	86.9	82.0	83.0	85.5

$$H_0: \mu \ge 87 \quad \text{vs} \quad H_1: \mu < 87$$

풀이 주어진 자료로부터 $n = 20$, $\overline{x} = 85.0$이고, 모분산 $\sigma^2 = 3.10$으로 알려진 경우이므로, 검정통계량의 관측값은

$$z_0 = \frac{\overline{x} - \mu_0}{\sigma/\sqrt{n}} = \frac{85.0 - 87.0}{1.76/\sqrt{20}} = -5.08$$

이다. 부록 B의 [표 C]로부터 $z_{0.05} = 1.645$이므로

$$z_0 = -5.08 < -z_{0.05} = -1.645$$

이 되어 유의수준 $\alpha = 0.05$에서 귀무가설 H_0를 기각할 수 있다.

○ 예제 9-5

[예제 8-9]에서 설탕 소비량이 정규분포를 따른다고 할 때, 주어진 자료를 이용하여 모평균 μ에 관한 다음의 가설을 유의수준 $\alpha = 0.10$에서 검정하여라.

$$H_0 : \mu = 5 \qquad \text{vs} \qquad H_1 : \mu \neq 5$$

풀이 주어진 자료로부터 $n = 5$, $\bar{x} = 4.6$, $s^2 = 0.545$, $s = 0.738$이므로, 검정통계량의 관측값은

$$t_0 = \frac{\bar{x} - 5}{s/\sqrt{n}} = \frac{4.6 - 5}{0.738/\sqrt{5}} = -1.21$$

부록 B의 [표 D]로부터 $t_{0.05}(4) = 2.13$이므로

$$|t_0| = 1.21 < t_{0.05}(4) = 2.13$$

이 되어 유의수준 $\alpha = 0.10$에서 귀무가설 H_0를 기각할 수 없다.

○ 예제 9-6

[예제 8-8]에서 어떤 한 고객이 느끼는 평균 서비스 시간이 4분이라고 주장하고 있다. 유의수준 $\alpha = 0.01$에서 이 고객의 주장이 옳은가를 검정하여라.

풀이 우선 문제에 맞는 가설을 설정하면 다음과 같다.

$$H_0 : \mu = 4 \qquad \text{vs} \qquad H_1 : \mu \neq 4$$

문제에서 $\bar{x} = 3.2$, $s^2 = 1.44$, $s = 1.2$이고 $n = 64$로, 검정통계량의 관측값은

$$z_0 = \frac{\bar{x} - 4}{s/\sqrt{n}} = \frac{3.2 - 4}{1.2/\sqrt{64}} = -5.33$$

그런데, 부록 B의 [표 C]로부터 $z_{0.005} = 2.58$이므로

$$|z_0| = 5.33 > z_{0.005} = 2.58$$

이 되어, 유의수준 $\alpha = 0.01$에서 귀무가설 H_0를 기각할 수 있다. 즉, 서비스 시간이 4분이라는 고객의 주장이 옳다고 할 수 없다.

○ 예제 9-7

P제철에서 자동차 조립을 위해 생산하고 있는 강판의 두께가 평균이 300, 표준편차 10이 되도록 품질관리를 하고 있다. 이에 H자동차 회사에서 P제철의 강판을 구입하여 자동차를 만들려고 계획하고 있으며, 자동차의 연비를 위해 강판의 두께를 자체적으로 확인하기 위해 P제철에서 구입한 강판의 강판 중 100개의 표본을 추출하여 두께를 제어 보니 평균 303이었다. P제철에서 생산되고 있는 강판 두께가 연비가 좋은 자동차를 만들기 위해 적합한지를(강판의 두께가 300보다 큰지를) (a) 유의수준 5%에서 검정하고, (b) 유의확률을 구하여라.

풀이 (a) 해당 가설은 다음과 같다.

$$H_0 : \mu = 300 \quad \text{vs} \quad H_1 : \mu > 300$$

검정통계량의 관측값은

$$Z_0 = \frac{\bar{x} - 300}{10/\sqrt{100}} = \frac{303 - 300}{1} = 3$$

이고, 이 값이 $Z_{0.05} = 1.645$보다 크므로, 유의수준 5%에서 귀무가설을 기각한다.

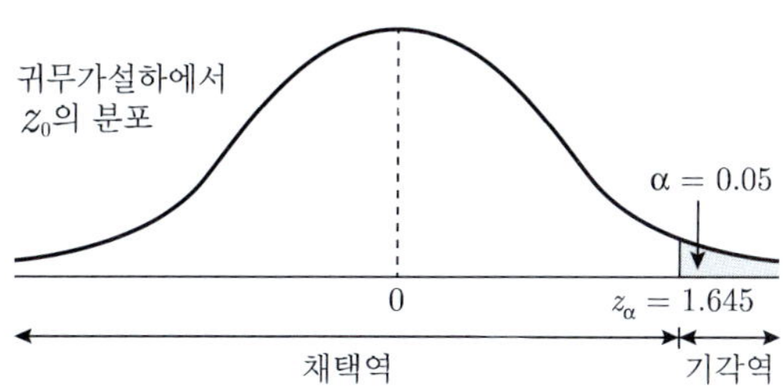

(b) 유의확률은 귀무가설하에서 검정통계량 $Z_0 = \frac{\bar{x} - 300}{10/\sqrt{100}}$이 관측값보다 클 확률에 해당하므로 $P(Z > 3) = 0.00134$이다(귀무가설하에서 $Z_0 \sim N(0, 1)$이므로). 여기서 Z는 $N(0, 1)$을 따른다.

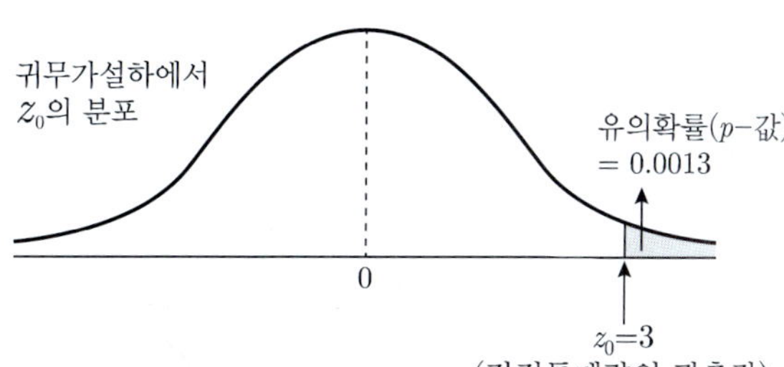

모비율의 검정

모비율 p에 관한 추론은 이항확률변수 X나 표본비율 $\hat{p}=\dfrac{X}{n}$를 이용한다. 이는 8.4절의 구간추정에서 살펴보았듯이, X가 이항분포 $B(n,p)$에 따를 때, 표본비율 $\hat{p}=\dfrac{X}{n}$의 기댓값과 분산은 각각 p, $p(1-p)/n$임을 알고 있다. 따라서 표본크기 n이 충분히 클 때,

$$Z=\frac{\hat{p}-p}{\sqrt{p(1-p)/n}} \div N(0,1)$$

임을 이용하여, 모비율 p에 대한 검정을 할 수 있다. 즉, 모비율 p에 관한 다음의 가설들에 대한 검정통계량은

$$Z_0=\frac{\hat{p}-p_0}{\sqrt{p_0(1-p_0)/n}}$$

이며, 근사적으로 유의수준 α인 기각역은 다음과 같다.

	귀무가설	대립가설	근사적으로 유의수준 α인 기각역
(a)	$H_0: p \le p_0$	$H_1: p > p_0$	$Z_0 \ge z_\alpha$
(b)	$H_0: p \ge p_0$	$H_1: p < p_0$	$Z_0 \le -z_\alpha$
(c)	$H_0: p = p_0$	$H_1: p \ne p_0$	$\lvert Z_0\rvert \ge z_{\alpha/2}$

○ 예제 9-8

어떤 화장품의 제조회사측에서는 특수한 두 종류의 향료 A와 B에 대한 소비자의 기호가 같다고 주장하고 있다. 이를 확인하기 위하여 30명의 소비자를 임의 추출하여 두 가지 중 한 가지를 택하도록 한 결과, 향료 A를 선택한 소비자의 수가 18명이었다. 이 회사의 주장이 옳은지에 대하여 유의수준 $\alpha=0.05$에서 검정하여라.

풀이 만일 두 향료에 대한 기호가 같다면 향료 A를 좋아하는 사람들의 비율은 $p=0.5$라고 할 수 있다. 따라서 문제에 맞는 가설을 설정하면 다음과 같다.

$$H_0: p=0.5 \qquad \text{vs} \qquad H_1: p \ne 0.5$$

문제에서 $\hat{p}=\dfrac{18}{30}=0.6$이므로 검정통계량의 관측값은

$$z_0 = \frac{\hat{p} - p_0}{\sqrt{p_0(1-p_0)/n}} = \frac{0.6-0.5}{\sqrt{0.5(1-0.5)/30}} = 1.10$$

그런데 부록 B의 [표 C]로부터 $z_{0.025} = 1.96$이므로

$$|z_0| = 1.10 < z_{0.025} = 1.96$$

이 되어, 유의수준 $\alpha = 0.05$에서 귀무가설 H_0를 기각할 수 없다. 즉, 두 향료에 대한 소비자의 기호가 같다는 이 회사의 주장이 옳다고 할 수 있다.

9.3 모분산의 검정

$X_1, X_2, \cdots, X_n$을 모평균 μ와 모분산 σ^2이 알려지지 않은 $N(\mu, \sigma^2)$에서의 확률표본이라 하자. 모분산 σ^2에 대한 추론은 σ^2의 추정량인 다음과 같이 정의된 표본분산

$$S^2 = \frac{1}{n-1}\sum_{i=1}^{n}(X_i - \overline{X})^2$$

을 이용한다. 역시 8.4절에서 살펴보았듯이, 위에서 정의된 표본분산 S^2에 대하여

$$\frac{(n-1)S^2}{\sigma^2} \sim \chi^2(n-1)$$

이 성립함을 이용하여, 모분산 σ^2에 대한 검정을 할 수 있다. 즉, 모분산 σ^2에 관한 아래 가설들의 검정통계량은

$$\chi_0^2 = \frac{(n-1)S^2}{\sigma_0^2}$$

이며, 유의수준 α에 대한 기각역은 다음과 같다.

	귀무가설	대립가설	유의수준 α에 대한 기각역
(a)	$H_0: \sigma^2 \le \sigma_0^2$	$H_1: \sigma^2 > \sigma_0^2$	$\chi_0^2 \ge \chi_\alpha^2(n-1)$
(b)	$H_0: \sigma^2 \ge \sigma_0^2$	$H_1: \sigma^2 < \sigma_0^2$	$\chi_0^2 \le \chi_{1-\alpha}^2(n-1)$
(c)	$H_0: \sigma^2 = \sigma_0^2$	$H_1: \sigma^2 \ne \sigma_0^2$	$\chi_0^2 \le \chi_{1-\alpha/2}^2(n-1)$ 또는 $\chi_0^2 \ge \chi_{\alpha/2}^2(n-1)$

○ 예제 9-9

[예제 8-11]에서 플라스틱판 두께의 분포가 정규분포라고 할 때, 공정에 이상이 있는지, 즉 $\sigma^2 > 1.5^2$이라고 할 수 있는가를 유의수준 $\alpha = 0.01$에서 검정하여라.

풀이 플라스틱판 두께의 분산을 σ^2이라고 하면, 문제에 맞는 귀무가설과 대립가설은 다음과 같이 설정할 수 있다.

$$H_0 : \sigma^2 \le 1.5^2 \qquad \text{vs} \qquad H_1 : \sigma^2 > 1.5^2$$

주어진 $n = 10$개의 자료로부터 표본분산을 계산하면, $s^2 = 5.16$이다. 그리고 검정통계량의 관측값은

$$\chi_0^2 = \frac{(n-1)s^2}{\sigma_0^2} = \frac{9 \times 5.16}{1.5^2} = 20.64$$

부록 B의 [표 E]로부터 $\chi^2_{0.01}(9) = 21.666$이므로

$$\chi_0^2 = 20.64 < \chi^2_{0.01}(9) = 21.666$$

이 되어, 유의수준 $\alpha = 0.01$에서 귀무가설 H_0를 기각할 수 없다. 즉, 공정에 이상이 있다고 할 만한 근거가 없다는 결론을 내릴 수 있다.

모평균에 관한 가설검정은 중심극한정리에 의해 표본크기가 클 때에는 모집단이 정규분포를 따른다는 가정이 어느 정도 무시될 수 있었다. 하지만 구간추정에서와 마찬가지로 모분산에 대한 검정법은 모집단이 정규분포를 따른다는 가정에 강하게 의존하는 점에 유의하여야 한다.

9.4 신뢰구간과 기각역의 관계

이 절에서는 신뢰구간에 의한 구간 추정과 양측검정의 기각역에 대한 관계를 생각해 봄으로써 양측검정을 비교적 간단히 할 수 있을 것이다.

예를 들어, 모분산 σ^2이 알려진 경우에 모평균 μ에 대한 $100(1-\alpha)\%$ 신뢰구간은

$$\left(\overline{X} - z_{\alpha/2}\frac{\sigma}{\sqrt{n}},\ \overline{X} + z_{\alpha/2}\frac{\sigma}{\sqrt{n}} \right)$$

임은 앞에서 살펴보았다. 그런데, 가설

$$H_0: \mu = \mu_0 \qquad \text{vs} \qquad H_1: \mu \neq \mu_0$$

에 대한 기각역은

$$|Z_0| = \left| \frac{\overline{X} - \mu_0}{\sigma/\sqrt{n}} \right| \geq z_{\alpha/2}$$

이며, 이를 μ_0에 대하여 다시 정리하면 다음과 같다.

$$\mu_0 \geq \overline{X} + z_{\alpha/2}\frac{\sigma}{\sqrt{n}} \quad \text{또는} \quad \mu_0 \leq \overline{X} - z_{\alpha/2}\frac{\sigma}{\sqrt{n}}$$

이 영역은 H_0를 유의수준 α로 기각할 기각역으로 신뢰구간의 양쪽 밖의 영역이 된다. 따라서 신뢰구간과 기각역의 관계는 서로 여집합적인 관계에 있음을 알 수 있다. 즉, H_0의 채택역이 바로 신뢰구간이 됨을 알 수 있다. 따라서 양측가설

$$H_0: \mu = \mu_0 \qquad \text{vs} \qquad H_1: \mu \neq \mu_0$$

을 검정할 때는 μ에 대한 $100(1-\alpha)\%$ 신뢰구간을 구한 후에 μ_0가 신뢰구간에 포함되면 H_0를 채택하고 그렇지 않으면 H_0를 기각하면 된다.

○ 예제 9-10

분산이 4인 정규 모집단으로부터 크기 15인 확률표본을 추출하였을 때 $\overline{x} = 19$로 나타났다. 모평균 μ에 대한 95% 신뢰구간을 구하고 가설

$$H_0: \mu = 15 \qquad \text{vs} \qquad H_1: \mu \neq 15$$

을 신뢰구간을 사용하여 검정하여 보아라.

풀이 μ에 대한 95% 신뢰구간은

$$\left(19 - 1.96\frac{2}{\sqrt{15}},\ 19 + 1.96\frac{2}{\sqrt{15}}\right) = (17.99,\ 20.01)$$

이므로 (17.99, 20.01)은 15를 포함하지 않으므로 유의수준 $\alpha = 0.05$로 $H_0: \mu = 15$를 기각할 수 있다. 신뢰구간을 사용하지 않는 경우에는 기각역은

$$|Z_0| = \left| \frac{\overline{X} - \mu_0}{\sigma/\sqrt{n}} \right| \geq z_{\alpha/2} = z_{0.025} = 1.96$$

이다. 즉, $|z_0| = 7.746 \geq 1.96$이므로 H_0를 기각할 수 있다.

9.5 R 실습

예제 9-4 모평균에 대한 검정

(1) 모분산을 아는 경우(Z 분포 이용)

```
> # 예제 9-4
> x=scan()
1: 89.6 88.8 86.3 82.6 84.7 85.8 80.5 84.3 91.3 86.7
11: 87.6 85.2 78.5 85.3 81.5 83.9 86.9 82.0 83.0 85.5
21:
Read 20 items
> n=length(x)
> xbar =mean(x)
> sigma = sqrt(3.1)
> se=sigma / sqrt(n)
> zalpha=qnorm(0.99)
> mu0=87
> Z0 = (xbar - mu0) / se
> CI=xbar - zalpha * se
> pval = pnorm(Z0)
> round(c(N=n,Mean=xbar,StDev=sd(x),SEMean=se,Z0=Z0, CI=CI, p_value = pval),3)
       N    Mean   StDev  SEMean      Z0      CI p_value
  20.000  85.000   3.134   0.394  -5.080  84.084   0.000
```

해석 검정통계량의 값이 -5.080이며, 유의확률은 0으로 유의수준 5%에서 귀무가설을 기각한다. 즉 모평균의 값이 87보다 작다고 말할 수 있다.

z.test() 함수를 사용해 위의 검정을 수행한 결과는 다음과 같다.

```
> library(BSDA)
> z.test(x, sigma.x= sigma, mu=87, alt="less", conf.level = 0.95)
```

```
 One-sample z-Test
data:  x
z = -5.08, p-value = 1.887e-07
alternative hypothesis: true mean is less than 87
95 percent confidence interval:
 NA        85.64758
sample estimates:
mean of x
       85
```

(2) 모분산을 모르는 경우 (t 분포 이용)

모분산을 모르는 경우 모평균이 5가 아닌지 검정하기 위한 R 코드는 다음과 같다.

```
> # 예제 9-5 : t 검정
> x=c(3.8, 4.5, 5.2, 4.0, 5.5)
> xbar=mean(x)
> n=length(x)
> mu0=5
> se=sd(x) / sqrt(n)
> alpha=0.1
> talpha = qt(1-alpha/2, n-1)
> CI = xbar + c(-1,1)*talpha*se
> t0=(xbar-mu0) / se
> pval=2*pt(T0, n-1)
> round(c(n=n, mean=xbar, stddev=sd(x), se=se, T=t0, CI=CI, p_value=pval), 3)
      n    mean  stddev      se       T     CI1     CI2 p_value
  5.000   4.600   0.738   0.330  -1.212   3.896   5.304   0.292
```

해석 검정통계량의 값은 -1.212이고 유의확률이 0.292이므로 유의수준 5%에서 귀무가설을 기각할 수 없다.

t.test() 함수를 사용해 위의 검정을 수행한 결과는 다음과 같다.

```
> t.test(x, conf.level=0.90, mu=5)
  One Sample t-test
```

```
data: x
t = -1.2116, df = 4, p-value = 0.2924
alternative hypothesis: true mean is not equal to 5
90 percent confidence interval:
 3.896168 5.303832
sample estimates:
mean of x
      4.6
```

예제 9-8 모비율에 대한 검정

[예제 9-8]을 이용하여 향로 A를 선택한 소비자의 비율이 50%라고 할 수 있는지를 검정하고자 한다.

$$H_0 : p = 0.5 \quad \text{vs} \quad H_1 : p \neq 0.5$$

```
> 예제 9-8 : One sample proportion Z test
> n=30
> x=18
> phat = x / n
> p0 = 0.5
> se = sqrt(p0*(1-p0)/n)
> z0=(phat - p0) / se
> pval = 2 * (1- pnorm(z0))

> round(c(x=x, n=n, phat=phat, se=se, z=z0, p_value=pval), 3)
     x      n   phat     se      z  p_value
18.000 30.000  0.600  0.091  1.095    0.273
```

해석 유의확률이 0.273이므로 유의수준 5%에서 향로 A를 선택한 소비자의 비율이 50%라고 볼 수 있다.

prop.test() 함수를 사용해 위의 검정을 수행한 결과는 다음과 같다.

```
> prop.test(x, n, p=0.5, correct=F)
  1-sample proportions test without continuity correction
data:  x out of n, null probability 0.5
X-squared = 1.2, df = 1, p-value = 0.2733
alternative hypothesis: true p is not equal to 0.5
95 percent confidence interval:
 0.4232036 0.7540937
sample estimates:
  p
0.6
```

예제 9-9 모분산에 대한 검정

모분산에 대한 검정을 위해 [예제 9-9]를 이용한다. 검정하고자 하는 가설은 다음과 같다.

$$H_0 : \sigma^2 \leqq 1.5^2 \quad \text{vs} \quad H_1 : \sigma^2 > 1.5^2$$

```
> # 예제 9-9 : 모분산에 대한 검정
> x <- scan()
1: 226 228 226 225 232 228 227 229 225 230
11:
Read 10 items
> x
 [1] 226 228 226 225 232 228 227 229 225 230
> xbar=mean(x)
> n=length(x)
> s2 = var(x)
> sigma0=1.5
> chisq0 = (n-1)*s2 / sigma0^2
> CV=qchisq(0.99, n-1)
> pval=1-pchisq(chisq0, n-1)
> round(c(chisq0=chisq0, sample_var=s2, CV=CV, p_value = pval),3)
    chisq0 sample_var         CV    p_value
    20.622      5.156     21.666      0.014
```

해석 유의확률이 0.014로 유의수준 5%인 경우 귀무가설을 기각한다.

varTest() 함수를 사용해 위의 검정을 한 결과는 다음과 같다.

```
> install.packages("EnvStats")
> library("EnvStats")
> varTest(x, alt="greater", conf.level = 0.99, sigma.squared = 1.5^2)

Results of Hypothesis Test
Null Hypothesis:               variance = 2.25
Alternative Hypothesis:        True variance is greater than 2.25
Test Name:                     Chi-Squared Test on Variance
Estimated Parameter(s):        variance = 5.155556
Data:                          x
Test Statistic:                Chi-Squared = 20.62222
Test Statistic Parameter:      df = 9
P-value:                       0.01443764
99% Confidence Interval:       LCL = 2.141605
                               UCL =      Inf
```

연습문제

1 어느 학교에서 재학생들의 평균 IQ가 110이고 표준편차가 25라고 주장하고 있다. 학생 80명을 임의로 뽑아서 IQ 검사를 실시하였더니 평균이 105이었다. 학생들의 평균 IQ가 110이라는 주장에 확실한 근거가 있는가? 유의수준 5%에서 검정하여라.

2 의학연구에 의하면 어떤 자극에 대한 평균반응시간은 1.69초라고 한다. 새로운 항생제를 복용했을 때 반응시간이 증가하는지를 알아보기 위하여 6명에게 실험한 결과

$$\overline{x} = 1.78(\text{초}),\ S = 0.82(\text{초})$$

이었다. 단, 자극에 대한 반응시간은 정규분포를 따른다고 한다. 이 항생제를 복용했을 때 반응시간이 증가하는지를 유의수준 5%에서 검정하라.

3 어느 특수 컴퓨터 칩의 생산회사에는 칩의 평균수명에 대하여 15,000시간보다 크다고 선전하고 있다. 이를 확인하기 위하여 100개의 칩을 단축실험으로 검사한 결과 평균 15,200시간, 표준편차 1,220시간을 얻었다. 이 회사의 선전을 믿을 수 있는지 유의수준 1%에서 검정하여라.

4 새로운 제품을 개발하여 판매하는 회사가 이 회사의 새로운 제품의 평균길이가 18.52mm 보다 크다고 한다. 이를 확인하기 위하여 판매되는 제품 중 10개를 임의로 추출하여 그 길이를 조사한 결과가 다음과 같았다. 단, 제품의 길이는 정규분포를 따르고, 표준편차 $\sigma = 0.03\text{mm}$ 임을 알고 있다고 하자.

(단위: mm)

18.54	18.57	18.52	18.59	18.59	18.56	18.55	18.56	18.61	18.58

제품의 평균길이가 18.52mm보다 크다고 할 수 있는가? 유의수준 1%에서 검정하여라.

5 어느 도시의 보건복지과에서는 그 도시의 상수원인 어느 호수의 수질에 관심이 있다고 한다. 수질을 나타내는 하나의 수치로 단위부피당 평균 세균수가 있는데, 그 수가 200 이상이면 상수원으로 적합하지 않다고 한다. 호수의 열 군데에서 물을 떠서 조사한 결과 단위부피당 세균수가 다음과 같이 나타났다. 단, 단위부피당 세균수는 정규분포를 따른다고 한다.

175	190	215	198	184	207	210	193	196	180

이 자료로부터 호수의 단위부피당 평균 세균수(μ)가 200보다 적다고 주장할 수 있겠는가? 유의수준 5%에서 검정하여라.

6 고등학생들의 학습시간에 대한 연구에서 130명 중 38명이 학기 중에 매주 20시간 이상 공부한다는 결과를 얻었다. 이 결과로부터 고등학생 중 주당 20시간 이상 공부하는 학생이 25%보다 많다고 할 수 있는가? 유의수준 5%에서 검정하여라.

7 어느 통계자료에 의하면, C 대학교 전체 학생의 약 15%가 통학을 한다고 한다. 사실 여부를 확인하기 위하여 100명을 임의로 추출하여 조사한 결과 18명이 통학생이었다. 통학생이 증가했다고 할 수 있는지 유의수준 10%에서 검정하여라.

8 어느 지역 산업체에 종사하는 대졸사원 초임의 분산이 $\sigma^2 = 150,000^2$(원)이라고 한다. 이를 확인하기 위하여 30명을 임의로 추출하여 조사한 결과 분산 $S^2 = 200,000^2$(원)이었다. 이 결과로부터 대졸사원 초임의 분산이 $150,000^2$(원)보다 크다고 할 수 있는지 유의수준 5%에서 검정하라. 단, 대졸사원의 초임의 분포는 정규분포를 따른다고 한다.

9 어느 회사에서 제조한 제품의 두께에 대한 표준편차를 $\sigma = 4.5$(mm) 이내로 관리하고 있다고 한다. 어느 날 20개의 제품을 임의로 추출하여 조사한 결과 $S = 5.4$(mm)이었다. 제품 두께의 분포가 정규분포를 따른다고 할 때, 이 제조공정은 $\sigma = 4.5$(mm)의 관리수준에 있다고 볼 수 있는지를 유의수준 5%에서 검정하여라.

10 어떤 지역의 남자 대학생들의 키는 정규분포를 가지며 $N(\mu, 3.6^2)$이라고 하자. 그런데 50개의 표본을 임의로 추출하여 조사한 결과 표본평균값이 $\overline{x} = 172$이었다.

(1) 유의수준 5%로 모집단의 평균이 $H_1 : \mu < 175$라고 주장할 수 있는지를 검정하여라.

(2) p-값을 구해보고 채택 또는 기각을 결정하여라.

(3) 만약 유의수준이 1%의 경우는 어떠한가?

11 정규모집단 $N(\mu, 4)$에 대한 가설 $H_0 : \mu = 30$, $H_1 : \mu \neq 30$을 검정하기 위해 크기가 16인 표본을 조사한 결과 $\overline{x} = 28.7$이었다.

(1) 유의수준 10%에서 검정을 실시하여라.

(2) 유의수준 5%에서 검정을 실시하여라.

(3) 유의확률을 구하여라.

10장

두 모집단에 관한 추론

많은 실험연구에 있어서 모집단의 모수 자체를 추정하는 것보다는 두 개의 모집단간의 차이를 알기 위한 것이 목적인 경우가 있다.

예를 들면 어떤 상품의 판매량에 있어서 광고를 하기 전과 후의 평균 판매량들 간에 차이가 있는지 없는지를 알고 싶다든지, 두 종류의 약품이 치료 효과에 차이를 나타낸다고 할 수 있는지 또는 어느 두 지역 주민들의 평균 소득 간에 차이가 있는지 하는 등에 대한 문제들이 연구의 목적이 될 수 있다.

이와 같이 두 집단을 비교하고자 하는 경우 비교하려는 대상을 통계학 용어로 처리(treatment)라고 하고, 이 비교를 위한 실험에서 각 처리에 대한 각각의 단위를 실험단위(experimental unit)라고 한다. 그리고 실험단위에 각 처리를 적용하였을 때 나타나는 특성치를 반응(response)이라고 한다.

따라서 통계적 분석은 실험단위에 각종의 처리를 적용하여 나타나는 실험단위의 반응 측정치들을 비교하는 것이다. 이때 실험단위의 선택방법과 각 처리를 적용시키는 방법을 실험계획법(experimental design)이라고 한다.

10.1 두 모평균의 비교 : 독립표본

이 절에서는 두 모집단 혹은 처리에서 독립적으로 추출한 확률표본의 구조와 각 표본평균을 비교하는 방법에 대해 다루기로 한다. 즉, 다음과 같은 자료구조에 대한 가정하에 두 모평균 차에 대한 추론문제를 생각한다.

평균이 μ_1이고 분산이 σ_1^2인 임의의 모집단 I 에서 임의로 추출한 표본을 $X_1, X_2, \cdots, X_m$이라고 하고, 평균이 μ_2이고 분산이 σ_2^2인 모집단 II 에서 임의로 추출한 표본을 $Y_1, Y_2, \cdots, Y_n$이라고 하자. 이때 두 집단은 서로 독립이라고 가정하면, 모집단 I 의 평균 μ_1과 분산 σ_1^2의 추정량은 각각

$$\overline{X} = \frac{1}{m}\sum_{i=1}^{m} X_i \quad , \quad S_1^2 = \frac{1}{m-1}\sum_{i=1}^{m}(X_i - \overline{X})^2$$

이고, 모집단 II 의 평균 μ_2와 분산 σ_2^2의 추정량은 각각

$$\overline{Y} = \frac{1}{n}\sum_{i=1}^{n} Y_i \quad , \quad S_2^2 = \frac{1}{n-1}\sum_{i=1}^{n}(Y_i - \overline{Y})^2$$

이다. 이들 자료로부터 두 집단의 평균을 비교하기 위하여 표본의 크기가 큰 대표본인 경우에는 중심극한정리를 사용할 수 있으나, 표본의 크기가 작은 소표본의 경우에는 두 모집단의 분포가 정규분포를 따른다는 가정과 두 집단의 분산이 동일하다는 등분산 가정 $\sigma_1^2 = \sigma_2^2 = \sigma^2$ 이 필요하다.

두 모평균의 차에 관한 추론 : 소표본의 경우

모집단 I 과 모집단 II 가 각각 $N(\mu_1, \sigma^2)$과 $N(\mu_2, \sigma^2)$인 정규모집단이라고 가정하자(분산이 동일함에 유의할 것). 이때 $X_1, X_2, \cdots, X_m$을 모집단 I 에서의 확률표본, $Y_1, Y_2, \cdots, Y_n$을 모집단 II 에서의 확률표본이라고 하고, 이들 표본들은 서로 독립적으로 추출되었다고 가정하자. 그러면 두 모집단의 평균을 비교한다는 것은 $\mu_1 - \mu_2$가 어느 정도인지를 알고 싶다는 것이다. 직관적으로 $\mu_1 - \mu_2$에 대한 점추정량으로 $\overline{X} - \overline{Y}$를 생각할 수 있다. 그리고 이 두 표본평균의 차 $\overline{X} - \overline{Y}$에 대한 평균과 분산은 각각 다음과 같다.

$$E(\overline{X} - \overline{Y}) = E(\overline{X}) - E(\overline{Y}) = \mu_1 - \mu_2$$

$$\begin{aligned} Var(\overline{X} - \overline{Y}) &= Var(\overline{X}) + Var(\overline{Y}) - 2Cov(\overline{X}, \overline{Y}) \\ &= Var(\overline{X}) + Var(\overline{Y}) \\ &= \frac{\sigma^2}{m} + \frac{\sigma^2}{n} \\ &= \left(\frac{1}{m} + \frac{1}{n}\right)\sigma^2 \end{aligned}$$

두 모평균의 차인 $\mu_1 - \mu_2$에 관한 추론은 σ^2이 알려진 경우와 알려지지 않은 경우 각각 다르므로 이를 구분하여 살펴보기로 하자.

(1) σ^2이 알려진 경우

σ^2이 알려진 경우, $\overline{X} - \overline{Y}$의 표준화된 통계량($Z$)의 분포는 $N(0,1)$이다. 즉,

$$Z = \frac{(\overline{X} - \overline{Y}) - (\mu_1 - \mu_2)}{\sigma\sqrt{\frac{1}{m} + \frac{1}{n}}} \sim N(0,1)$$

이 결과로부터 $\mu_1 - \mu_2$에 관한 $100(1-\alpha)\%$ 신뢰구간은 다음과 같이 주어진다.

$$(\overline{X} - \overline{Y}) \pm z_{\alpha/2}\,\sigma\sqrt{\frac{1}{m}+\frac{1}{n}}$$

또한 σ^2이 알려진 경우 아래의 가설들에 대한 검정통계량은

$$Z_0 = \frac{(\overline{X} - \overline{Y}) - \delta_0}{\sigma\sqrt{\frac{1}{m}+\frac{1}{n}}}$$

이며, 기각역은 다음과 같다.

	귀무가설	대립가설	유의수준 α에 대한 기각역
(a)	$H_0: \mu_1 - \mu_2 \le \delta_0$	$H_1: \mu_1 - \mu_2 > \delta_0$	$Z_0 \ge z_\alpha$
(b)	$H_0: \mu_1 - \mu_2 \ge \delta_0$	$H_1: \mu_1 - \mu_2 < \delta_0$	$Z_0 \le -z_\alpha$
(c)	$H_0: \mu_1 - \mu_2 = \delta_0$	$H_1: \mu_1 - \mu_2 \ne \delta_0$	$\lvert Z_0\rvert \ge z_{\alpha/2}$

(2) σ^2이 알려져 있지 않은 경우

두 모집단의 공통분산 σ^2이 알려지지 않은 경우에는 (1)의 결과를 이용할 수 없다. 이 경우 공통분산에 대한 추정량을 사용하여 검정을 수행하는 것이 바람직하다.

공통분산 σ^2의 합동분산추정량(pooled variance estimator of σ^2)은 다음과 같이 얻어진다.

$$S_p^2 = \frac{\sum_{i=1}^{m}(X_i - \overline{X})^2 + \sum_{i=1}^{n}(Y_i - \overline{Y})^2}{m+n-2} = \frac{(m-1)S_1^2 + (n-1)S_2^2}{m+n-2}$$

여기서 두 표본분산은 각각 $S_1^2 = \frac{1}{m-1}\sum_{i=1}^{m}(X_i - \overline{X})^2$, $S_2^2 = \frac{1}{n-1}\sum_{i=1}^{n}(Y_i - \overline{Y})^2$ 이 된다. 이 합동분산추정량의 기댓값은

$$E(S_p^2) = \frac{1}{m+n-2}\left[(m-1)E(S_1^2) + (n-1)E(S_2^2)\right]$$

$$= \frac{1}{m+n-2}\left[(m-1)\sigma^2 + (n-1)\sigma^2\right]$$

$$= \sigma^2$$

이 되므로 S_p^2은 σ^2에 대한 불편추정량이 된다. 위의 합동추정량 S_p^2을 이용하여 $\overline{X} - \overline{Y}$를 표준화시킨 t 통계량은 자유도가 $m+n-2$인 t 분포를 따른다.

$$t = \frac{(\overline{X} - \overline{Y}) - (\mu_1 - \mu_2)}{S_p\sqrt{\frac{1}{m} + \frac{1}{n}}} \sim t(m+n-2)$$

이 결과로부터 $\mu_1 - \mu_2$에 관한 $100(1-\alpha)\%$ 신뢰구간을 구하면 다음과 같다.

$$(\overline{X} - \overline{Y}) \pm t_{\alpha/2}(m+n-2)\, S_p \sqrt{\frac{1}{m} + \frac{1}{n}}$$

또한 σ^2이 알려지지 않은 경우 아래의 가설들에 대한 검정통계량은

$$t_0 = \frac{(\overline{X} - \overline{Y}) - \delta_0}{S_p\sqrt{\frac{1}{m} + \frac{1}{n}}}$$

이며, 기각역은 다음과 같다.

	귀무가설	대립가설	유의수준 α에 대한 기각역
(a)	$H_0: \mu_1 - \mu_2 \le \delta_0$	$H_1: \mu_1 - \mu_2 > \delta_0$	$t_0 \ge t_\alpha(m+n-2)$
(b)	$H_0: \mu_1 - \mu_2 \ge \delta_0$	$H_1: \mu_1 - \mu_2 < \delta_0$	$t_0 \le -t_\alpha(m+n-2)$
(c)	$H_0: \mu_1 - \mu_2 = \delta_0$	$H_1: \mu_1 - \mu_2 \ne \delta_0$	$\lvert t_0\rvert \ge t_{\alpha/2}(m+n-2)$

○ 예제 10-1

두 표본은 서로 다른 작업 조건에서 작업하는 근로자들의 생산량을 나타낸 자료이다. 두 집단에 대한 평균생산량이 동일한지 유의수준 5%에서 검정하여라. 단, 두 모집단은 동일한 분산을 가지며 정규분포를 따른다고 가정한다.

X	105	108	86	103	104	107	124	105		
Y	89	92	84	97	103	107	111	97	101	106

풀이 문제의 뜻에 맞는 가설을 설정하면 다음과 같다.

$$H_0:\ \mu_1 = \mu_2 \qquad \text{vs} \qquad H_1:\ \mu_1 \neq \mu_2$$

또는 위의 가설은 다음과 같이 설정할 수도 있다.

$$H_0:\ \mu_1 - \mu_2 = 0 \qquad \text{vs} \qquad H_1:\ \mu_1 - \mu_2 \neq 0$$

위의 가설에 대한 검정을 수행해 보자. 이 문제에서는 공통분산 σ^2이 알려지지 않은 경우이므로 먼저 σ^2의 합동추정량 S_p^2을 구해야 한다. $\overline{x} = 105.25$이고 $\overline{y} = 98.7$이므로

$$s_p^2 = \frac{\sum_{i=1}^{8}(x_i - 105.25)^2 + \sum_{i=1}^{10}(y_i - 98.7)^2}{8 + 10 - 2} = 87.35$$

이다. 따라서 $s_p = \sqrt{87.35} = 9.3461$이고, 유의수준 $\alpha = 0.05$에 대한 기각역은

$$|t_0| = \left| \frac{\overline{x} - \overline{y}}{s_p \sqrt{\frac{1}{m} + \frac{1}{n}}} \right| \geq t_{0.025}(16) = 2.12$$

로 주어진다. 한편, 검정통계량의 관측값이

$$|t_0| = \left| \frac{105.25 - 98.7}{9.3461 \sqrt{\frac{1}{8} + \frac{1}{10}}} \right| = 1.4775$$

이므로, 유의수준 $\alpha = 0.05$에서 귀무가설 H_0를 기각할 수 없다. 즉, 서로 다른 작업조건하에서의 두 근로자 집단 간 평균생산량에는 차이가 없다고 말할 수 있다.

○ 예제 10-2

위 [예제 10-1]에서 $\sigma^2 = 85$라고 할 때 다음 가설

$$H_0:\ \mu_1 \leq \mu_2 \quad \text{vs} \quad H_1:\ \mu_1 > \mu_2$$

을 유의수준 $\alpha = 0.05$로 검정하여라.

풀이 위 가설을 다시 쓰면

$$H_0:\ \mu_1 - \mu_2 \leq 0 \qquad H_1:\ \mu_1 - \mu_2 > 0$$

이므로 기각역은

$$Z_0 = \frac{\overline{X} - \overline{Y}}{\sigma \sqrt{\frac{1}{m} + \frac{1}{n}}} > Z_{0.05} = 1.645$$

로 주어진다. 한편, 검정통계량의 값이

$$z_0 = \frac{105.25 - 98.7}{9.2195\sqrt{\frac{1}{8} + \frac{1}{10}}} = 1.4978$$

이므로, 유의수준 $\alpha = 0.05$에서 귀무가설 H_0를 기각할 수 없다.

○ 예제 10-3

20마리의 돼지를 키우는 농장에서 두 종류의 사료가 체중에 미치는 영향을 조사하기 위하여 임의로 선택된 12마리에게는 사료 A를 주고, 나머지 8마리에게는 사료 B를 주어 일정한 기간이 경과한 후에 체중을 측정하였더니 다음과 같이 주어졌다.

사료 A	144	144	156	146	147	138	158	153	149	135	146	130
사료 B	135	147	155	129	140	139	132	141				

(1) 이들 사료에 따른 돼지의 체중의 차이에 대한 95% 신뢰구간을 구하여라.

(2) 이 자료로부터 사료 B를 사용하는 경우, 사료 A보다 체중이 적게 된다고 할 수 있는가? 이를 유의수준 5%로서 검정하여라.

풀이 각 사료에 의한 체중이 각각 평균 μ_1, μ_2이고 공통분산이 σ^2인 정규분포를 따른다고 가정하자.

$$\text{사료 A : } \bar{x} = 145.5,\ s_1^2 = 68.0909 \qquad \text{사료 B : } \bar{y} = 139.75,\ s_2^2 = 69.3571$$

와 같이 되고 $m = 12, n = 8$이다. 따라서 σ^2의 합동추정량의 관측값 s_p^2은 다음과 같다.

$$s_p^2 = \frac{(m-1)s_1^2 + (n-1)s_2^2}{m+n-2}$$

$$= \frac{(12-1) \times 68.0909 + (8-1) \times 69.3571}{18} = 68.58$$

(1) 자유도는 $m+n-2 = 18$이고, t 분포표에서 $t_{0.025}(18) = 2.101$이므로 $\mu_1 - \mu_2$에 대한 95% 신뢰구간은 다음과 같이 주어진다.

$$(\bar{x} - \bar{y}) \pm t_{0.025}(18)\, s_p \sqrt{\frac{1}{m} + \frac{1}{n}}$$

$$= (145.5 - 139.75) \pm 2.101 \times 8.28\sqrt{\frac{1}{12} + \frac{1}{8}}$$

$$= 5.75 \pm 7.94$$

$$= (-2.19,\ 13.69)$$

(2) 주어진 문제에 대한 귀무가설과 대립가설은 각각 다음과 같다.

$$H_0 : \mu_1 \le \mu_2 \qquad \text{vs} \qquad H_1 : \mu_1 > \mu_2$$

따라서 유의수준 5%에 관한 기각역은

$$t_0 = \frac{\overline{X} - \overline{Y}}{S_p\sqrt{\frac{1}{m}+\frac{1}{n}}} \ge t_{0.05}(18) = 1.734$$

로 주어진다. 한편, 검정통계량의 관측값이

$$t_0 = \frac{145.5 - 139.75}{8.28\sqrt{\frac{1}{12}+\frac{1}{8}}} = 1.5215$$

이므로, 유의수준 $\alpha = 0.05$에서 귀무가설 H_0를 기각할 수 없다. 즉, 사료 A가 사료 B보다 체중의 평균이 높다고 말할 수 없다.

두 모평균의 차에 관한 추론: 대표본의 경우

두 표본의 크기 m과 n이 충분히 큰 경우에는 모집단 Ⅰ과 Ⅱ가 정규분포를 따르지 않더라도, 중심극한정리에 의하여 $\overline{X}$와 $\overline{Y}$는 각각 근사적으로 $N(\mu_1, \sigma_1^2/m)$, $N(\mu_2, \sigma_2^2/n)$에 따르므로

$$\frac{(\overline{X} - \overline{Y}) - (\mu_1 - \mu_2)}{\sqrt{\frac{\sigma_1^2}{m}+\frac{\sigma_2^2}{n}}} \stackrel{\cdot}{\sim} N(0,1) \tag{10.1}$$

을 따른다. 따라서 표본의 크기가 큰 경우, 모집단에 대한 가정 중 정규분포를 따른다는 가정은 무시되어도 좋다. 또한 분산을 모르는 경우에는 S_1^2과 S_2^2을 사용하게 된다. 이때에도 충분히 큰 표본에 대해서는 근사적으로 다음의 사실

$$\frac{(\overline{X} - \overline{Y}) - (\mu_1 - \mu_2)}{\sqrt{\frac{S_1^2}{m}+\frac{S_2^2}{n}}} \stackrel{\cdot}{\sim} N(0,1) \tag{10.2}$$

이 성립하므로, 앞서 소표본의 경우에 필요했던 등분산성의 가정이 필요 없게 된다. 이로부터 두 모평균의 차인 $\mu_1 - \mu_2$에 관한 추론문제를 다룰 수 있는데, 앞 절에서와 같이 각 모집단의 분산 σ_1^2과 σ_2^2이 알려진 경우와 알려지지 않은 경우로 나누어 살펴보기로 한다.

(1) σ_1^2, σ_2^2이 알려진 경우

각 모집단의 분산 σ_1^2과 σ_2^2이 알려진 경우, 위 식 (10.1)의 성질로부터 $\mu_1 - \mu_2$에 관한 추론을 할 수 있다. 먼저 $\mu_1 - \mu_2$에 대한 $100(1-\alpha)\%$ 근사신뢰구간은 다음과 같이 주어진다.

$$(\overline{X} - \overline{Y}) \pm z_{\alpha/2}\sqrt{\frac{\sigma_1^2}{m} + \frac{\sigma_2^2}{n}}$$

또한 σ_1^2, σ_2^2이 알려진 경우 아래의 가설들에 대한 검정통계량은

$$Z_0 = \frac{(\overline{X} - \overline{Y}) - \delta_0}{\sqrt{\frac{\sigma_1^2}{m} + \frac{\sigma_2^2}{n}}}$$

이며, 기각역은 다음과 같다.

	귀무가설	대립가설	유의수준 α에 대한 기각역
(a)	$H_0: \mu_1 - \mu_2 \le \delta_0$	$H_1: \mu_1 - \mu_2 > \delta_0$	$Z_0 \ge z_\alpha$
(b)	$H_0: \mu_1 - \mu_2 \ge \delta_0$	$H_1: \mu_1 - \mu_2 < \delta_0$	$Z_0 \le -z_\alpha$
(c)	$H_0: \mu_1 - \mu_2 = \delta_0$	$H_1: \mu_1 - \mu_2 \ne \delta_0$	$\lvert Z_0 \rvert \ge z_{\alpha/2}$

(2) σ_1^2, σ_2^2이 알려지지 않은 경우

각 모집단의 분산 σ_1^2과 σ_2^2이 알려지지 않은 경우는 위 식 (10.2)의 성질로부터 $\mu_1 - \mu_2$에 관한 추론을 할 수 있다. 먼저 $\mu_1 - \mu_2$에 대한 $100(1-\alpha)\%$ 근사신뢰구간은 다음과 같이 주어진다.

$$(\overline{X} - \overline{Y}) \pm z_{\alpha/2}\sqrt{\frac{S_1^2}{m} + \frac{S_2^2}{n}}$$

또한 σ_1^2, σ_2^2이 알려지지 않은 경우, 아래의 가설들에 대한 검정통계량은

$$Z_0 = \frac{(\overline{X} - \overline{Y}) - \delta_0}{\sqrt{\frac{S_1^2}{m} + \frac{S_2^2}{n}}}$$

이고, 귀무가설(H_0)하에서 근사적으로 $N(0,1)$을 따른다.

이며, 기각역은 다음과 같다.

	귀무가설	대립가설	유의수준 α에 대한 기각역
(a)	$H_0: \mu_1 - \mu_2 \le \delta_0$	$H_1: \mu_1 - \mu_2 > \delta_0$	$Z_0 \ge z_\alpha$
(b)	$H_0: \mu_1 - \mu_2 \ge \delta_0$	$H_1: \mu_1 - \mu_2 < \delta_0$	$Z_0 \le -z_\alpha$
(c)	$H_0: \mu_1 - \mu_2 = \delta_0$	$H_1: \mu_1 - \mu_2 \ne \delta_0$	$\lvert Z_0 \rvert \ge z_{\alpha/2}$

위에서 살펴보았듯이, 표본의 크기가 큰 경우에는 모집단에 대한 특별한 가정이 필요 없게 됨에 따라 추론의 대상이 넓게 된다는 사실을 알 수 있다.

○ 예제 10-4

같은 정도의 정신분열증 환자에 대한 두 가지의 심리 요법을 몇 명의 정신과 의사들이 제공한 치료시간으로서 비교하려 한다. 방법 Ⅰ에 의한 100명의 환자에 대한 기록에 의하면 평균 치료기간이 125일, 표준편차가 20일, 방법 Ⅱ에 의한 60명의 환자의 경우에는 평균 치료기간이 135일, 표준편차가 30일이었다. 자료를 이용하여 두 치료방법에 차이가 있다고 할 수 있는지를 다음 순서로 검정하여라.

(1) $\mu_1 - \mu_2$에 대한 95% 신뢰구간을 결정하여라.

(2) $H_0: \mu_1 - \mu_2 = 0 \quad \text{vs} \quad H_1: \mu_1 - \mu_2 \ne 0$를 유의수준 5%로 검정하여라.

풀이 (1) 신뢰수준이 0.95이므로 $\alpha/2 = 0.025$, $z_{0.025} = 1.96$이다. 또한 $\mu_1 - \mu_2$에 대한 95% 신뢰구간은, 각 모집단의 표본크기가 $m = 100, n = 60$으로 상당히 크고 σ_1^2, σ_2^2이 알려지지 않은 경우이므로 각각의 추정치 s_1^2, s_2^2을 이용하여 다음과 같이 구할 수 있다.

$$(\overline{x} - \overline{y}) \pm z_{\alpha/2}\sqrt{\frac{s_1^2}{m} + \frac{s_2^2}{n}}$$

$$= (125 - 135) \pm 1.96\sqrt{\frac{20^2}{100} + \frac{30^2}{60}}$$

$$= (-10) \pm 8.54 \quad \text{또는} \quad (-18.54, -1.46)$$

(2) 유의수준 5%에서 위의 가설에 대한 기각역은 $|Z_0| > 1.96$이고 검정통계량의 값은

$$|Z_0| = \left| \frac{125 - 135}{\sqrt{\frac{20^2}{100} + \frac{30^2}{60}}} \right| = |-2.2942| = 2.2942 > 1.96$$

이므로 귀무가설 H_0를 기각할 수 있다. 따라서 두 치료방법 간에는 차이가 있다고 할 수 있다.

10.2 두 모평균의 비교 : 대응표본

앞에서는 모집단 I과 모집단 II가 독립적으로 분포를 할 때에 두 모집단 I과 모집단 II에 대한 평균의 차이에 대한 검정방법을 기술하였다. 그러나 만약 반응에 영향을 주는 조건들이 실험자가 조절할 수 없는 상태로 변동이 심하게 되면 실제 처리 효과 간의 차이를 알기 어렵게 된다.

예를 들면 새로 개발된 어느 질환에 대한 치료약의 효과와 현재 사용되고 있는 약의 효과에 대한 차이를 알기 위하여 그 질환을 앓고 있는 사람들을 여러 명 추출하였다고 하자. 추출된 사람을 두 집단으로 나누어서 첫 번째 집단에 속한 사람들에게는 새로 개발된 약을 투여하고, 두 번째 집단에 속한 사람들에게는 기존의 약을 투여했다면, 첫 번째 집단과 두 번째 집단의 사람들이 나타내는 반응에 대해 상당한 차이가 있다고 해서 두 가지 약의 효과에 차이가 있다고 인정할 수 있을 것인가?

첫 번째 집단에 있는 사람들과 두 번째 집단에 있는 사람들 간에 아무런 차이가 없다면, 즉 성별, 나이, 긴장상태, 그 약에 대한 저항력, 질환의 정도 등 그 약효에 영향을 주는 모든 원인들이 두 집단에 속해 있는 사람들에게 동등하게 존재한다면 약효의 차이를 인정할 수 있을 것이다. 그러나 동등하지 않은 경우는 약효와 개인차 및 우연성 등이 뒤섞여서 반응이 나타나게 될 것이다. 그렇다면 순수한 약효는 알 수가 없게 될 것이다.

이와 같이 상반되는 실험단위의 동질성과 이질성을 조화시키는 데에는 블록화(blocking)의 개념이 필요하게 된다.

실험단위를 여러 개의 블록으로 나누되, 각 블록에 속하는 실험단위들은 될 수 있는 대로 동질적인 단위가 되도록 블록을 나누고, 다른 블록과는 이질적이 되도록 구획을 나누어, 각 처리의 대상이 동질적인 실험단위가 되도록 한다. 그러면 각 블록 내에서는 처리효과 간의 비교의 비율을 높이는 동시에 서로 다른 블록 간에는 이질성이 있게 함으로써, 다양한 대상을 추론의 범위로 할 수 있게 된다.

이 절에서는 이러한 블록의 간단한 경우로서 각 블록이 동질적인 2개의 실험단위의 쌍으로 이루어진 경우를 생각한다. 각 쌍 중의 한 실험단위는 한 처리의 대상이 되고, 다른 실험단위는 다른 처리의 대상이 되게 한다. 각 쌍의 두 실험단위 중 하나를 임의로 선택해서 두 처리 중 한 처리를 하게 했을 때, 이러한 실험계획을 **대응비교(paired comparison)**라고 한다.

확률변수 X를 처리 I에 의한 반응, 확률변수 Y를 처리 II에 의한 반응이라고 하고 (X_i, Y_i), $i=1,\cdots,n$을 i번째 블록의 쌍이라고 하자. $i \neq j$에 대하여 (X_i, Y_i)와 (X_j, Y_j)는 서로 독립이라고 하고 $D_i = X_i - Y_i$로 정의하면 D_i는 i번째 블록 내의 처리 I과 처리 II의 효과의 차이로 볼 수 있으며, 이 차이에 대한 평균과 분산은 각각

$$\overline{D} = \frac{1}{n}\sum_{i=1}^{n} D_i$$

$$S_D^2 = \frac{1}{n-1}\sum_{i=1}^{n}(D_i - \overline{D})^2$$

이 된다. 이제 처리 I과 II의 평균 간에 차이가 d_0만큼 있는지를 검정해 보자.

$$H_0 : \mu_D = d_0 \qquad \text{vs} \qquad H_1 : \mu_D \neq d_0$$

이때 $D = X - Y$는 평균이 μ_D이고 분산이 σ_D^2인 정규분포를 따른다고 하자. 즉

$$E(D) = E(X) - E(Y) = \mu_D$$

$$Var(D) = Var(X - Y) = \sigma_D^2$$

만일 $\mu_D = 0$이면 두 처리효과가 같다는 뜻이 될 것이다. D_i와 $D_j\ (i \neq j)$는 가정에 의하여 독립이지만 X와 Y는 일반적으로 독립이 아니므로 $Cov(X, Y) \neq 0$이다. 따라서

$$Var(D) = Var(X - Y) = Var(X) + Var(Y) - 2Cov(X, Y)$$

가 될 것이다. 일반적으로 $Var(D)$는 알려져 있지 않으므로, 모르는 경우에 대해서만 다루기로 한다.

표본의 크기가 작은 경우

표본의 크기가 작은 경우에, $\overline{D}$를 표준화시킨 t 통계량

$$t = \frac{\overline{D} - \mu_D}{\sqrt{\dfrac{S_D^2}{n}}} \sim t(n-1)$$

은 자유도가 $n-1$인 t 분포를 따르므로, μ_D에 대한 $100(1-\alpha)\%$ 신뢰구간은 다음과 같이 주어진다.

$$\left(\overline{D} - t_{\alpha/2}(n-1)\sqrt{\frac{S_D^2}{n}},\quad \overline{D} + t_{\alpha/2}(n-1)\sqrt{\frac{S_D^2}{n}}\right)$$

또한 가설

$$H_0 : \mu_D = d_0 \quad \text{vs} \quad H_1 : \mu_D \neq d_0$$

에 대한 검정통계량은 귀무가설 H_0하에서

$$t_0 = \frac{\overline{D} - d_0}{\sqrt{\frac{S_D^2}{n}}} \sim t(n-1)$$

이므로, 유의수준 α에 대한 기각역은

$$|t_0| \geq t_{\alpha/2}(n-1)$$

로 주어진다. 나머지 가설에 대한 검정방법은 앞 절에서 설명한 것과 일치하므로 여기서는 생략하기로 한다.

표본의 크기가 충분히 큰 경우

$D_i = X_i - Y_i\ (i = 1, \cdots, n)$가 서로 독립이고 D가 평균이 μ_D, 분산이 σ_D^2인 임의의 분포를 따르더라도 충분히 큰 n에 대하여,

$$t = \frac{\overline{D} - \mu_D}{\sqrt{\frac{S_D^2}{n}}} \overset{\cdot}{\sim} N(0,1)$$

이 성립한다. 이로부터 μ_D에 관한 $100(1-\alpha)\%$ 근사신뢰구간은 다음과 같이 주어진다.

$$\left(\overline{D} - z_{\alpha/2}\sqrt{\frac{S_D^2}{n}},\ \overline{D} + z_{\alpha/2}\sqrt{\frac{S_D^2}{n}}\right)$$

또한 가설

$$H_0 : \mu_D = d_0 \quad \text{vs} \quad H_1 : \mu_D \neq d_0$$

에 대한 검정통계량은 귀무가설 H_0하에서

$$t_0 = \frac{\overline{D} - d_0}{\sqrt{\frac{S_D^2}{n}}} \dot{\sim} N(0,1)$$

이므로, 유의수준 α에 대한 기각역은

$$|t_0| \geq z_{\alpha/2}$$

로 주어진다. 나머지 가설에 대한 검정방법은 앞 절에서 설명한 것과 일치하므로 여기서는 생략하기로 한다.

○ 예제 10-5

어떤 혈압강하제의 효과를 시험하기 위하여 12명의 사람을 대상으로, 주사 전과 후의 혈압을 측정한 결과가 다음 표와 같았다. 혈압이 평균 5만큼 내렸다고 할 수 있는지를 유의수준 5%에서 검정하여라. 단, 각각의 혈압은 정규분포를 따른다고 가정하자.

풀이 $\sum d_i^2 = 414$이고 $\bar{x} = 128.67$, $\bar{y} = 130.50$, $\bar{d} = -1.83$이고 $s_D^2 = 33.98$이다.

	1	2	3	4	5	6
주사 전	128	131	131	127	132	125
주사 후	120	124	130	118	140	128
$D_i = X_i - Y_i$	−8	−7	−1	−9	8	3

7	8	9	10	11	12	
141	137	118	132	129	135	$\sum Y_i = 1,566$
140	135	126	130	126	127	$\sum X_i = 1,544$
−1	−2	8	−2	−3	−8	$\sum D_i = -22$

주어진 문제에 맞는 대한 귀무가설과 대립가설은 각각 다음과 같다(양측검정에서 =은 반드시 귀무가설에 위치해야 함에 유의할 것).

$$H_0 : \mu_D = -5 \quad \text{vs} \quad H_1 : \mu_D \neq -5$$

따라서 유의수준 $\alpha = 0.05$에 대한 기각역은

$$|t_0| = \left| \frac{\overline{D} - d_0}{\sqrt{\frac{S_D^2}{n}}} \right| \geq t_{0.025}(11) = 2.201$$

로 주어진다. 한편, 검정통계량의 값이

$$|t_0| = \left| \frac{-1.83-(-5)}{\sqrt{\frac{33.98}{12}}} \right| = 1.8838 < 2.201$$

이므로, 유의수준 5%에서 귀무가설 H_0를 기각할 수 없다. 따라서 혈압이 평균 5만큼 내렸다고 말할 수 있다고 결론 내릴 수 있다.

10.3 두 모비율의 비교

도시와 시골에서 전체 인구에 대한 학생의 비율, 두 지역 간의 여성 중 직업을 가진 여성들의 비율, 두 공정 사이에서의 불량품의 비율 등과 같이 두 모집단에 대한 모비율을 비교하고자 하는 경우가 있다. 따라서 이 절에서는 두 모집단의 모비율 간의 차이에 대한 추정 및 검정을 다루어 보기로 한다.

모집단 I로부터의 확률표본을 $X_1, X_2, \cdots, X_m$, 모집단 II에서의 확률표본을 $Y_1, Y_2, \cdots, Y_n$이라고 하고, 두 확률표본들은 서로 독립이라고 하자. 그리고 X를 모집단 I로부터 크기 m인 확률표본을 택한 경우의 성공 횟수라고 하고, Y를 모집단 II로부터 크기 n인 확률표본을 택한 경우의 성공 횟수라고 하자. 그러면 $X \sim b(m, p_1)$이고 $Y \sim b(n, p_2)$가 된다. 따라서 표본비율 $\hat{p}_1$과 $\hat{p}_2$는 각각

$$\hat{p}_1 = \frac{X}{m}, \qquad \hat{p}_2 = \frac{Y}{n}$$

가 되고, 각각의 평균과 분산은

$$E(\hat{p}_1) = \frac{1}{m}E(X) = p_1, \qquad E(\hat{p}_2) = \frac{1}{n}E(Y) = p_2$$

$$Var(\hat{p}_1) = \frac{p_1(1-p_1)}{m}, \qquad Var(\hat{p}_2) = \frac{p_2(1-p_2)}{n}$$

로 주어진다. 또한 두 확률표본이 독립이므로 $\hat{p}_1$과 $\hat{p}_2$는 독립이 되고 따라서 표본비율의 차 $\hat{p}_1 - \hat{p}_2$의 평균과 분산은 각각

$$E(\hat{p}_1 - \hat{p}_2) = p_1 - p_2$$

$$Var(\hat{p}_1 - \hat{p}_2) = \frac{p_1(1-p_1)}{m} + \frac{p_2(1-p_2)}{n}$$

로 주어진다. 이로부터 $\hat{p}_1 - \hat{p}_2$는 $p_1 - p_2$에 대한 불편추정량임을 알 수 있다. 여기에서 표준편차에 대한 추정량은 p_1, p_2를 각각 $\hat{p}_1$, $\hat{p}_2$으로 추정해서 얻을 수 있으며 표본의 크기 m과 n이 큰 경우에는 $\hat{p}_1 - \hat{p}_2$는 근사적으로 정규분포를 따르게 된다. 즉 표본의 크기가 큰 경우에는

$$\frac{(\hat{p}_1 - \hat{p}_2) - (p_1 - p_2)}{\sqrt{\frac{\hat{p}_1(1-\hat{p}_1)}{m} + \frac{\hat{p}_2(1-\hat{p}_2)}{n}}} \sim N(0,1)$$

을 따르게 된다. 따라서 $p_1 - p_2$에 대한 $100(1-\alpha)\%$ 신뢰구간은 정규분포에 의한 근사로부터 다음과 같이 구할 수 있다.

$$(\hat{p}_1 - \hat{p}_2) \pm z_{\alpha/2}\sqrt{\frac{\hat{p}_1(1-\hat{p}_1)}{m} + \frac{\hat{p}_2(1-\hat{p}_2)}{n}}$$

이제 두 모비율의 차이 $p_1 - p_2$에 대한 다음의 가설

$$H_0: p_1 - p_2 = p_0 \quad \text{vs} \quad H_1: p_1 - p_2 \neq p_0$$

를 검정하는 문제를 생각해 보자. 귀무가설 H_0하에서 검정통계량

$$Z_0 = \frac{(\hat{p}_1 - \hat{p}_2) - p_0}{\sqrt{\frac{\hat{p}_1(1-\hat{p}_1)}{m} + \frac{\hat{p}_2(1-\hat{p}_2)}{n}}} \sim N(0,1)$$

이므로 유의수준 α에 대한 기각역은

$$|Z_0| \geq z_{\alpha/2}$$

로 주어진다. 특히 $p_0 = 0$인 경우 가설은

$$H_0: p_1 = p_2 \quad \text{vs} \quad H_1: p_1 \neq p_2$$

이 된다. 이때 귀무가설 H_0하에서는 $p_1 = p_2$이므로 $p_1 = p_2 = p$라고 하면, 충분히 큰 m과 n에 대하여, $\hat{p}_1 - \hat{p}_2$는 근사적으로 정규분포를 따르며

$$E(\hat{p}_1 - \hat{p}_2) = 0$$

$$Var(\hat{p}_1 - \hat{p}_2) = p(1-p)\left(\frac{1}{m} + \frac{1}{n}\right)$$

로 주어진다. 따라서 귀무가설 H_0하에서 검정통계량

$$Z_0 = \frac{\hat{p}_1 - \hat{p}_2}{\sqrt{\hat{p}(1-\hat{p})\left(\frac{1}{m} + \frac{1}{n}\right)}} \sim N(0,1)$$

이므로 유의수준 α에 대한 기각역은

$$|Z_0| \geq z_{\alpha/2}$$

로 주어지며, $\hat{p} = \frac{X+Y}{m+n}$로 계산한다. 여기서 $\hat{p}$를 모비율 p의 합동추정량(pooled estimator)이라고 한다.

○ 예제 10-6

신장이 정상적인 사람 100명과, 신장에 이상이 있는 사람 100명을 대상으로 폐렴에 대한 항생제를 주사하였다. 알레르기성 반응이 정상적인 사람 중에서는 21명, 신장에 이상이 있는 사람들 중에서는 38명이 나타났다.

(1) 신장에 이상이 있는 사람의 경우에 알레르기성 반응이 일어날 비율이 더 높다고 할 수 있는가? (유의수준 $\alpha = 0.01$)

(2) 모비율의 차에 대한 99% 신뢰구간을 구하여라.

풀이 (1) 정상적인 사람의 경우 알레르기성 반응이 일어날 모비율을 p_1, 비정상적인 사람의 경우 알레르기성 반응이 일어날 모비율을 p_2라고 하자. 그러면 가설은

$$H_0 : p_1 = p_2 \quad \text{vs} \quad H_1 : p_1 < p_2$$

로 설정할 수 있다. 귀무가설하에서 공통인 모비율 p의 추정값은

$$\hat{p} = \frac{21+38}{100+100} = 0.295$$

이며, 검정통계량의 관측값은

$$z_0 = \frac{\hat{p}_1 - \hat{p}_2}{\sqrt{\hat{p}(1-\hat{p})\left(\frac{1}{m}+\frac{1}{n}\right)}}$$

$$= \frac{-0.17}{\sqrt{0.295 \times 0.705 \times \left(\frac{1}{100}+\frac{1}{100}\right)}}$$

$$= -2.6359$$

가 된다. 그런데 유의수준 1%에서의 기각역은

$$Z_0 \le -z_{0.01} = -2.326$$

이므로 귀무가설 H_0를 기각할 수 있다. 즉, 신장에 이상이 있는 사람의 경우에 알레르기성 반응이 일어날 비율이 더 높다고 할 수 있다.

(2) 모비율의 차에 대한 99% 신뢰구간은

$$(\hat{p}_1 - \hat{p}_2) \pm z_{0.005}\sqrt{\frac{\hat{p}_1(1-\hat{p}_1)}{m}+\frac{\hat{p}_2(1-\hat{p}_2)}{n}}$$

$$= (0.21-0.38) \pm 2.575\sqrt{\frac{0.21(1-0.21)}{100}+\frac{0.38(1-0.38)}{100}}$$

$$= -0.17 \pm 0.163$$

$$= (-0.333, -0.007)$$

로 주어진다.

10.4 두 모분산의 비교

우리는 가끔 두 모집단에 대한 산포 정도에 대한 비교를 하고자 하는 경우가 있다. 예를 들면 피스톤의 지름이 공정에 따라 분산이 크다면 이는 평균 지름이 규격에 맞다 해도 큰 문제가 발생할 수 있다. 이와 같이 분산은 제품의 질과 균일성의 측도로 사용될 수 있어, 실제 생활에서 중요한 특성치이다. 이 절에서는 정규분포를 따르는 두 모집단에 있어서 모분산의 크기를 비교해 보고자 한다.

모집단 I은 $N(\mu_1,\ \sigma_1^2)$을 따르고, 모집단 II는 $N(\mu_2,\ \sigma_2^2)$을 따른다고 가정하자. $X_1, X_2, \cdots, X_m$을 모집단 I로부터 추출된 표본이라고 하고, $Y_1, Y_2, \cdots, Y_n$은 모집단 II로부터 추출된 표본이라고 하면, 모분산 σ_1^2과 σ_2^2의 추정량은 각각

$$S_1^2 = \frac{1}{m-1}\sum_{i=1}^{m}(X_i - \overline{X}\ )^2, \quad S_2^2 = \frac{1}{n-1}\sum_{i=1}^{n}(Y_i - \overline{Y}\ )^2$$

이 된다. 두 모집단의 분산이 같다는 가설

$$H_0 : \sigma_1^2 = \sigma_2^2 \qquad \text{vs} \qquad H_1 : \sigma_1^2 \neq \sigma_2^2$$

는 다음의 형태로 변형하여 표현할 수 있다.

$$H_0 : \frac{\sigma_1^2}{\sigma_2^2} = 1 \qquad \text{vs} \qquad H_1 : \frac{\sigma_1^2}{\sigma_2^2} \neq 1$$

이 검정의 기초는 이에 대응하는 표본분산의 비 S_1^2/S_2^2가 1로부터 멀리 떨어져 있으면 H_0를 기각하게 된다. 또한,

$$F = \frac{\dfrac{(m-1)S_1^2}{\sigma_1^2}/(m-1)}{\dfrac{(n-1)S_2^2}{\sigma_2^2}/(n-1)} = \frac{S_1^2/\sigma_1^2}{S_2^2/\sigma_2^2} \sim F(m-1, n-1)$$

임을 알 수 있다.

이를 바탕으로 가설 $H_0 : \sigma_1^2 = \sigma_2^2$을 검정해 보자. 귀무가설 H_0하에서

$$F_0 = \frac{S_1^2}{S_2^2} \sim F(m-1, n-1)$$

을 따르게 되므로, 유의수준 α에 대한 기각역은

$$F_0 < F_{1-\alpha/2}(m-1,\ n-1) \text{ 또는 } F_0 > F_{\alpha/2}(m-1,\ n-1)$$

로 주어진다. 위의 검정에서 $F_{1-\alpha}(k_1,\ k_2)$의 값은 다음 등식을 이용하여 구할 수

있다.

$$F_{1-\alpha}(k_1,\ k_2) = \frac{1}{F_\alpha(k_2,\ k_1)}$$

또한 σ_1^2/σ_2^2에 대한 $100(1-\alpha)\%$ 신뢰구간은

$$F = \frac{S_1^2/\sigma_1^2}{S_2^2/\sigma_2^2} = \frac{\sigma_2^2}{\sigma_1^2} \cdot \frac{S_1^2}{S_2^2} \sim F(m-1,\ n-1)$$

임을 이용하여 구한다. 즉,

$$P\left(\frac{1}{F_{\alpha/2}(n-1,\ m-1)} < \frac{\sigma_2^2}{\sigma_1^2} \cdot \frac{S_1^2}{S_2^2} < F_{\alpha/2}(m-1,\ n-1)\right) = 1-\alpha$$

이므로

$$P\left(\frac{S_1^2}{S_2^2}\frac{1}{F_{\alpha/2}(m-1,\ n-1)} < \frac{\sigma_1^2}{\sigma_2^2} < \frac{S_1^2}{S_2^2}F_{\alpha/2}(n-1,\ m-1)\right) = 1-\alpha$$

그러므로 σ_1^2/σ_2^2에 대한 $100(1-\alpha)\%$ 신뢰구간은

$$\left(\frac{S_1^2}{S_2^2}\frac{1}{F_{\alpha/2}(m-1,\ n-1)},\quad \frac{S_1^2}{S_2^2}F_{\alpha/2}(n-1,\ m-1)\right)$$

로 주어진다.

○ 예제 10-7

[예제 10-1]에 있는 두 표본을 써서 대응하는 모집단이 정규분포를 따르고 실험의 성질이 대립가설 $\sigma_1^2 > \sigma_2^2$을 암시한다고 가정하자. 이를 유의수준 5%로 검정하고 σ_1^2/σ_2^2에 대한 90% 신뢰구간을 구하여라.

풀이 $\bar{x} = 105.25$, $\bar{y} = 98.70$이고 $m = 8$, $n = 10$이므로 $s_1^2 = 105.64$, $s_2^2 = 73.12$가 된다. 유의수준 5%에 대한 가설

$$H_0 : \sigma_1^2 = \sigma_2^2 \quad \text{vs} \quad H_1 : \sigma_1^2 > \sigma_2^2$$

의 기각역은

$$\frac{S_1^2}{S_2^2} > F_{0.05}(7, 9) = 3.29$$

으로 주어지고 $s_1^2/s_2^2 = 105.64/73.12 = 1.44$이므로 귀무가설 H_0를 기각할 수 없다. 즉, $\sigma_1^2 = \sigma_2^2$이라고 말할 수 있다. 이제 σ_1^2/σ_2^2에 대한 90% 신뢰구간을 구해 보자. 90% 신뢰구간은

$$\left(\frac{s_1^2}{s_2^2}\frac{1}{F_{0.05}(7, 9)}, \frac{s_1^2}{s_2^2}F_{0.05}(9, 7)\right)$$

$$= \left(1.44 \times \frac{1}{3.2927}, 1.44 \times 3.6767\right)$$

$$= (0.44, 5.29)$$

로 주어진다.

10.5 R 실습

예제 10-1 두 모집단의 평균비교

```
> X=c(105, 108, 86, 103, 104, 107, 124, 105)
> Y=c(89, 92, 84, 97, 103, 107, 111, 97, 101, 106)
> m=length(X)
> n=length(Y)
> Sp2=((m-1)*var(X) + (n-1)*var(Y)) / (m+n-2)
> t0=(mean(X)-mean(Y)) / (sqrt(Sp2 *(1/m + 1/n)))
> pval=2*(1-pt(t0,m+n-2))
> round(c(Sp2=Sp2, T=t0, p_value=pval),4)
    Sp2       T p_value
87.3500  1.4775  0.1590
```

해석 검정통계량값 T=1.48, 유의확률은 0.16으로 유의수준 5%하에서 두 집단 간의 평균의 차이가 존재하지 않음을 알 수 있다.

t.test 함수를 사용하여 위의 검정을 한 결과가 다음과 같다.

```
> t.test(X,Y, var.equal=T)
  Two Sample t-test
data:  X and Y
t = 1.4775, df = 16, p-value = 0.159
alternative hypothesis: true difference in means is not equal to 0
95 percent confidence interval:
 -2.848081 15.948081
sample estimates:
mean of x mean of y
   105.25      98.70
```

예제 10-5 대응비교를 위한 자료분석

```
> Before=c(128, 131, 131, 127, 132, 125, 141, 137, 118, 132, 129, 135)
> After =c(120, 124, 130, 118, 140, 128, 140, 135, 126, 130, 126, 127)
> D=After - Before
> D0=-5
> n=length(Before)
> SE=sqrt(var(D)/n)
> CV=qt(0.975, n-1)
> t0=(mean(D) - D0 ) / SE
> pval=2*(1-pt(t0, n-1))
> round(c(mean_after=mean(After), mean_before=mean(Before),
+          T=t0, CV=CV, p_value=pval), 3)
 mean_after mean_before           T          CV     p_value
    128.667     130.500       1.882       2.201       0.087
```

해석 유의확률은 0.087로 유의수준 5%하에서 귀무가설을 기각할 수 없다.

t.test 함수를 사용하여 위의 검정을 한 결과가 다음과 같다.

```
> t.test(After, Before, mu=-5, paired=T)
  Paired t-test
data:  After and Before
```

```
t = 1.8821, df = 11, p-value = 0.08653
alternative hypothesis: true difference in means is not equal to -5
95 percent confidence interval:
 -5.536492  1.869825
sample estimates:
mean of the differences
              -1.833333
```

예제 10-6 두 모집단의 모비율에 대한 비교

```
> n1=100; n2=100
> x1=21; x2=38
> phat1=x1/n1; phat2=x2/n2
> alpha=0.01
> phat=(x1+x2) / (n1+n2)
> SE=sqrt(phat*(1-phat) * (1/n1 + 1/n2))
> Z0 = (phat1 - phat2) / SE
> CV=qnorm(alpha)
> zalpha = qnorm(0.995)
> pval= pnorm(Z0)
> L= (phat1-phat2) - zalpha * SE
> U= (phat1-phat2) + zalpha * SE
> round(c(Z=Z0, CV=CV, p_value=pval, L=L, U=U), 3)
      Z      CV p_value       L       U
 -2.636  -2.326   0.004  -0.336  -0.004
```

해석 두 집단의 모비율 차에 대한 검정결과 유의확률은 0.004로 나타났다 유의수준 5%하에서 귀무가설은 기각된다. 따라서 신장에 이상이 있는 사람이 알레르기성 반응이 나타날 가능성이 더 높다고 할 수 있다.

prop.test() 함수를 사용하여 위의 검정을 한 결과가 다음과 같다.

```
> prop.test(x = c(21, 38), n = c(100, 100), correct=F,alt="less", conf.level = 0.99)

  2-sample test for equality of proportions without continuity correction
data:  c(21, 38) out of c(100, 100)
```

```
X-squared = 6.948, df = 1, p-value = 0.004196
alternative hypothesis: less
99 percent confidence interval:
 -1.00000000 -0.02259323
sample estimates:
prop 1 prop 2
  0.21   0.38
```

예제 10-7 두 집단의 분산비교

```
> X=c(105, 108, 86, 103, 104, 107, 124, 105)
> Y=c(89, 92, 84, 97, 103, 107, 111, 97, 101, 106)
> m=length(X)
> n=length(Y)
> F0= var(X) / var(Y)
> falpha = qf(0.95, m-1, n-1)
> pval=1-pf(F0,m-1, n-1)
> round(c(F=F0, CV= falpha, p_value=pval),4)
      F      CV p_value
 1.4447  3.2927  0.2970
```

해석 오른쪽 단측검정결과 유의확률이 0.297로 유의수준 5%하에서 두 집단의 분산이 동일하다고 할 수 있다.

var.test 함수를 사용하여 위의 분석을 한 결과는 다음과 같다.

```
> var.test(X,Y, alt="greater", conf.level = 0.95)

 F test to compare two variances

data:  X and Y
F = 1.4447, num df = 7, denom df = 9, p-value = 0.297
alternative hypothesis: true ratio of variances is greater than 1
95 percent confidence interval:
 0.4387656       Inf
```

```
sample estimates:
ratio of variances
          1.444744
```

연습문제

1 두 종류의 사료가 털의 생산량에 미치는 영향을 조사하고자 한다. 24마리의 토끼를 키우는 농장에서 임의로 선택된 12마리에게는 사료 A를 주고, 나머지에게는 사료 B를 주어, 3주일이 경과한 후 측정한 털의 생산량은 다음과 같다. 단, 각 사료에 대한 생산량의 분포는 정규분포를 따른다.

사료 A	44	44	56	46	47	38	53	49	35	46	30	41
사료 B	35	47	55	29	40	39	32	41	42	57	51	39

(1) 이들 사료에 따른 토끼의 털의 생산량의 차이에 대한 95% 신뢰구간을 구하여라.

(2) 이 자료로부터 사료 B를 사용하는 경우, 사료 A보다 생산량이 적게 된다고 할 수 있는가? 이를 유의수준 5%로 결정하여라.

2 청주와 서울 학생간의 학력비교를 위해 두 지역의 고등학교 1학년생을 각각 90명과 100명을 임의 추출하여 동일한 학력고사를 치른 결과가 다음 표와 같이 주어졌다.

	청주	서울
표본의 크기	90	100
평　　균	76.4	81.2
표 준 편 차	8.2	7.6

(1) 서울 학생과 청주 학생 간의 평균 점수 차에 대한 98% 신뢰구간을 구하여라.

(2) 이들 평균 점수 간에 차이가 있는지 유의수준 2%로 검정하여라.

3 특정한 피임약이 사용자의 혈압을 저하시키는가를 조사하고자 한다. 이를 위해 15명의 부인들을 대상으로 평상시의 혈압을 측정한 뒤 이들에게 이 피임약을 복용한 일정 시간 후에, 이들의 혈압을 측정한 결과를 기록했다.

	1	2	3	4	5	6	7
사용 전(X)	70	80	72	73	73	73	72
사용 후(Y)	68	72	62	70	58	66	68
$D=X-Y$	2	8	10	3	15	7	4

	8	9	10	11	12	13	14	15
사용 전(X)	78	82	64	74	92	74	68	84
사용 후(Y)	52	64	72	74	60	74	72	74
$D=X-Y$	26	18	−8	0	32	0	−4	10

(1) 사용 전과 사용 후의 평균 혈압의 차에 대한 95% 신뢰구간을 구하여라.

(2) $H_0 : \mu_D = 0$ vs $H_1 : \mu_D > 0$를 유의수준 5%로 검정하여라.

4 통계학 교육에 있어서 교수법 A와 교수법 B를 비교하기 위해 한 강사가 270명의 수강생을 임의로 2반으로 분반하여 한 반에는 교수법 A를 다른 반에는 교수법 B를 행하였다. 학기말에 이들 270명 전부에게 시험을 치른 결과, 각 반에서 이 시험을 통과한 학생들의 수는 다음과 같다.

	교수법 A	교수법 B
합 격	63	107
불 합 격	57	43
계	120	150

(1) 두 교수법에 의한 합격률의 차이에 대한 95% 신뢰구간을 구하여라.

(2) 이 자료에 의하면 교수법 B가 교수법 A보다 합격률이 높다고 할 수 있는가? ($\alpha = 0.05$)

5 두 방적 기계에 의해 천을 생산할 경우, 각 기계에 따른 천의 조밀함에 대한 균등성을 비교하려 한다. 각 관찰 값은 1필의 천을 임의로 택하여 그 무게를 측정한 값으로 주어진다. 기계 A의 제품에 대하여는 12번의 측정, 기계 B의 제품에 대하여는 10번의 측정을 한 결과 기계 A와 B로부터의 측정값의 표준편차들은 각각 2.3kg, 1.5kg으로 나타났다. 단, 각 기계로부터 생산되는 천무게의 분포는 정규분포를 따른다.

(1) 기계 A에 의한 제품을 생산할 경우에 기계 B에 의한 경우보다 변동이 크다고 할 수 있는가? ($\alpha = 0.01$)

(2) 두 모집단의 표준편차의 비에 대한 98% 신뢰구간을 구하여라.

6 어느 기술 훈련소에서 특정한 기술의 교육방법 두 가지를 비교하기 위하여 20명을 대상으로 8명을 임의추출하여 방법 I을, 나머지는 방법 II를 적용하여 교육시킨 후 실제 일을 끝내는 데에 소요되는 시간을 기록한 결과가 다음과 같다. 단, 두 방법에 의한 소요시간의 분산은 동일하다.

방법 I	15	20	11	23	16	21	18	16				
방법 II	27	24	23	31	13	19	23	17	28	26	25	28

(1) 모집단에 대한 가정을 기술하고 유의수준 $\alpha = 0.05$로 양측검정을 하여라.

(2) 두 교육 방법에 따른 평균 작업시간의 차에 대한 95% 신뢰구간을 구하여라.

7 두 종류의 공정에서 대량 생산된 제품 중에서 각각 100개와 150개를 임의 추출하여 분류한 결과가 다음과 같다.

	불량품	우량품	계
공정 A	6	94	100
공정 B	10	140	150
계	16	234	250

(1) 두 공정에서 불량품의 차에 대한 95% 신뢰구간을 결정하여라.

(2) 공정 A의 불량률을 P_A, 공정 B의 불량률을 P_B라고 할 때, 두 공정의 불량률의 차이에 대하여 $H_0: P_A = P_B \quad \text{vs} \quad H_1: P_A \neq P_B$를 유의수준 5%로 검정하여라.

8 어떤 사람이 국회의원에 입후보하려고 한다. 그래서 A·B 두 지역에서 유권자들의 자기에 대한 지지율을 알아보기 위해 조사한 결과, A 지역에서는 300명 중 지지자가 160명, B 지역에서는 200명 중 80명의 지지자를 얻었다.

(1) A 지역과 B 지역에서의 지지율의 차에 대한 95%의 신뢰구간을 구하여라.

(2) A 지역의 지지율이 B 지역의 지지율보다 현저하게 높다고 인정할 수 있는가를 유의수준 5%로 검정하여라.

9 두 야구선수 중 한 명(A)은 지금까지의 타율이 150타격에서 60안타를 얻었고 나머지 한 명(B)은 400타격에서 108안타를 얻었다고 한다.

(1) 이 두 선수의 타율의 차에 대한 95%의 신뢰구간을 구하여라.

(2) A의 타율이 B의 타율보다 월등하게 나은지 유의수준 5%로 검정하여라.

10 서로 다른 두 종류의 치료방법을 가지고서 환자 회복시간의 차이를 조사하기 위하여, 100명을 대상으로 30명을 임의 추출하였다. 각각 15명의 환자에게 치료방법 A와, 치료방법 B를 적용한 결과, 다음과 같은 결과를 얻었다. 단, 두 가지 치료법에 의한 회복시간의 분포는 정규분포를 따른다.

	A	B
평균 회복시간	4.5	5.3
표준 편차	0.8	0.7

이 자료에 의해 두 치료방법에 의한 평균 회복시간의 차이가 있는지 유의수준 1%로써 검정하여라.

11 두 종류의 진통제에 대하여 복용 후에 진통 효력이 발생할 때까지의 시간의 차이를 조사하려고 한다. 먼저 진통제 A를 복용한 후 진통 효과가 끝난 후 몇 시간의 사이를 두어 진통제 B를 복용하도록 하여 측정한 결과 다음과 같았다. 단, 두 진통제에 의한 효력 발생시간의 분포는 정규분포를 따른다.

	1	2	3	4	5	6	7	8
진통제 A	14.8	14.1	15.8	14.9	15.3	16.1	17.4	14.5
진통제 B	13.9	14.2	15.0	14.9	15.4	15.5	17.1	13.9

(1) 진통제 A, B에 의한 효력 발생시간의 차에 대한 95% 신뢰구간을 구하여라.

(2) $H_0 : \mu_D = 0 \quad \text{vs} \quad H_1 : \mu_D \neq 0$를 유의수준 2%로 검정하여라.

(3) 이 조사가 제대로 되었다고 생각하는가?

12 문제 6에서 주어진 자료를 이용하여 두 교육방법의 실제 소요 시간의 모분산의 차이에 대하여 검정하여라. $(\alpha = 0.05)$

11장

분산분석

11.1 분산분석의 개념

이제까지는 한 모집단의 통계적 특성치를 추정 및 검정하는 방법과 평균, 비율, 분산 등이 두 모집단에서는 어떻게 다른가를 비교하는 방법을 공부하였다. 하지만 실제의 자료를 분석할 때, 셋 이상의 모집단을 비교해야 하는 경우도 흔히 접하게 된다. 이러한 문제는 **실험계획법**(experimental design)을 통해 실험을 실시하고 자료를 관측하여 분석하게 된다. 실험계획법에서 주로 사용하는 분석방법으로는 분산분석(analysis of variance 또는 ANOVA), 회귀분석(regression analysis), 상관분석(correlation analysis) 등이 있다. 다음의 두 가지 예제를 생각하여 보자.

○ 예제 11-1

교육효과는 주위의 생활환경에 많은 영향을 받는다는 사실이 알려져 있다. 이 사실을 알아보기 위하여 대도시, 중도시, 소도시, 농어촌에서 10명씩의 초등학교 학생들을 임의 추출하여 컴퓨터 교육을 1개월간 시킨 후 그들의 교육성취도를 측정하여 다음의 자료를 얻었다(교육 중 전학, 질병 등에 의하여 실험에서 제외된 학생이 있어서 6, 8, 7, 5명의 자료만을 얻을 수 있었다).

|표 11-1| 컴퓨터 교육성취도

	대도시	중도시	소도시	농어촌
	79	69	75	78
	75	72	78	82
	74	93	84	85
	79	84	73	84
	70	78	70	86
	71	84	68	
		88	65	
		79		
평균	74.67	80.87	73.29	83.00

○ 예제 11-2

철사를 생산하는 공장에서는 생산된 철사의 강도에 영향을 미치는 중요한 요인으로서 온도와 압력이 있음이 알려져 있다. 이 두 요인의 중요성을 조사하기 위하여 온도

120℃, 140℃, 160℃와 압력 200psi, 250psi, 300psi, 350psi의 각 조합에 기계의 조절장치를 맞춰 놓고 철사를 각각 100m씩 생산하여 강도를 측정한 결과 다음과 같은 표를 얻었다.

|표 11-2| 온도와 압력에 따른 철사의 강도

압력 \ 온도	120℃	140℃	160℃
200psi	4, 6	11, 7	5, 9
250psi	6, 4	13, 15	9, 7
300psi	13, 15	15, 9	13, 13
350psi	12, 12	12, 14	7, 9

위 예에서 도시의 크기 또는 온도와 압력과 같이 어떤 실험에서 관측값에 영향을 주는 조건의 종류를 **인자**(factor) 또는 요인이라고 하며, 실험을 하기 위한 인자의 여러 가지 조건을 **인자수준**(factor level)이라고 한다. [예제 11-1]에서는 도시를 대도시, 중도시, 소도시, 농어촌으로 구분하여 실험하였으므로 인자 수준의 수는 4이며, 마찬가지로 [예제 11-2]의 온도의 수준은 120℃, 140℃, 160℃ 3개로 분류하여 실험하였다.

또한, 위의 [예제 11-1]과 같이 교육성취도에 영향을 미치는 인자로 도시의 크기 하나만 고려한 모형을 1-인자 분산분석모형 또는 **일원배치법**(oneway analysis of variance **또는** oneway ANOVA)이라고 한다. [예제 11-2]와 같이 강도에 영향을 미치는 인자로 온도와 압력의 2가지 인자를 고려한 모형을 2-인자 분산분석모형 또는 **이원배치법**(two-way analysis of variance **또는** two-way ANOVA)이라고 한다. [예제 11-1]에서는 교육성취도에 대하여 모집단을 도시의 크기에 따라 네 집단(대, 중, 소도시와 농어촌)으로 나눈 후 이들을 비교하려는 실험이다. [예제 11-2]에서는 모집단을 두 변수 즉, 온도와 압력에 따라 분류하여 온도에 따른 세 모집단의 차이가 있는가(온도효과), 압력에 따른 네 모집단의 차이가 있는가(압력효과) 또는 압력과 온도의 교호작용(어떤 온도에서는 얼마 정도의 압력에서 강한 철사가 생산되는가, 즉 철사의 강도에 온도와 압력의 조합이 영향을 미치는 정도)이 크게 작용하는가 하는 점들을 알아보기 위한 실험이다.

위의 두 가지 실험에서 우리는 어떠한 점을 조심해야 할까? [예제 11-1]에서 표본의 크기가 작기는 하지만, 이들이 각 도시의 학생들을 대표할 수 있어야 한다. 대도시에서 6명의 학생이 뽑혔는데 이들은 모두 A초등학교 3학년 1반 학생들이었다면, 그 6명의 학생은 대도시를 대표하는 것이 아니고 A초등학교 3학년 1반 학생을 대표하는 것이 된다. 또한 소도시에서 7명의 학생들이 뽑혔는데 이들이 모두 어느 도시의 1개 동에 같이 사는 학생들이라면 이들 역시 그 소도시를 대표한다고 할 수는 없을 것이다. [예제 11-2]에서도 비슷한 점을 주의해야 할 것이다. 즉 실험의 순서를 정하는 데에 있어서 랜덤화(randomize)가 바람직하다. 기계의 압력장치를 200psi로 고정시켜 놓고 온도를 120℃, 140℃, 160℃로 변화시켜 가면서 6번의 실험을 마친 후 압력장치를 250psi로 고정시키고 또 다시 6번의 실험을 하면 철사의 강도에 미치는 압력의 영향을 제대로 측정할 수 없을 것이다. 이러한 경우 온도와 압력의 조합이 12가지이므로 1부터 12까지의 숫자를 적은 카드 각 2매씩(각 조합에서 2번씩의 반복 실험을 하였음) 모두 24장을 주머니에 넣고서 한 장씩 꺼낸 순서대로 실험을 하면 온도효과, 압력효과, 교호작용 등을 제대로 측정할 수 있다. 뽑힌 24장의 카드가 8, 12, 5, 6, 5, 8, 10, 1, 9, 1, 2, 7, 6, 3, 4, 3, 11, 9, 4, 7, 11, 2, 12, 10, …의 순서로 뽑혔다면 실제 실험의 순서도 다음의 [표 11-3]과 같이 된다.

이처럼 일반적으로 실험을 계획함에 있어서 다음의 5가지 원칙을 고려해야 한다.

(1) 랜덤화의 원리(principle of randomization)
(2) 반복의 원리(principle of replication)
(3) 블록화의 원리(principle of blocking)
(4) 교락의 원리(principle of confounding)
(5) 직교화의 원리(principle of orthogonality)

위의 내용들은 실험계획법(design of experiments)에서 자세히 다루게 되는데,

|표 11-3| 실험순서

압력 \ 온도	120℃	140℃	160℃
200psi	8, 10	11, 22	14, 16
250psi	15, 19	3, 5	4, 13
300psi	12, 20	1, 6	9, 18
350psi	7, 24	17, 21	2, 23

본 교재에서는 범위를 넘어서므로 자세한 설명은 생략하기로 한다.

11.2 일원배치법

일원배치법(oneway ANOVA)이란 11.1절에서 설명한 바와 같이 한 인자에 대한 k개의 수준([예제 11-1]에서는 $k=4$)에서 평균의 차이를 비교하려는 것이다.

10장에서 다룬 두 모집단의 비교방법을 적용하면 ${}_4C_2=6$번 비교해야 한다(대도시와 중도시, 대도시와 소도시, 대도시와 농촌, ⋯, 소도시와 농촌). 만일 수준의 수가 많아지면 비교해야 하는 경우가 더욱 많아진다. 일원배치법에서는 이처럼 수준의 수가 많은 경우, 이들을 두 개씩 짝지어 비교하지 않고 전체를 한꺼번에 비교하는 방법이라고 할 수 있다. 일원배치실험에서 얻어지는 자료는 [표 11-4]와 같이 정리될 수 있다.

y_{ij}는 i번째 수준에서 j번째 자료를 의미한다. 이러한 자료들이 따르는 모형은 다음과 같이 설정할 수 있다.

$$Y_{ij}=\mu_i+\varepsilon_{ij}, \qquad \varepsilon_{ij}\sim N(0,\sigma^2),\ \text{서로 독립} \tag{11.1}$$

$$i=1,2,\cdots,k,\ \ j=1,2,\cdots,n_i$$

여기서 μ_i는 i번째 수준에서의 모집단 평균이며, ε_{ij}는 평균이 0이고 분산이 σ^2인 정규분포를 따른다고 가정한다. 그러면 Y_{ij} 는 평균 μ_i이고 분산이 σ^2인 정규분포를

|표 11-4| 일원배치법의 자료구조

	수준 1	수준 2	수준 3		수준 k
	y_{11}	y_{21}	y_{31}	⋯	y_{k1}
	y_{12}	y_{22}	y_{32}	⋯	y_{k2}
	⋮	⋮	⋮		⋮
	y_{1n_1}	y_{2n_2}	y_{3n_3}	⋯	y_{kn_k}
자료수	n_1	n_2	n_3		n_k
평 균	$\bar{y}_1$	$\bar{y}_2$	$\bar{y}_3$		$\bar{y}_k$
총평균			$\bar{y}_{..}$		

따르게 된다. 이때 σ^2은 전체 모집단의 분산을 나타낸다. 실험 전체의 모집단 평균을 μ라고 하면 μ는 다음과 같이 표현할 수 있다.

$$\mu = \frac{1}{k}\sum_{i=1}^{k}\mu_i \tag{11.2}$$

μ_i와 μ의 차이를 효과 α_i로 표시하면 ($\alpha_i = \mu_i - \mu$), 식 (11.1)은 다음과 같이 표현될 수 있다.

$$Y_{ij} = \mu + \alpha_i + \varepsilon_{ij} \tag{11.3}$$

여기서 k개의 수준에 대한 차이 효과 α_i들에는 $\sum\alpha_i = 0$의 조건식이 존재한다. 그러면 k개의 수준들이 차이가 없다는 것은 μ_i나 α_i를 이용하여 다음의 두 가지 형식으로 표현될 수 있다.

$$H_0 : \mu_1 = \mu_2 = \cdots = \mu_k \tag{11.4}$$

$$H_0 : \alpha_1 = \alpha_2 = \cdots = \alpha_k = 0 \tag{11.5}$$

여기서 우리는 각 모집단의 평균이 얼마냐 하는 것보다는 우선 각 모집단의 평균이 같은지 다른지에 더욱 관심이 있으므로 귀무가설 식 (11.5)가 이용하기에 편리하다는 것을 알 수 있다. 분산분석이란 용어를 들으면 분산을 분석하는 방법으로 생각하기 쉬운데, 사실은 분산을 이용하여 모평균들이 같은지를 검정하는 방법이다. 모집단의 분산 σ^2의 불편추정량은 표본의 분산임을 이미 알고 있다. 우리는 모두 $N = \sum n_i$개의 자료를 갖고 있으므로 이들로부터 분산을 계산할 때에 이용되는 식의 분자는 다음과 같이 분해될 수 있다.

$$\begin{aligned}\sum_i\sum_j(y_{ij} - \bar{y}_{..})^2 &= \sum_i\sum_j\left\{(\bar{y}_i - \bar{y}_{..}) + (y_{ij} - \bar{y}_i)\right\}^2 \\ &= \sum_i\sum_j(\bar{y}_i - \bar{y}_{..})^2 + \sum_i\sum_j(y_{ij} - \bar{y}_i)^2 \\ &\quad + 2\sum_i\sum_j(\bar{y}_i - \bar{y}_{..})(y_{ij} - \bar{y}_i)\end{aligned}$$

여기서 마지막 항은

$$\sum_i\sum_j(\bar{y}_{i\cdot}-\bar{y}_{\cdot\cdot})(y_{ij}-\bar{y}_{i\cdot})=\sum_i(\bar{y}_{i\cdot}-\bar{y}_{\cdot\cdot})\sum_j(y_{ij}-\bar{y}_{i\cdot})$$

$$=\sum_i(\bar{y}_{i\cdot}-\bar{y}_{\cdot\cdot})\times 0=0$$

이므로

$$\sum_i\sum_j(y_{ij}-\bar{y}_{\cdot\cdot})^2=\sum_i n_i(\bar{y}_{i\cdot}-\bar{y}_{\cdot\cdot})^2+\sum_i\sum_j(y_{ij}-\bar{y}_{i\cdot})^2 \tag{11.6}$$

이 성립하고, 이 식의 좌변을 총제곱합(SST, total sum of squares), 우변의 첫째 항을 처리제곱합(SS_t, treatment sum of squares), 둘째 항을 오차제곱합(SSE, error sum of squares)이라고 한다[1]. 식 (11.6)을 이용하여 σ^2의 불편추정량 S^2을 구하는 데, 다음의 세 가지 경우를 생각해 보자.

(1) 총제곱합을 $N-1$로 나누면 표본의 분산으로서 $\hat{\sigma}^2$이다.

(2) i번째 수준 내에서 $\sum_j(y_{ij}-\overline{y_i})^2$을 n_i-1로 나누면 σ^2을 얻을 수 있으며, 각 수준에서의 분산이 같다는 가정이 성립하면 이들을 통합하여 통합된 자유도 $\sum_i(n_i-1)=N-k$로 나누면 $\hat{\sigma}^2$을 얻을 수 있다. 이를 MSE(mean squared error)로 나타낸다.

(3) 귀무가설 (11.5)가 옳다면, $\sum(\bar{y}_{i\cdot}-\bar{y}_{\cdot\cdot})^2/(k-1)$은 $\bar{y}_{i\cdot}$의 분산 $\sigma^2_{\bar{y}_i}$의 불편추정량이다. $\sigma^2=n_i\sigma^2_{\bar{y}_i}$의 관계로부터 $\sum n_i(\bar{y}_{i\cdot}-\bar{y}_{\cdot\cdot})^2/(k-1)$ 역시 σ^2의 불편추정량임을 알 수 있다. 이를 MS_t(mean squared treatment)로 나타낸다.

위와 같이 모형 (11.1)에 있어서 귀무가설 (11.5)하에서는 $\hat{\sigma}^2$을 세 가지 방법으로 계산할 수 있음을 공부하였다. 가설 (11.5)가 옳지 않다면 MS_t는 증가하고 반면 MSE는 감소한다. 따라서 $F=MS_t/MSE$의 값은 가설 (11.5)가 옳지 않을수록 증가하게 된다. 다시 말하면 (11.5)가 옳지 않을수록 F는 큰 값을 갖게 된다. 그런데 F는 수리적으로 $F(k-1,\ N-k)$분포에 따름을 보일 수 있다. 따라서 $F=MS_t/MSE > F_\alpha(k-1,\ N-k)$이면 귀무가설 (11.5)는 α의 유의수준하에서 기각된다. 따라서 우리는 [표 11-5] 분산분석표를 작성할 수 있다.

1) 처리제곱합(SS_t)은 처리간제곱합(SSB, between sum of squares)으로, 오차제곱합(SSE)는 처리내제곱합(SSW, within sum of squares)으로 부르기도 한다.

|표 11-5| 일원배치 분산분석표

요인	자유도	제곱합	평균제곱합	F
처리	$k-1$	$SS_t=\sum_i n_i(\bar{y}_i-\bar{y}..)^2$	$MS_t=SS_t/(k-1)$	MS_t/MSE
오차	$N-k$	$SSE=\sum_i\sum_j(y_{ij}-\bar{y}_i)^2$	$MSE=SSE/(N-k)$	
총합	$N-1$	$SST=\sum_i\sum_j(y_{ij}-\bar{y}..)^2=\sum_i\sum_j y_{ij}^2-(\sum_i\sum_j y_{ij})^2/N$		

○ **예제 11-3**

[예제 11-1]의 자료를 이용하여 분산분석표를 작성하고, 교육성취도는 도시 및 농촌 사이에 차이가 없다는 가설의 기각 여부를 정하여라.

풀이 각 도시에 대한 자료에 대한 $\sum_{i=1}^{n}y_i^2$, 평균, 자료수는 다음과 같다.

	대도시	중도시	소도시	농어촌
$\sum y_{ij}^2$	33,524	52,775	37,843	34,485
$\bar{y}_i$	74.67	80.87	73.29	83.00
n_i	6	8	7	5
$\bar{y}..=77.81$, $\sum_i\sum_j y_{ij}^2=158{,}627$, $N=26$, $\sum_i\sum_j y_{ij}=2{,}023$				

따라서

$$SST=\sum_i\sum_j y_{ij}^2-(2{,}023)^2/26=1{,}222.03$$

$$SSE=\sum_i\left(\sum_j y_{ij}^2-\left(\sum_j y_{ij}\right)^2/n_i\right)=809.64$$

$$SS_t=\sum n_i(\bar{y}_i-\bar{y}..)^2=412.39$$

로 얻어지므로 분산분석표는 다음과 같다.

|표 11-6| 일원배치 분산분석표

요인	자유도	제곱합	평균제곱합	F
처리	3	412.39	137.46	3.7353
오차	22	809.64	36.80	
총합	25	1,222.03		

$F=3.7353$으로서 $F_{0.05}(3,\ 22)=3.0491$보다 크므로 도시 간에 차이가 없다는 귀무가설은 기각된다.

11.3 이원배치법

종속변수 Y에 영향을 미치는 인자가 2개인 실험모형을 이원배치법이라고 한다. 첫째 인자 A의 a개 수준을 $A_1, A_2, \cdots, A_a$로 나타내고, 둘째 인자 B의 b개 수준을 $B_1, B_2, \cdots, B_b$로 나타내면 이원배치법(twoway ANOVA)의 모형은 다음과 같이 설정할 수 있다.

$$Y_{ijk} = \mu + \alpha_i + \beta_j + \gamma_{ij} + \varepsilon_{ijk}, \qquad \varepsilon_{ijk} \sim N(0, \sigma^2), \text{ 서로 독립} \tag{11.7}$$
$$i = 1, 2, \cdots, a, \;\; j = 1, 2, \cdots, b, \;\; k = 1, 2, \cdots, n_{ij}$$

여기서 n_{ij}는 두 인자가 A_i와 B_j로 고정된 실험조건하에서의 반복 횟수이다. α_i는 A 인자의 효과, β_j는 B 인자의 효과, γ_{ij}는 A 인자와 B 인자의 교호작용을 나타낸다. 이원배치실험에서는 고려해야 할 점이 많이 있는데, [예제 11-2]에서는 다음의 문제들을 생각할 수 있다.

1) 왜 온도를 120℃, 140℃, 160℃에서만 실험을 하였는가? 만일 기계에 장치된 온도조절장치가 3가지만으로 고정되어 있다면, 이러한 인자는 고정인자(fixed factor)라고 한다. 그러나 임의로 선택할 수 있는 기계인데도 3가지 온도를 택하여 실험을 한다면 온도를 정하면서 또 다른 오차를 유발할 것이다. 이러한 요인을 확률인자(random factor) 또는 변동인자라고 하며 이 경우에는 11.2절에서 공부한 것처럼 F값을 계산하기 위한 분모가 MSE가 아니고 달리 계산하여야 한다.
2) 왜 실험조건이 같은 상황에서 반복 횟수를 똑같이 2번으로 하였는가? 의학·농학 분야에서 동물실험 및 식물실험을 많이 하는데, 실험이 종료되기 전에 죽는 동식물이 많이 있는 것은 사실이다. [예제 11-1]에서도 보았듯이 컴퓨터 교육 도중 전학 및 질병 등에 의하여 실제로 교육을 마친 학생은 10명이 못 되었다. 즉 실험종료 후 우리에게 얻어지는 자료는 반복 횟수가 같지 않은 경우가 많이 있다.

이상과 같은 문제는 본 교재의 범위를 넘는 문제로서 이곳에서는 생략하기로 한다. 관심이 있는 학생은 실험계획법을 더 학습하기 바라며 본 교재에서는 두 가지 요인이 고정인자로서 반복 횟수가 일정한($n_{ij} = n$) 경우만을 고려하기로 한다. 식

(11.7)에 대하여 11.2절에서 보았던 것과 같이 다음의 가정을 할 수 있다.

$$\sum_i \alpha_i = \sum_j \beta_j = \sum_i \gamma_{ij} = \sum_j \gamma_{ij} = 0 \tag{11.8}$$

A 인자의 각 수준 사이에는 종속변수 Y에 미치는 영향 차이가 없다는 가설은

$$H_0 \ : \alpha_1 = \alpha_2 = \cdots = \alpha_a = 0 \tag{11.9}$$

로 표시될 수 있으며, B 인자 및 교호작용에 대하여도

$$H_0 : \beta_1 = \beta_2 = \cdots = \beta_b = 0 \tag{11.10}$$

$$H_0 : \gamma_{11} = \gamma_{12} = \cdots = \gamma_{ab} = 0 \tag{11.11}$$

등의 귀무가설을 가정할 수 있다.

반복이 없는 경우

이원배치실험의 경우 인자의 각 수준별 조합 내에서 반복 없이 한 번씩 실험을 한 자료는 다음과 같이 정리된다.

|표 11-7| 반복이 없는 이원배치법의 자료구조

	B_1	B_2	$\cdots$	B_b
A_1	y_{11}	y_{12}	$\cdots$	y_{1b}
A_2	y_{21}	y_{22}	$\cdots$	y_{2b}
$\vdots$	$\vdots$	$\vdots$		$\vdots$
A_a	y_{a1}	y_{a2}	$\cdots$	y_{ab}

모형은

$$Y_{ij} = \mu + \alpha_i + \beta_j + \varepsilon_{ij}, \qquad \varepsilon_{ij} \sim N(0, \sigma^2), \text{ 서로독립} \tag{11.12}$$

가 된다. 식 (11.12)에서도 알 수 있는 것처럼 이 경우 오차항 ε_{ij}와 교호작용 γ_{ij}에 관한 항이 분리되지 않는다. 이때 교호작용효과가 오차항에 교락(confounding)되어 있다고 한다. 이것은 다음과 같이 분산분석표의 각 인자에 대한 자유도를 계산해 보아도 알 수 있다.

총합의 자유도 = 전체 자료 수 − 1 = $ab-1$

A의 자유도 = A의 수준 수 − 1 = $a-1$

B의 자유도 = B의 수준 수 − 1 = $b-1$

$A\times B$의 자유도 = $(a-1)(b-1)$ = $ab-a-b+1$

오차의 자유도 = (총합의 자유도) − (A의 자유도) − (B의 자유도)

− ($A\times B$의 자유도)

= $(ab-1)$ − $(a-1)$ − $(b-1)$ − $(ab-a-b+1)$ = 0

이때에는 $A\times B$항을 오차항으로 간주하여 분석하게 된다. 따라서 분산분석표의 개략적 형태는 다음과 같다.

|표 11-8| 반복이 없는 이원배치 분산분석표

요인	자유도	제곱합	평균제곱	F
A	$a-1$	SSA	$MSA=SSA/(a-1)$	MSA/MSE
B	$b-1$	SSB	$MSB=SSB/(b-1)$	MSB/MSE
오차	$(a-1)(b-1)$	SSE	$MSE=SSE/((a-1)(b-1))$	
총합	$ab-1$	SST		

따라서 $MSE=MS_{A\times B}=SSE/(a-1)(b-1)$으로 MSA와 MSB를 나누어 F값을 계산한다. 그런 다음 앞의 반복이 있는 경우와 같이 주효과에 대한 검정을 각각

$$H_0:\alpha_1=\alpha_2=\cdots=\alpha_a=0$$

$$H_0:\beta_1=\beta_2=\cdots=\beta_b=0$$

의 가설에 대하여 A 인자에 대해서는 $F_0\ge F_\alpha(a-1,(a-1)(b-1))$이면 귀무가설을 기각하고, B 인자에 대해서는 만약 $F_0\ge F_\alpha(b-1,(a-1)(b-1))$이면 귀무가설을 기각한다.

예제 11-4

네 가지의 타이어 A, B, C, D를 네 종류의 자동차, Ⅰ, Ⅱ, Ⅲ, Ⅳ에 부착시키고서 5000km 주행 후 타이어가 얼마나 닳았는가를 측정하는 실험을 하여서 다음의 자료를 얻었다. 이를 유의수준 1%에서 분석하여라.

풀이 우선 반복이 없는 실험이므로 자동차와 타이어 사이의 교호작용(자동차에 따라서 좋고 나쁜 타이어의 분간)은 계산할 수 없음을 알 수 있다. 이러한 실험에 대한 모형과 귀무가설은 다음과 같다. 차에 따른 효과를 α_i, 타이어에 따른 효과를 β_j 로 표시하면

$$Y_{ij} = \mu + \alpha_i + \beta_j + \varepsilon_{ij}$$

이 되고, 이에 대한 각 귀무가설은 $H_0: \alpha_i = 0$, $H_0: \beta_j = 0$이 된다.

|표 11-9| 자동차 타이어 마모자료

	타이어				
	A	B	C	D	$y_{i\cdot}$
I	17	14	12	13	56
II	14	14	12	11	51
III	13	13	10	11	47
IV	13	8	9	9	39
$y_{\cdot j}$	57	49	43	44	$193 = y_{\cdot\cdot}$
$\sum_j y_{ij}^2$	823	625	469	492	$2409 = \sum_i \sum_j y_{ij}^2$

각 인자에 따른 제곱합은

$$\text{총합} = \sum\sum y_{ij}^2 - y_{\cdot\cdot}^2/16 = 80.9375$$

$$\text{차} = \sum y_{i\cdot}^2/4 - y_{\cdot\cdot}^2/16 = 38.6875$$

$$\text{타이어} = \sum y_{\cdot j}^2/4 - y_{\cdot\cdot}^2/16 = 30.6875$$

$$\text{오차} = \sum\sum y_{ij}^2 - \sum y_{i\cdot}^2/4 - \sum y_{\cdot j}^2/4 + y_{\cdot\cdot}^2/16$$

(= 총합 − 차 − 타이어) = 11.5625

로 계산되므로 다음의 분산분석표로 이를 정리할 수 있다.

|표 11-10| 반복이 없는 이원배치법의 분산분석표

인자	자유도	제곱합	평균제곱합	F
타이어	3	30.6875	10.2292	7.9622
차	3	38.6875	12.8958	10.0378
오차	9	11.5625	1.2847	
총합	15	80.9375		

$F_{0.01}(3, 9) = 6.99$보다 위 분산분석표에서의 F값이 모두 크므로 자동차와 타이어에 관한 귀무가설은 모두 기각됨을 알 수 있다.

반복이 있는 경우

이원배치실험을 할 때 인자의 각 수준별 조합 내에서 반복이 있는 경우의 자료를 다음과 같이 정리하자.

|표 11-11| 반복이 있는 이원배치법의 자료구조

A 인자 \ B 인자	B_1	B_2	$\cdots$	B_b
A_1	$y_{111},\cdots,y_{11n_{11}}$	$y_{121},\cdots,y_{12n_{12}}$	$\cdots$	$y_{1b1},\cdots,y_{1bn_{1b}}$
A_2	$y_{211},\cdots,y_{21n_{a1}}$	$y_{221},\cdots,y_{22n_{22}}$	$\cdots$	$y_{2b1},\cdots,y_{2bn_{2b}}$
$\vdots$	$\vdots$	$\vdots$		$\vdots$
A_a	$y_{a11},\cdots,y_{a1n_{a1}}$	$y_{a21},\cdots,y_{a2n_{a2}}$	$\cdots$	$y_{ab1},\cdots,y_{abn_{ab}}$

앞 절에서와 같이 각 관측값 y_{ijk}와 전체 평균 $\overline{y}_{...}$ 사이의 편차를 다음과 같이 분해할 수 있는데

$$\begin{aligned} y_{ijk}-\overline{y}_{...} &= (\overline{y}_{i..}-\overline{y}_{...})+(\overline{y}_{.j.}-\overline{y}_{...}) \\ &\quad +(\overline{y}_{ij.}-\overline{y}_{i..}-\overline{y}_{.j.}+\overline{y}_{...})+(y_{ijk}-\overline{y}_{ij.}) \end{aligned} \tag{11.13}$$

여기서

$$\overline{y}_{i..}=\frac{\sum_j\sum_k y_{ijk}}{\sum_j n_{ij}}=\frac{\sum_j\sum_k y_{ijk}}{bn}$$

$$\overline{y}_{.j.}=\frac{\sum_i\sum_k y_{ijk}}{\sum_i n_{ij}}=\frac{\sum_i\sum_k y_{ijk}}{an}$$

$$\overline{y}_{ij.}=\frac{\sum_k y_{ijk}}{n_{ij}}=\frac{\sum_k y_{ijk}}{n}$$

$$\overline{y}_{...}=\frac{\sum_i\sum_j\sum_k y_{ijk}}{\sum_i\sum_j n_{ij}}=\frac{\sum_i\sum_j\sum_k y_{ijk}}{abn}$$

인자 수준 A_i의 효과는 $(\overline{y}_{i..}-\overline{y}_{...})$, B_j의 효과는 $(\overline{y}_{.j.}-\overline{y}_{...})$, A_i와 B_j의 교호작용효과는 $(\overline{y}_{ij.}-\overline{y}_{i..}-\overline{y}_{.j.}+\overline{y}_{...})$로 나타내고, 잔차효과는 $(y_{ijk}-\overline{y}_{ij.})$로 표시된다.

식 (11.13)의 양변을 제곱하여 모든 관측값에 대하여 더해 주면

$$\sum_{i=1}^{a}\sum_{j=1}^{b}\sum_{k=1}^{n}(y_{ijk}-\bar{y}_{...})^2=\sum_{i=1}^{a}\sum_{j=1}^{b}\sum_{k=1}^{n}(\bar{y}_{i..}-\bar{y}_{...})^2$$
$$+\sum_{i=1}^{a}\sum_{j=1}^{b}\sum_{k=1}^{n}(\bar{y}_{.j.}-\bar{y}_{...})^2$$
$$+\sum_{i=1}^{a}\sum_{j=1}^{b}\sum_{k=1}^{n}(\bar{y}_{ij.}-\bar{y}_{i..}-\bar{y}_{.j.}+\bar{y}_{...})^2 \quad (11.14)$$
$$+\sum_{i=1}^{a}\sum_{j=1}^{b}\sum_{k=1}^{n}(y_{ijk}-\bar{y}_{ij.})^2$$

이 됨을 11.2절에서와 같이 보일 수 있다. 식 (11.14)를 각 항별로 정리하면

$$SST=\sum_{i=1}^{a}\sum_{j=1}^{b}\sum_{k=1}^{n}(y_{ijk}-\bar{y}_{...})^2=\sum_{i=1}^{a}\sum_{j=1}^{b}\sum_{k=1}^{n}y_{ijk}^2-\frac{y_{...}^2}{abn}$$

$$SSA=\sum_{i=1}^{a}\sum_{j=1}^{b}\sum_{k=1}^{n}(\bar{y}_{i..}-\bar{y}_{...})^2=\sum_{i=1}^{a}\frac{y_{i..}^2}{bn}-\frac{y_{...}^2}{abn}$$

$$SSB=\sum_{i=1}^{a}\sum_{j=1}^{b}\sum_{k=1}^{n}(\bar{y}_{.j.}-\bar{y}_{...})^2=\sum_{j=1}^{b}\frac{y_{.j.}^2}{an}-\frac{y_{...}^2}{abn}$$

$$SS_{A\times B}=\sum_{i=1}^{a}\sum_{j=1}^{b}\sum_{k=1}^{n}(\bar{y}_{ij.}-\bar{y}_{i..}-\bar{y}_{.j.}+\bar{y}_{...})^2$$
$$=\sum_{i=1}^{a}\sum_{j=1}^{b}\frac{y_{ij.}^2}{n}-\sum_{i=1}^{a}\frac{y_{i..}^2}{bn}-\sum_{j=1}^{b}\frac{y_{.j.}^2}{an}+\frac{y_{...}^2}{abn}$$

$$SSE=\sum_{i=1}^{a}\sum_{j=1}^{b}\sum_{k=1}^{n}(y_{ijk}-\bar{y}_{ij.})^2=\sum_{i=1}^{a}\sum_{j=1}^{b}\sum_{k=1}^{n}y_{ijk}^2-\sum_{i=1}^{a}\sum_{j=1}^{b}\frac{y_{ij.}^2}{n}$$

이 된다. 여기서 $y_{...}=\sum_i\sum_j\sum_k y_{ijk}$, $y_{i..}=\sum_j\sum_k y_{ijk}$, $y_{.j.}=\sum_i\sum_k y_{ijk}$, $y_{ij.}=\sum_k y_{ijk}$ 이다. 따라서 분산분석표는 다음처럼 정리된다.

|표 11-12| 반복이 있는 이원배치 분산분석표

요인	자유도	제곱합	평균제곱합	F
A	$a-1$	SSA	$MSA=SSA/(a-1)$	MSA/MSE
B	$b-1$	SSB	$MSB=SSB/(b-1)$	MSB/MSE
$A\times B$	$(a-1)(b-1)$	$SS_{A\times B}$	$MS_{A\times B}=SS_{A\times B}/(a-1)(b-1)$	$MS_{A\times B}/MSE$
오차	$ab(n-1)$	SSE	$MSE=SSE/ab(n-1)$	
총합	$abn-1$	SST		

반복이 있는 이원배치 분산분석의 경우 가장 먼저 두 인자의 교호작용효과에 대한 검정을 실시해야 한다.

$$H_0 : \gamma_{11} = \gamma_{12} = \cdots = \gamma_{ab} = 0 \quad \text{vs} \quad H_1 : not\ H_0$$

이 가설에 대한 검정은 [표 11-12]의 $A \times B$에 대한 검정통계량을 이용하여 검정한다. 즉, 검정통계량

$$F_0 = \frac{MS_{A \times B}}{MSE} \sim F((a-1)(b-1),\ ab(n-1))$$

이 유의수준 α에서 $F_0 \geq F_\alpha((a-1)(b-1),\ ab(n-1))$이면 귀무가설을 기각하여 교호작용이 존재한다고 판정한다. 만일 교호작용이 존재하지 않는다면 A와 B의 주효과에 대한 검정을 실시한다. 주효과에 대한 효과에 대한 가설은 각각

$$H_0 : \alpha_1 = \alpha_2 = \cdots = \alpha_a = 0$$

$$H_0 : \beta_1 = \beta_2 = \cdots = \beta_b = 0$$

이 되며, A 인자는 $F_0 \geq F_\alpha(a-1,\ ab(n-1))$이면 귀무가설을 기각하고, B 인자에 대해서는 $F_0 \geq F_\alpha(b-1,\ ab(n-1))$이면 귀무가설을 기각한다.

그러나 만일 교호작용이 유의하지 않은 경우에는 [표 11-13]의 분산분석표에서 교호작용항을 오차항에 결합시켜 새로운 분산분석표를 작성한다. 이를 교락(confounding)이라고 한다.

|표 11-13| 교호작용항을 풀링한 후의 분산분석표

인자	자유도	제곱합	평균제곱합	F
A	$a-1$	SSA	$MSA = SSA/(a-1)$	MSA/MSE
B	$b-1$	SSB	$MSB = SSB/(b-1)$	MSB/MSE
오차	$abn-a-b+1$	SSE	$MSE = SSE/(abn-a-b+1)$	
총합	$abn-1$	SST		

완성된 분산분석표를 이용하여 두 주효과 A, B에 대한 검정을 각각 실시한다. 즉, 유의수준 α에 대하여 A 인자에 대해서는 $F_0 \geq F_\alpha(a-1,\ abn-a-b+1)$이면 귀무가설을 기각하고, B 인자는 $F_0 \geq F_\alpha(b-1,\ abn-a-b+1)$이면 귀무가설을 기각하여 각 인자에 대한 유의성검정을 실시한다.

○ 예제 11-5

[예제 11-2]의 자료를 이용하여 분산분석표를 작성하고 귀무가설 (11.9), (11.10), (11.11)을 5%의 유의수준으로 검정하여라.

풀이

$$a=4,\ b=3,\ n=2$$

	120℃	140℃	160℃	$T_{i\cdot\cdot}$
200 psi	10	18	14	42
250 psi	10	28	16	54
300 psi	28	24	26	78
350 psi	24	26	16	66
$T_{\cdot j\cdot}$	72	96	72	240= $T_{\cdots}$

$\sum\sum\sum y_{ijk}^2 = 2700,\ SST = 2700 - 240^2/24 = 300,$

$SSA = (42^2 + 54^2 + 78^2 + 66^2)/6 - 240^2/24 = 120,\ SSB = 48,$

$SS_{A\times B} = 84,\ SSE = 48$

따라서 분산분석표는 다음과 같이 된다.

인자	자유도	제곱합	평균제곱합	F
A	3	120	40	10.0
B	2	48	24	6.0
$A\times B$	6	84	14	3.5
오차	12	48	4	
총합	23	300		

$F_{0.05}(3, 12) = 3.4903,\ F_{0.05}(2, 12) = 3.8853,\ F_{0.05}(6, 12) = 2.9961$이므로 두 가지 인자 및 그의 교호작용에 대한 귀무가설 (11.9)～(11.11)은 5%의 유의수준하에서 모두 기각된다.

11.4 R 실습

예제 11-3 일원배치법

```
> treatments <- rep(c('대도시', '중도시','소도시','농어촌'), c(6, 8, 7, 5))
> y=c(79, 75, 74, 79, 70, 71,
+       69, 72, 93, 84, 78, 84, 88, 79,
+       75, 78, 84, 73, 70, 68, 65,
```

```
+       78, 82, 85, 84, 86)
> summary(aov(y ~ factor(treatments)))
                   Df Sum Sq Mean Sq F value Pr(>F)
factor(treatments)  3  412.4   137.5   3.735 0.0261 *
Residuals          22  809.6    36.8
---
Signif. codes:  0 '***' 0.001 '**' 0.01 '*' 0.05 '.' 0.1 ' ' 1
```

해석 지역별 평균 교육성취도에 대한 분석분석표를 보면 유의확률이 0.0261이므로 유의수준 5%에서 각 지역별 교육성취도는 차이가 난다는 결론을 얻을 수 있다.

예제 11-4 반복이 없는 이원배치법

```
> tire <- rep(c('A','B','C','D'), each=4)
> car <- rep(c('I','II','III','IV'), 4)
> y <- c(17, 14, 13, 13, 14, 14, 13, 8,
+        12, 12, 10, 9, 13, 11, 11, 9)
> #data.frame(tire, car, y)
> summary(aov(y ~ tire + car))
            Df Sum Sq Mean Sq F value  Pr(>F)
tire         3  30.69  10.229   7.962 0.00668 **
car          3  38.69  12.896  10.038 0.00313 **
Residuals    9  11.56   1.285
---
Signif. codes:  0 '***' 0.001 '**' 0.01 '*' 0.05 '.' 0.1 ' ' 1
```

해석 유의수준 5%에서 두 요인 모두 타이어의 마모정도에 유의한 영향을 준다고 할 수 있다.

예제 11-5 반복이 있는 이원배치법

```
> A = rep(rep(c('200 psi','250 psi','300 psi','350 psi'),
+         c(2,2,2,2)),3)
> B = rep(c('120','140','160'), c(8,8,8))
> y = c(4,6,6,4,13,15,12,12,
```

```
+         11,7,13,15,15,9,12,14,
+         5,9,9,7,13,13,7,9)
> # data.frame(A, B, y)
> summary(aov(y ~ A*B))
            Df Sum Sq Mean Sq F value  Pr(>F)
A            3    120      40    10.0 0.00139 **
B            2     48      24     6.0 0.01562 *
A:B          6     84      14     3.5 0.03080 *
Residuals   12     48       4
---
Signif. codes:  0 '***' 0.001 '**' 0.01 '*' 0.05 '.' 0.1 ' ' 1
```

해석 두 가지 요인 및 교호작용에 대한 유의확률이 모두 0.05보다 적으므로 해당 귀무가설이 모두 기각된다.

연습문제

1 고무풀을 생산하는 6대의 기계가 있다. 생산된 고무풀의 접착력을 비교하고자 한다. 각 기계로부터 4개씩 표본을 추출하여 접착력을 조사하였더니 다음의 표와 같았다. 유의수준 5%에서 기계별 차이의 유무를 판별하여라(단위 : 10kg/cm).

A	B	C	D	E	F
17.5	16.4	20.3	14.6	17.5	18.3
16.9	19.2	15.7	16.7	19.2	16.2
15.8	17.7	17.8	20.8	16.5	17.5
18.6	15.4	18.9	18.9	20.5	20.1

2 3가지의 세로 개발된 교육방법이 있다. 각 방법에 의한 교육효과의 차이를 알아보기 위하여 임의추출된 학생들에게 같은 환경에서 같은 내용을 일정기간 동안 교육시킨 후 같은 내용의 시험을 보았는데 다음과 같은 결과를 얻었다. 알맞은 귀무가설을 세우고 이를 검정하여라.

I	73	89	82	73	80	73	66	60	75	93	77			
II	88	78	68	91	81	85	74	61	78	72	76	96	80	56
III	68	79	56	91	71	71	87	61	79	78	63	79	77	

3 건전지는 그것을 사용하는 주위의 온도에 따라서 수명이 좌우된다고 많은 사람들이 알고 있다. 이 이야기의 옳고 그름을 알아보기 위하여 30개의 동일한 건전지를 5가지 온도에서 각각 6개씩 사용하여 수명을 측정하였더니 다음과 같았다. 이 자료를 분석하여라.

0℃	25℃	50℃	75℃	100℃
55	60	70	72	65
55	61	72	72	66
57	60	73	72	60
54	60	68	70	64
54	60	77	68	65
56	60	77	69	65

4 어떤 화학공장에서 제품의 수율(yield, %)에 영향을 미칠 것으로 생각되는 반응온도와 원료를 요인으로 선택하여, 반복이 없는 이원배치실험을 실시하였다. 각 인자의 수준은 다음과 같다.

$$\text{반응온도 } A = \begin{cases} A_1 : 180℃ \\ A_2 : 190℃ \\ A_3 : 200℃ \\ A_4 : 210℃ \end{cases} \qquad \text{원료 } B = \begin{cases} B_1 : \text{미국 } M\text{사 원료} \\ B_2 : \text{일본 } Q\text{사 원료} \\ B_3 : \text{국내 } P\text{사 원료} \end{cases}$$

실험은 12회에 걸쳐 완전랜덤하게 실험하여 다음과 같은 결과를 얻었다.

인자 B \ 인자 A	A1	A2	A3	A4
B1	97.6	98.6	99.0	98.0
B2	97.3	98.2	98.0	97.7
B3	96.7	96.9	97.9	96.5

이들 두 요인이 제품의 수율에 영향을 미치는지에 대하여 유의수준 5%에서 분산분석을 실시하여라.

5 3종류의 비료가 있다. 이들을 사용하였더니 토양의 종류에 따라서 효과가 달리 나타났다. 토양과 비료를 섞어 토마토를 비닐하우스에서 재배하는 이원배치 실험을 하였다. 토양의 종류는 5가지이며 다음의 자료는 수확된 토마토의 무게이다(kg). 이를 분석하여라.

토양	비료		
	I	II	III
A	5, 7	5, 5	3, 5
C	6, 8	4, 8	2, 4
B	5, 9	1, 3	2, 2
D	7,11	7, 9	3, 7
E	6, 9	4, 6	3, 5

6 동물의 사료를 기계로 써는데, 기계에 내장된 칼날의 각도와 사료를 기계에 밀어 넣는 양에 따라서 얼마만큼의 전기가 소모되는가를 측정하였다. 통계적 모형을 적고 이에 따른 분석을 하여라.

밀어 넣는 양	칼날의 각도			
	0.0	0.05	0.10	0.15
5	29	98	44	84
	30	128	81	100
	20	67	77	63
10	22	35	53	103
	26	80	93	90
	16	29	59	98
15	18	49	58	80
	17	68	103	91
	11	61	128	77
20	38	68	87	86
	31	74	116	113
	221	47	90	81

12장

회귀분석

12.1 회귀분석의 개념

이·공학 분야에서의 실험이나 사회과학 분야에서의 조사결과를 분석하고자 할 경우, 상호 관련된 변수들 사이에 성립하는 수학적 함수관계를 찾고자 할 경우가 있다. 예를 들어 새로 개발된 항생제를 동물에게 주사하여 그 반응 정도를 조사할 경우, 동물의 크기, 무게, 건강정도 및 주사제의 양 등에 따라 반응정도는 달리 나타난다. 이때 이들 변수들 사이에 존재하는 관계식을 알 수만 있다면, 최대의 반응효과를 얻기 위하여 필요한 가장 적절한 항생제 양은 어느 정도인가를 예측할 수 있을 것이다. 또 다른 예를 들면, 철사를 생산하는 공장에서 필요한 만큼의 인장강도를 갖는 철사를 생산하려고 한다. 그 공정에서 쇳물을 끓일 때의 온도, 단련시킬 때의 압력 등 여러 가지의 변수가 생산되는 철사의 인장강도에 영향을 미칠 것이다. 이러한 경우에도 역시 이들 변수와 인장강도 사이에 성립되는 관계식을 알고 있다면, 여러 가지 목적에 맞는 강도의 철사를 생산하고자 할 경우 그에 영향을 미치는 변수만 알맞게 변화시킴으로써 필요한 강도를 갖는 철사를 생산할 수 있을 것이다.

이번 장에서는 위의 예와 같은 경우에 이들 변수들 간에 존재하는 적절한 관계함수를 설정하고, 이 함수를 추정하기 위하여 어떤 방법을 사용할 수 있으며 추정된 함수가 가지는 의미는 어떠한가에 대하여 살펴볼 것이다. 이와 같이 변수들 간의 함수관계를 설정하고, 설정된 함수에 포함된 미지의 모수들을 추정하며, 추정된 함수식에 대한 타당성을 검토하여 보다 좋은 예측력을 지닌 함수를 찾아가는 일련의 통계적 분석과정을 **회귀분석**(regression analysis)이라고 한다.

위의 예에서 몇 가지의 변수들이 언급되었는데(크기, 무게, 온도, 반응량, 강도 등) 이들은 크게 다음의 두 가지로 나눌 수 있다. 동물의 크기, 무게, 주사량, 온도, 압력 등은 실험자의 목적에 따라서 선택될 수 있다. 또한 반응정도나 인장강도는 실험자의 임의대로 결정될 수 있는 것이 아니고 선택된 독립변수의 양이나 크기에 따라서 달라지는 변수이다. 이 경우 전자에 해당하는 변수를 **독립변수**(independent variable), **설명변수**(explanatory variable) 또는 **예측변수**(predictive variable)라고 하고, 후자에 해당하는 변수를 **종속변수**(dependent variable) 또는 **반응변수**(response variable)라고 한다.

위의 예에서와 같이 하나의 종속변수와 하나 이상의 설명변수들 간의 함수관계를 나타내는 모형을 회귀모형이라고 하며, 크게 선형회귀모형과 비선형회귀모형으로 구분된다. '선형회귀모형'의 선형은 관계함수가 일차식의 형태를 가진다는 것을 의미하는 것인데 이것은 독립변수에 대하여 일차식이라는 의미가 아니고 미지의 모수 즉, 회귀계수에 대하여 일차식임을 의미하므로 주의해야 한다. 우선 다음의 몇 가지 회귀모형을 생각해 보자.

$$Y = \beta_0 + \beta_1 x + \varepsilon \tag{12.1}$$

$$Y = \exp(\beta_0 + \beta_1 \sin x + \varepsilon) \tag{12.2}$$

$$Y = \frac{1}{\beta_0 + \beta_1 x + \beta_2 x^2 + \varepsilon} \tag{12.3}$$

$$Y = \beta_0 \exp(\beta_1 x) + \varepsilon \tag{12.4}$$

식 (12.1)이 선형임을 쉽게 알 수 있다. 식 (12.2)와 식 (12.3)은 선형이 아니다. 그러나 식 (12.2)의 양변에 자연로그(natural logarithm)를 취하면

$$\ln(Y) = \beta_0 + \beta_1 \sin x + \varepsilon$$

와 같이 되어 $\ln(y)$를 종속변수로 $\sin x$를 독립변수로 생각하면 이것 역시 선형임을 알 수 있다.

식 (12.3) 역시 양변에 역수를 취하면

$$\frac{1}{Y} = \beta_0 + \beta_1 x + \beta_2 x^2 + \varepsilon$$

와 같이 되어 $1/Y$를 종속변수로 x와 x^2을 독립변수로 생각하면 역시 선형이 된다. 식 (12.2)와 식 (12.3)과 같이 변수를 변환(transform)함으로써 계수에 관하여 선형으로 바뀔 수 있는 모형을 본질적으로 선형(intrinsically linear)이라고 한다. 그러나 식 (12.4)는 어떠한 변환을 하더라도 선형으로 바꿀 수는 없다. 이와 같은 모형을 비선형이라고 하는데 본 교재에서는 취급하지 않기로 한다.

12.2 단순선형회귀모형

회귀분석에서 독립변수는 실험자에 의해 임의로 조절될 수 있고, 이에 대응하는 종

속변수의 값은 각종 오차가 복합적으로 수반되어 나타나는 것으로 생각한다. 종속변수는 독립변수 x에 의해 결정지어지는 부분과 미지의 오차 ε의 합으로 나타내고 오차항 ε은 측정될 수 없는 확률변수로 생각할 수 있다. 여기서 독립변수에 대응하는 종속변수의 측정값 Y_i는

$$Y_i = \beta_0 + \beta_1 x_i + \varepsilon_i \ , \quad \varepsilon_i \sim N(0, \sigma^2) \text{ 이고 서로 독립 } (i = 1, 2, \cdots, n) \qquad (12.5)$$

로 정의된다. Y_i의 관측값을 y_i로 나타내기로 한다. 위와 같은 독립변수와 종속변수의 관계식을 **단순선형회귀모형(simple linear regression model)**이라고 하며, 회귀모형 중에서 가장 간단한 형태이다. 위의 단순회귀모형은 다음의 표현과 동치이다.

$$E(Y) = E(Y|X = x) = \beta_0 + \beta_1 x$$

단순선형회귀모형에 대한 다음의 예를 생각해 보자.

○ 예제 12-1

어느 대학교 1학년 학생 중에서 10명을 임의추출하여 이들의 대학입학 예비고사 성적과 1학기 말에 받은 통계학 성적을 조사하였더니 다음의 표와 같았다. 예비고사 성적을 X축, 통계학 성적을 Y축으로 하여 산점도를 그려라.

|표 12-1| 예비고사 성적과 통계학 성적

학생	예비고사 성적	통계학 성적
1	308	97
2	280	86
3	295	92
4	300	93
5	287	88
6	270	80
7	283	84
8	260	75
9	290	89
10	275	86

풀이 위와 같은 자료를 분석하고자 할 때는 가장 먼저 산점도를 그려봐야 할 것이다. 1번 학생에 대하여서는 도표상에 $x = 308$, $y = 97$인 점$(308, 97)$을 찍고 2번 학생은 점$(280, 86)$ 등을 표시하면

다음 [그림 12-1]과 같다. 위의 산점도에다 1차식의 직선을 그려서 x(예비고사 성적)와 y(통계학 성적) 사이에 성립하는 관계식을 알고자 하는 경우에 직선 a,b,c,d 중에 어느 것이 좋을까? a와 d는 직선이 자료들 위(아래)로만 지나가기 때문에 좋지 않다는 생각은 쉽게 할 수 있으나, 직선 b와 c 중에서는 어느 것이 좋은지를 가리기가 쉽지 않다. 직선은 절편과 기울기에 의하여 결정되므로 어느 직선이 좋으냐를 결정한다는 것은 모형 (12.1)에서 β_0와 β_1을 어떠한 방법으로 추정하는 것이 좋으냐 하는 문제와 같아진다. 미지의 계수 β를 추정하는 데에는 여러 가지 방법이 있을 수 있으나 수학적으로 계산이 간단하고 통계적 이론이 많이 알려진 방법은 다음 절에서 공부할 최소제곱법(least squares method)이다.

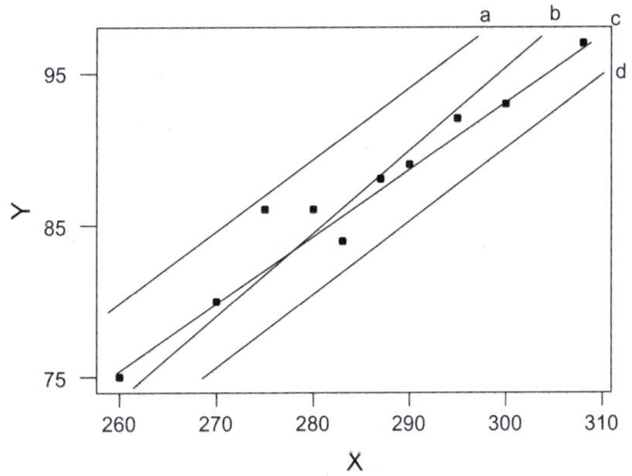

[그림 12-1] 예비고사 성적과 통계학 성적의 관계그림

12.3 최소제곱추정량과 그의 성질

식 (12.5)의 단순회귀모형에서 회귀계수 β_0와 β_1을 추정하는 방법으로 최소제곱법(least square method)을 소개한다. 먼저 오차(ϵ_i)는 다음과 같다.

$$\epsilon_i = y_i - (\beta_0 + \beta_1 x_i), \quad i = 1, 2, \cdots, n$$

최소제곱법은 관측점 (x_i, y_i)들과 가장 근접한 직선식을 찾기 위해 다음과 같이 정의되는 오차제곱합

$$Q = Q(\beta_0, \beta_1) = \sum_{i=1}^{n} (y_i - \beta_0 - \beta_1 x_i)^2$$

을 최소로 하는 β_0와 β_1을 찾아, 이를 회귀계수의 추정치로 이용하는 방법이다. 이는 오차제곱합 Q를 β_0와 β_1에 대해 편미분한 결과를 영(0)으로 하는 해이다. 편미

분식은 다음과 같이 주어진다.

$$\frac{\partial Q}{\partial \beta_0} = \frac{\partial}{\partial \beta_0}\sum(y_i - \beta_0 - \beta_1 x_i)^2 = -2\sum(y_i - \beta_0 - \beta_1 x_i)$$

$$\frac{\partial Q}{\partial \beta_1} = \frac{\partial}{\partial \beta_1}\sum(y_i - \beta_0 - \beta_1 x_i)^2 = -2\sum x_i(y_i - \beta_0 - \beta_1 x_i)$$

위 식을 0으로 하는 해를 b_0, b_1이라고 할 때, 위 식은 다음과 같다.

$$nb_0 + b_1\sum x_i = \sum y_i \tag{12.6}$$

$$b_0\sum x_i + b_1\sum x_i^2 = \sum x_i y_i \tag{12.7}$$

정규방정식(normal equation)으로도 불리는 위 방정식의 해는 다음과 같이 주어진다.

$$b_1 = \frac{\sum(x_i - \bar{x})(y_i - \bar{y})}{\sum(x_i - \bar{x})^2} = \frac{s_{xy}}{s_{xx}}$$

$$b_0 = \bar{y} - b_1\bar{x}$$

s_{xx}와 s_{xy}가 다음과 같이 정의된다.

$$s_{xx} = \sum(x_i - \bar{x})^2 = \sum x_i^2 - \frac{(\sum x_i)^2}{n}$$

$$s_{xy} = \sum(x_i - \bar{x})(y_i - \bar{y}) = \sum x_i y_i - \frac{(\sum x_i)(\sum y_i)}{n}$$

따라서 적합된(또는 추정된) 회귀직선은

$$\begin{aligned}\hat{y} &= b_0 + b_1 x \\ &= (\bar{y} - b_1\bar{x}) + b_1 x \\ &= \bar{y} + b_1(x - \bar{x})\end{aligned} \tag{12.8}$$

로 얻어진다. 식 (12.8)을 보면 회귀직선은 점 $(\bar{x}, \bar{y})$를 반드시 지나감을 알 수 있다. 추정된 회귀직선 $\hat{y} = b_0 + b_1 x$ 는 $E(Y) = \beta_0 + \beta_1 x$에 대한 추정식임에 유의하기 바란다.

○ 예제 12-2

최소제곱법을 이용하여 [표 12-1]의 자료에 대해 단순회귀모형을 적합하여라.

풀이 자료로부터 다음 표의 결과를 얻을 수 있다.

	x	y	x^2	y^2	xy
	308	97	94864	9409	29876
	280	86	78400	7396	24080
	295	92	87025	8464	27140
	300	93	90000	8649	27900
	287	88	82369	7744	25256
	270	80	72900	6400	21600
	283	84	80089	7056	23772
	260	75	67600	5625	19500
	290	89	84100	7921	25810
	275	86	75625	7396	23650
합	2848	870	812972	76060	248584

식 (12.7)을 이용하면

$$b_1 = \frac{248584 - 2848 \times 870/10}{812972 - (2848)^2/10} = 0.434,$$

$$b_0 = \frac{870}{10} - 0.434 \times \frac{2848}{10} = -36.6$$

이다. 따라서 추정된 회귀직선은

$$\hat{y} = -36.6 + 0.434x$$

로 얻어진다.

이렇게 최소제곱법에 의한 추정된 회귀직선은 얼마나 자료를 잘 나타낸다고 할 수 있을까? 즉, 관측값과 예측값의 차이 $e_i = y_i - \hat{y}_i$를 **잔차(residual)**라고 한다(이는 오차 ϵ_i의 추정치로 사용된다). 이들 잔차의 제곱합을 SSE로 표시하고 오차제곱합(error sum of squares) 또는 이를 잔차제곱합(residual sum of squares)이라고 한다. 이 잔차제곱합 SSE를 자유도 $n-2$(관측횟수−회귀계수의 개수)로 나눈 값을 잔차평균제곱(residual mean squares)이라고 하고 MSE로 표시한다. MSE는 σ^2의 불편추정량(unbiased estimator)이다.

$$SSE = \sum_{i=1}^{n} e_i^2 = \sum_{i=1}^{n} (y_i - \hat{y_i})^2 \tag{12.9}$$

$$MSE = \frac{1}{n-2} SSE = \frac{1}{n-2} \sum_{i=1}^{n} (y_i - \hat{y_i})^2 \tag{12.10}$$

○ 예제 12-3

[예제 12-2]에서 구한 회귀직선을 이용하여 SSE와 MSE를 구하여라.

풀이 [예제 12-2]에서 구한 회귀직선

$$\hat{y} = -36.6 + 0.434x$$

를 이용하여 각 학생들의 기댓값을 구하고, 이때의 오차 및 제곱을 구하면 다음 표와 같다.

	x	y	$\hat{y}$	e	e^2
	308	97	97.0696	−0.0696	0.0048
	280	86	84.9166	1.0834	1.1737
	295	92	91.4272	0.5728	0.3281
	300	93	93.5973	−0.5973	0.3568
	287	88	87.9459	0.0451	0.0020
	270	80	80.5763	−0.5763	0.3321
	283	84	86.2187	−2.2187	4.9228
	260	75	76.2359	−1.2359	1.5275
	290	89	89.2570	−0.2570	0.0660
	275	86	82.7465	3.2536	10.5856
합				0.0	19.30

따라서 $SSE = 19.3$, $MSE = 19.3/(10-2) = 2.4175$이고, σ^2의 불편추정량은 MSE와 같으므로 2.4175이다.

식 (12.5)에서 오차항은 평균 0, 분산 σ^2인 정규분포를 한다고 가정하였는데, 이를 산점도와 회귀직선을 함께 그린 [그림 12-2]를 이용하여 설명하자.

[그림 12-2]에서 종축은 통계학 성적이다. 예비고사 성적과 통계학 성적 사이에 존재하는 정확한 관계를 구한다는 것은 불가능하다. 그러나 우리는 그 관계가 일차식의 직선으로 표시되리라는 가설하에서 관측된 자료(10개의 점들)를 이용하여 회귀직선을 구한 것이다. 따라서 예비고사 성적이 270점인 학생은 통계학 성적이 80.6점이라고 추측하고 이 점수에 오차가 없기(평균이 0)를 기대한다. 그러나 그 학생이

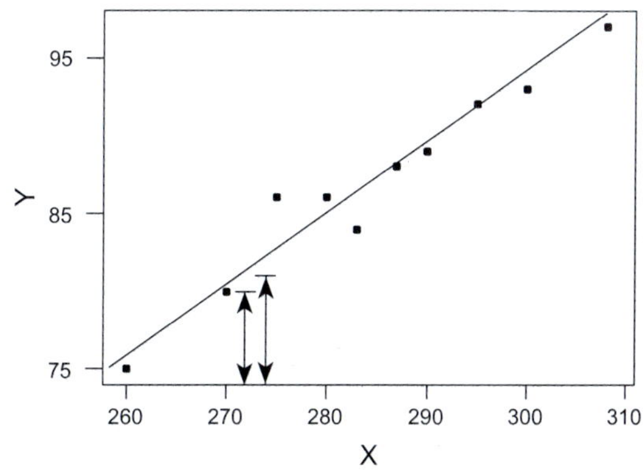

|그림 12-2| 산점도와 회귀직선

받은 점수는 80점으로서 −0.6만큼의 오차가 생긴 것이다. 즉, 평균이 0인 오차들의 모집단에서 뽑힌 표본의 값이 −0.6이었다.

예비고사 성적이 270점인 다른 학생의 통계학 성적은 어떠할까? 아마도 80.6점을 기준으로 하여 약간 높거나, 약간 낮을 것이다. 하지만 100점이라거나 30점이리라고 기대하기는 그 확률이 너무나 낮을 것이다. 그러면 예비고사 성적이 270점인 학생의 통계학 성적이 85점 이내일 확률을 계산할 수 있을까? 오차항이 정규분포를 한다는 가정을 하였으므로 σ^2을 이용하여 위의 확률을 계산할 수 있다.

회귀계수에 대한 추론

임의 추출된 10명의 학생들의 성적을 자료로 하여 [예제 12-2]에서와 같이 회귀직선을 구하였는데, 다른 10명의 학생들이 표본추출되었다고 하더라도 똑같은 회귀직선이 구해질 것인가? 다르다면 어느 정도의 차이가 있을까? 이러한 질문에 답을 하기 위해서는 앞에서 구한 β_0와 β_1의 추정치 b_0와 b_1의 분포를 알아야 한다. 앞 절에서 구한 b_1을 다음과 같이 표시해 보자.

$$b_1 = \frac{\sum(x_i - \bar{x})(y_i - \bar{y})}{S_{xx}}$$

$$= \frac{\sum(x_i - \bar{x})y_i}{S_{xx}} - \frac{\bar{y}\sum(x_i - \bar{x})}{S_{xx}}$$

$$= \sum\frac{(x_i - \bar{x})}{S_{xx}}y_i$$

x는 그 값이 고정된 상수이다. 식 (12.5)로부터 Y의 평균과 분산 및 그의 분포를 구하여 보자. β_0와 β_1은 미지의 상수이다. 따라서

$$E(Y)=E(\beta_0+\beta_1 x+\varepsilon)=\beta_0+\beta_1 x+E(\varepsilon)=\beta_0+\beta_1 x$$

$$Var(Y)=Var(\beta_0+\beta_1 x+\varepsilon)=Var(\varepsilon)=\sigma^2$$

이 된다. 또한 Y는 상수 $(\beta_0+\beta_1 x)$에 정규분포를 따르는 확률변수(ε)를 더한 종속변수이다. 따라서 Y는 평균 $\beta_0+\beta_1 x$, 분산 σ^2인 독립인 정규분포를 따름을 알 수 있다. 따라서 b_1은 독립인 정규분포를 갖는 변수(Y)들의 일차 결합으로 표시되었으므로 이 역시 정규분포를 따름을 알 수 있다. 그러면 b_0와 b_1의 평균과 분산을 구해 보자.

$$\begin{aligned}
E(b_1) &= E\left(\sum_{i=1}^{n}\frac{(x_i-\overline{x})}{S_{xx}}Y_i\right) \\
&= \sum_{i=1}^{n}\frac{(x_i-\overline{x})}{S_{xx}}E(Y_i) \\
&= \sum_{i=1}^{n}\frac{(x_i-\overline{x})}{S_{xx}}(\beta_0+\beta_1 x_i) \\
&= \beta_0\frac{\sum(x_i-\overline{x})}{S_{xx}}+\beta_1\sum_{i=1}^{n}\frac{(x_i-\overline{x})}{S_{xx}}x_i \\
&= \beta_1\sum_{i=1}^{n}\frac{(x_i-\overline{x})^2}{S_{xx}}=\beta_1
\end{aligned}$$

$$\begin{aligned}
Var(b_1) &= Var\left(\sum_{i=1}^{n}\frac{(x_i-\overline{x})}{S_{xx}}Y_i\right) \\
&= \sum_{i=1}^{n}\left(\frac{x_i-\overline{x}}{S_{xx}}\right)^2 Var(Y_i) \\
&= \frac{\sum(x-\overline{x})^2}{S_{xx}^2}\sigma^2=\frac{\sigma^2}{S_{xx}}
\end{aligned}$$

즉, b_1은 평균이 β_1, 분산이 σ^2/S_{xx}인 정규분포를 따른다. 그런데 σ^2의 불편추정

량이 MSE임은 앞에서 공부하였으므로 다음의 통계량이 t 분포를 따른다는 것은 쉽게 이해할 수 있을 것이다.

$$\frac{b_1 - \beta_1}{\sqrt{\dfrac{MSE}{S_{xx}}}} \sim t(n-2) \tag{12.11}$$

b_0 역시 정규분포를 따르는데, 평균과 분산은 다음과 같다.

$$\begin{aligned} E(b_0) &= E(\overline{Y} - b_1\overline{x}) = E(\overline{Y}) - \overline{x}E(b_1) \\ &= \beta_0 + \beta_1 x - x\beta_1 = \beta_0 \end{aligned}$$

$$\begin{aligned} Var(b_0) &= Var(\overline{Y} - b_1\overline{x}) \\ &= Var(\overline{Y}) + \overline{x}^2 Var(b_1) - 2\overline{x}\,Cov(\overline{Y}, b_1) \\ &= \frac{\sigma^2}{n} + \overline{x}^2 \frac{\sigma^2}{S_{xx}} - 2\overline{x}\,Cov(\overline{Y}, b_1) \end{aligned}$$

그런데 $Cov(\overline{Y}, b_1) = 0$임을 보일 수 있으므로(구체적인 증명은 생략함)

$$Var(b_0) = \left(\frac{1}{n} + \frac{\overline{x}^2}{S_{xx}}\right)\sigma^2$$

임을 알 수 있다. b_1과 마찬가지로 b_0에 관한 다음의 통계량 역시 t 분포를 따른다.

$$\frac{b_0 - \beta_0}{\sqrt{MSE\left(\dfrac{1}{n} + \dfrac{\overline{x}^2}{S_{xx}}\right)}} \sim t(n-2) \tag{12.12}$$

○ 예제 12-4

다음 표의 자료를 이용하여 산점도를 그려보았더니 x와 y 사이에 강한 직선의 관계가 예측되어서 $y = \beta_0 + \beta_1 x + \varepsilon$의 모형을 세웠다. 다음을 답하여라.

(1) β_0와 β_1의 추정치 b_0와 b_1을 구하여라.

(2) b_0와 b_1의 95% 신뢰구간을 구하여라.

x	y	x	y	x	y
2.6	25.58	2.8	27.12	2.8	26.61
2.9	26.86	2.9	27.40	2.9	26.62
2.9	27.73	3.0	27.39	3.0	27.57
3.0	28.03	3.0	27.62	3.4	28.96
3.4	28.63	3.6	28.92	3.7	28.66
3.9	29.43	3.9	29.94		

풀이 (1) $\sum x = 53.7$, $\sum x^2 = 172.27$, $\sum y = 473.07$

$\sum xy = 1501.254$

$S_{xx} = 172.27 - (53.7)^2/17 = 2.641$

$S_{xy} = 1501.254 - 53.7 \times 473.07/17 = 6.909$

$b_1 = 6.909/2.641 = 2.616$

$b_0 = 473.07/17 - 2.616 \times 53.7/17 = 19.564$

따라서 구하는 회귀직선은

$$\hat{y} = 19.564 + 2.616x$$

이다. 이 회귀직선에 의한 잔차제곱합과 잔차평균제곱은 식 (12.9)와 식 (12.10)에 의하여

$$SSE = 2.731, \quad MSE = 2.731/(17-2) = 0.182$$

와 같이 얻어진다.

(2) $t_{0.025}(15) = 2.131$이므로

$$\frac{|b_0 - \beta_0|}{\sqrt{MSE\left(\frac{1}{n} + \frac{\bar{x}^2}{s_{xx}}\right)}} = \frac{|19.564 - \beta_0|}{\sqrt{0.182\left(\frac{1}{17} + \frac{9.978}{2.641}\right)}} < 2.131$$

과

$$\frac{|b_1 - \beta_1|}{\sqrt{\frac{MSE}{S_{xx}}}} = \frac{|2.616 - \beta_1|}{\sqrt{\frac{0.182}{2.641}}} < 2.131$$

로부터 β_0와 β_1의 95% 신뢰구간은 다음과 같다.

$$17.783 < \beta_0 < 21.345, \quad 2.057 < \beta_1 < 3.175$$

E(Y)에 대한 추론

단순회귀모형 $Y = \beta_0 + \beta_1 x + \varepsilon$에서 ε은 평균 0, 분산 σ^2인 정규분포를 따른다고 가정하였으므로 $E(Y) = \beta_0 + \beta_1 x$이고 그의 추정량으로는 앞에서 공부한 것과 같이 $\hat{y} = b_0 + b_1 x$을 사용하였는데, 그의 분포를 생각해 보자. b_0와 b_1은 각각 $y_1, y_2, y_3, \cdots$들의 일차 결합으로 표시되었다. 따라서 $\hat{y} = b_0 + b_1 x$ 역시 $y_1, y_2, y_3, \cdots$들의 일차 결합으로 표시할 수 있으므로 정규분포에 따름을 쉽게 알 수 있을 것이다. 그러면 그의 평균과 분산을 구해 보자.

$$E(\hat{Y}) = E(b_0 + b_1 x) = E(b_0) + xE(b_1) = \beta_0 + \beta_1 x$$

분산은 $b_0 = \overline{y} - b_1 \overline{x}$을 이용하면, $Cov(\overline{Y}, b_1) = 0$이므로,

$$\begin{aligned} Var(\hat{Y}) &= Var(b_0 + b_1 x) = Var(\overline{Y} + (x - \overline{x}) b_1) \\ &= Var(\overline{Y}) + (x - \overline{x})^2 \, Var(b_1) + 2(x - \overline{x}) \, Cov(\overline{Y}, b_1) \\ &= \frac{\sigma^2}{n} + (x - \overline{x})^2 \frac{\sigma^2}{S_{xx}} \end{aligned}$$

이다.

σ^2의 불편추정량은 MSE임을 이미 알고 있으므로 $E(Y) = \beta_0 + \beta_1 x$에 대한 검정통계량 역시 t 분포를 따른다.

$$\frac{(b_0 + b_1 x) - (\beta_0 + \beta_1 x)}{\sqrt{MSE\left(\dfrac{1}{n} + \dfrac{(x - \overline{x})^2}{S_{xx}}\right)}} \sim t(n-2) \tag{12.13}$$

○ 예제 12-5

[예제 12-4]에서 $x = 3.6$으로 주어졌을 때 y의 평균값을 추정하고 그의 95% 신뢰구간을 구하여라.

풀이 [예제 12-4]의 풀이에서 다음과 같은 계산결과를 얻었다.

$$\hat{y} = 19.564 + 2.616x$$

$$MSE = 0.182,\ \bar{x} = 53.7/17, S_{xx} = 2.641$$

따라서 $x = 3.6$일 때의 y의 평균값은 $E(Y) = 19.564 + 2.616 \times 3.6 = 28.982$이고

$$\sqrt{MSE\left(\frac{1}{n} + \frac{(3.6 - \bar{x})^2}{S_{xx}}\right)} = 0.155$$

$$t = (0.025, 15) = 2.131$$

따라서 $E(Y)$의 95% 신뢰구간은

$$28.98 \pm 2.131 \times 0.155 = (28.65,\ 29.31)$$

이다. x의 값이 2.5부터 4.0까지 변할 때의 신뢰구간을 계산하여 이를 회귀직선과 함께 그려보면 [그림 12-3]과 같다.

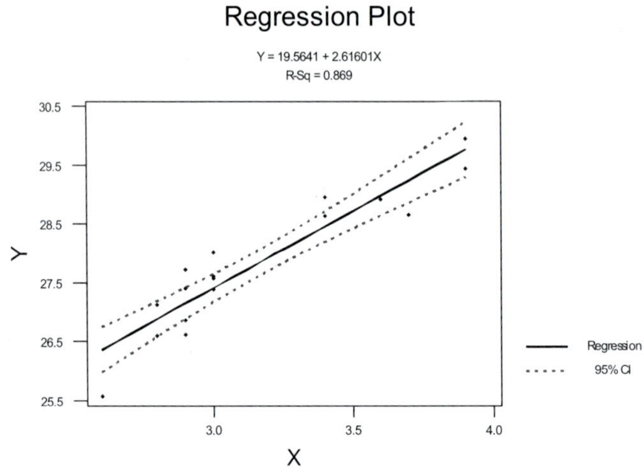

[그림 12-3] $E(Y)$에 대한 95% 신뢰구간

위 그림에서 우리가 조심해야 할 점은 신뢰구간의 상한과 하한이 회귀직선에 평행하지 않다는 것이다. 이것은 식 (12.17)에서도 알 수 있는 것처럼 x에서 $E(Y)$의 분산은 x값이 $\bar{x}$로부터 멀어질수록 증가하기 때문이다.

이제까지 우리는 자료에서 관측된 x 영역에서 x가 주어졌을 때의 Y의 기댓값 $E(Y)$에 대하여 공부하였다. 그러면 관측된 x 영역 밖의 새로운 x_i가 주어졌을 때 y_i(하나의 관측값)는 어떻게 예측하며, 그의 신뢰구간은 어떻게 구할 수 있는지 또 $E(Y)$의 그것과는 어떻게 다른지 알아보자. 우리가 가정한 단순선형회귀모형은 식 (12.5)와 같이 $Y = \beta_0 + \beta_1 x + \varepsilon$이었다.

$E(Y)$를 구할 때에는 ε역시 평균을 취했기 때문에 $E(Y) = b_0 + b_1 x$로 추정되었으나, 하나에 관찰점 y_i를 추정할 때에는 ε이 존재하기 때문에 그의 평균은 $E(Y)$와 같

지만 분산은 ε_i로부터 얻어지는 것만큼 커지게 된다. y와 $E(Y)$를 잘 구별해야 한다.

$$Var(Y_i) = Var(b_0 + b_1 x_i + \varepsilon_i) = Var(b_0 + b_1 x_i) + Var(\varepsilon_i)$$

$$= \frac{\sigma^2}{n} + (x_i - \bar{x})^2 \frac{\sigma^2}{S_{xx}} + \sigma^2$$

따라서 새로운 x_i가 주어졌을 때 평균값 $E(Y)$가 아닌 하나의 관측값 y_i에 대하여

$$\frac{b_0 + b_1 x_i - y_i}{\sqrt{MSE\left(1 + \frac{1}{n} + \frac{(x_i - \bar{x})^2}{S_{xx}}\right)}} \sim t(n-2) \tag{12.14}$$

가 성립함을 알 수 있다.

○ 예제 12-6

[예제 12-4]에서 x의 값이 3.2로 주어졌을 때, 하나의 관측값 y를 구하고 그의 95% 신뢰구간을 구하여라.

풀이 [예제 12-5]에서의 계산결과를 이용하면, $\hat{y} = 27.935$

$$\sqrt{MSE\left(1 + \frac{1}{n} + \frac{(3.2 - \bar{x})^2}{S_{xx}}\right)} = 0.454$$

따라서 하나의 관측치 y에 대한 95% 신뢰구간은 다음과 같다.

$$27.94 \pm 2.131 \times 0.454 = (26.97,\ 28.91)$$

12.4 회귀모형에 대한 검정

이제까지 우리는 주어진 자료에 대하여 모형을 일차식으로 가정하고 그의 계수, $E(Y)$, y들의 추정치 및 신뢰구간 등을 계산하였다. 그러나 이러한 것들은 우리가 가정한 모형이 바람직한 모형인 경우에만 의미가 있는 것이지, 모형이 바람직하지 않을 경우 이러한 추정량은 아무런 의미를 갖지 못한다. 따라서 우리가 세운 모형으로서 주어진 자료를 충분히 잘 설명할 수 있다는 것을 검정할 수 있어야 한다.

종속변수의 관측값 y와 그의 평균 $\bar{y}$의 차이는 다음의 항등식에서처럼 2개의 편차의 합으로 표시된다.

$$y_i - \bar{y} = (y_i - \hat{y}_i) + (\hat{y}_i - \bar{y}) \tag{12.15}$$

분산 σ^2을 추정할 때 오차의 추정량인 잔차(e)를 이용하였는데, 이는 위 식의 우변 첫째 항이 된다. 두 번째 항은 회귀모형에 의한 추정치($\hat{y}$)로부터의 편차이다. 모든 관측점에 대해서 식 (12.15)의 양변을 제곱하여 더해 주면

$$\sum_{i=1}^{n}(y_i - \bar{y})^2 = \sum_{i=1}^{n}(y_i - \hat{y})^2 + \sum_{i=1}^{n}(\hat{y} - \bar{y})^2 + 2\sum_{i=1}^{n}(y_i - \hat{y}_i)(\hat{y}_i - \bar{y})$$

이 되는데 $\sum_{i=1}^{n}(y_i - \hat{y}_i)(\hat{y}_i - \bar{y}) = 0$임을 보일 수 있으므로 다음의 식이 성립한다.

$$\sum_{i=1}^{n}(y_i - \bar{y})^2 = \sum_{i=1}^{n}(y_i - \hat{y}_i)^2 + \sum_{i=1}^{n}(\hat{y}_i - \bar{y})^2 \tag{12.16}$$

$$SST = SSE + SSR \tag{12.17}$$

위 식의 좌변을 총제곱합(total sum of squares)이라고 하고, 우변 두 번째 항을 회귀제곱합(regression sum of squares)이라고 한다. 첫째 항을 잔차제곱합(error sum of squares)이라고 하며, 이들 제곱합의 자유도(degree of freedom)는 다음과 같이 구한다.

총제곱합의 자유도 : 관측값의 수 $- 1 = n - 1$

회귀제곱합의 자유도 : 계수의 수 $- 1 = 2 - 1 = 1$ (계수는 β_0, β_1, 2개)

잔차제곱합의 자유도 : 총제곱합의 자유도 − 회귀제곱합의 자유도

$= (n-1) - 1 = n - 2$

따라서 다음과 같은 분산분석표를 얻는다.

|표 12-3| 단순회귀모형에서의 분산분석표

요인	자유도	제곱합	평균제곱합	F
회귀식	1	$SSR = \sum(\hat{y} - \bar{y})^2$	$MSR = \dfrac{SSR}{1}$	$\dfrac{MSR}{MSE}$
잔차	$n-2$	$SSE = \sum(y - \hat{y})^2$	$MSE = \dfrac{SSE}{n-2}$	
총합	$n-1$	$SST = \sum(y - \bar{y})^2$		

위 표에서 SSR은 다음처럼 간편히 계산할 수도 있다.

$$SSR = \sum(\hat{y} - \bar{y})^2 = \sum(\bar{y} + b_1(x - \bar{x}) - \bar{y})^2$$
$$= b_1^2 S_{xx} = \frac{S_{xy}^2}{S_{xx}}$$

우리가 세운 회귀직선에서 일차항의 계수 β_1이 0이면 주어진 자료를 설명하기에는 회귀직선이 적당치 못함을 의미하는 것이다. 따라서 다음의 가설을 검정할 필요가 있다.

$$H_0 : \beta_1 = 0 \quad vs \quad H_1 : \beta_1 \neq 0$$

물론 이 가설은 12.3절에서처럼 β_1의 신뢰구간을 구함으로써 검정될 수도 있다. 그러나 위의 분산분석표로부터

$$F = \frac{MSR}{MSE} \tag{12.18}$$

를 이용하여서도 H_0를 검정할 수 있다. 즉, 회귀식이 자료를 잘 설명한다면 잔차는 작아질 것이고 식 (12.17)의 관계로부터 SSR은 늘어나게 된다. 따라서 식 (12.18)의 분자인 MSR은 커지고, 반면 MSE는 작아져서 F 값이 커지게 된다. 그러므로 회귀식이 의미가 없다는 귀무가설은

$$F > F_\alpha(1, n-2)$$

이면 기각된다. 즉, 우리가 세운 모형으로서 자료의 설명이 충분하다는 결론을 내릴 수 있다. 이것은 t 분포와 F 분포 사이의 관계를 기억하면 이것은 쉽게 이해할 수 있을 것이다. 회귀식이 자료를 충분히 잘 설명하면 SSR의 값이 어떤 성질을 가질까?

$$R^2 = \frac{SSR}{SST} \tag{12.19}$$

식 (12.19)는 **결정계수(coefficient of determination)**라고 하며, 이는 관측된 자료의 전체 변동량 중에서 추정된 회귀직선에 의하여 설명되는 비율을 나타낸다. 즉, 추정된 회귀선의 정도(precision)를 나타낸다. 산점도의 관측점들이 모두 하나의 직

선 위에 놓여 있다면 $SSE=0$이므로 $SSR=SST-SSE=SST$가 성립하여 $R^2=1$이 된다. 따라서 R^2의 값이 클수록 바람직한 회귀선을 나타낸다. 이처럼 결정계수 R^2 역시 회귀식의 적합도를 측정하는 또 하나의 척도가 된다.

특히, 독립변수가 한 개인 단순선형회귀모형의 경우에는 독립변수 X와 종속변수 Y 사이의 상관계수(correlation coefficient)의 제곱과 같다.

○ 예제 12-7

[예제 12-4]의 자료를 이용하여

(1) 분산분석표를 작성하여 회귀선의 유의성을 유의수준 5%에서 검정하여라.

(2) 결정계수를 구하여라.

풀이 (1)

$$SST=\sum(y-\bar{y})^2=\sum y^2-(\sum y)^2/n=20.805$$
$$SSR=[S_{xy}]^2/S_{xx}=6.909^2/2.641=18.074$$
$$SSE=SST-SSR=2.731$$

이므로 다음과 같은 분산분석표를 얻는다.

|표 12-4| [예제 12-7]의 분산분석표

요인	자유도	제곱합	평균제곱합	F
회귀식	1	18.074	18.074	99.31
잔차	15	2.731	0.182	
총합	16	20.805		

F값은 $F_{0.05}(1, 15)=4.543$보다 크므로 [예제 12-4]에서 구한 회귀식으로 주어진 자료를 충분히 설명할 수 있다는 결론을 내릴 수 있다.

(2) 결정계수는 $R^2=SSR/SST=18.074/20.806=0.869$이다. 즉, 총제곱합의 86.9%가 회귀제곱합에 의해 설명된다.

12.5 중회귀분석

우리는 이제까지 독립변수의 개수가 하나인 경우에 대하여 공부하였다. 하지만 실제의 실험이나 조사를 시행하였을 때 이처럼 독립변수가 하나인 경우는 그다지 많지 않을 것이다. 다음의 예제를 함께 생각하여 보기로 하자.

○ 예제 12-8

모 화장품 회사에서 새로운 영양크림을 개발하였다. 이 크림을 15군데의 지역 대리점을 통하여서만 시험판매 하였다. 판매량은 관할 구역 내의 주민수와 주민들의 평균 수입에 좌우되리라는 생각을 본사의 영업부장이 하고 있어서 이에 대한 자료를 조사·정리하여 다음의 [표 12-5]을 얻었다.

24개들이 상자의 월간 판매량이 종속변수 y이고, 주민수는 첫 번째 독립변수로 x_1, 단위는 1,000명, 평균 수입은 두 번째 독립변수로 x_2, 단위는 천 원이다.

[표 12-5]의 자료를 이용하여 중회귀분석을 설명하자. 먼저 y를 x_1과 x_2의 회귀식으로 모형을 세우면 단순회귀식에서와 같이

$$y = \beta_0 + \beta_1 x_1 + \beta_2 x_2 + \varepsilon \tag{12.20}$$

가 된다. 오차항 ε에 대한 가정은 앞에서와 같이 서로 독립이며 동일한 정규분포 $N(0, \sigma^2)$을 따르는 것으로 하여야 분신분석을 이용하여 구하게 될 회귀식의 유의성을 검정할 수 있다.

[표 12-5] 화장품 판매 자료

대리점	판매량	주민수	월평균 수입
1	162	274	245
2	120	180	325
3	223	375	380
4	131	205	284
5	67	86	235
6	169	265	378
7	81	98	301
8	192	330	245
9	116	195	214
10	55	53	256
11	252	430	402
12	232	372	443
13	144	236	266
14	103	157	209
15	212	370	261

먼저 12.3절에서 공부한 최소제곱법을 적용하여 계수 β들을 추정해 보자. 오차에 의한 제곱합 Q는

$$Q = \sum(y - \beta_0 - \beta_1 x_1 - \beta_2 x_2)^2 \tag{12.21}$$

이므로 이를 $\beta_0, \beta_1, \beta_2$에 대하여 각각 편미분하고 그 값을 0으로 하는 근을 각각 b_0, b_1, b_2라고 하여 정리하면 다음의 정규방정식을 얻는다.

$$nb_0 + b_1\sum x_1 + b_2\sum x_2 = \sum y \tag{12.22}$$

$$b_0\sum x_1 + b_1\sum x_1^2 + b_2\sum x_1 x_2 = \sum x_1 y \tag{12.23}$$

$$b_0\sum x_2 + b_1\sum x_1 x_2 + b_2\sum x_2^2 = \sum x_2 y \tag{12.24}$$

위의 방정식은 세 개의 미지수를 갖는 일차 연립방정식이다. 이를 풀면

$$b_0 = 3.405,\ \ b_1 = 0.496,\ \ b_2 = 0.092$$

이므로 적합된 회귀식은

$$\hat{y} = 3.405 + 0.496x_1 + 0.092x_2$$

이다. 분산분석표를 위한 제곱합은

$$SSE = \sum(y - \hat{y})^2 = 56.456$$

$$SST = \sum(y - \overline{y})^2 = 53901.6$$

$$SSR = \sum(\hat{y} - \overline{y})^2 = 53845.144$$

이므로 다음의 분산분석표를 얻을 수 있다.

|표 12-6| [예제 12-8]의 중회귀모형에서의 분산분석표

요인	자유도	제곱합	평균제곱합
회귀식	2	53845.144	26922.572
잔차	12	56.456	4.705
계	14	53901.600	

위의 회귀식이 통계적으로 유의성을 갖는지에 대한 귀무가설과 대립가설은 다음과 같다.

$$H_0 : \beta_1 = \beta_2 = 0 \qquad \text{vs} \qquad H_1 : \beta_1, \beta_2 \text{ 가 모두 0은 아니다.}$$

귀무가설은 분산분석표로부터 F값을 구하여 검정할 수 있다. 여기서 F검정은 β_1이나, β_2 중 어느 하나가 0이라는 가설을 검정하는 것이 아니고 모두 0인가(이 경우 회귀식은 바람직한 의미를 갖지 못한다.)를 검정하는 것임에 유의하여야 한다.

$$F = MSR / MSE = 26922.572 / 4.705 = 5722.564$$

이므로 $F_{0.01}(2, 12) = 6.93$보다 훨씬 크다. 따라서 우리가 구한 회귀식으로 자료를 충분히 설명할 수 있음을 알 수 있다. $\beta_1 = 0$ 또는 $\beta_2 = 0$에 대한 가설검정은 t 분포를 이용하여 구할 수 있다.

12.6 R 실습

예제 12-1 단순회귀모형

```
> pre_exam <- c(308, 280, 295, 300, 287, 270, 283, 260, 290, 275)
> exam <- c(97, 86, 92, 93, 88, 80, 84, 75, 89, 86)
> lm.out = lm(exam ~ pre_exam)
> summary(lm.out)

Call:
lm(formula = exam ~ pre_exam)

Residuals:
    Min      1Q  Median      3Q     Max
-2.2187 -0.5921 -0.1633  0.4409  3.2535

Coefficients:
            Estimate Std. Error t value Pr(>|t|)
(Intercept)  -36.613     10.264  -3.567  0.00732 **
```

```
pre_exam         0.434       0.036   12.057 2.07e-06 ***
---
Signif. codes:  0 '***' 0.001 '**' 0.01 '*' 0.05 '.' 0.1 ' ' 1

Residual standard error: 1.553 on 8 degrees of freedom
Multiple R-squared:  0.9478, Adjusted R-squared:  0.9413
F-statistic: 145.4 on 1 and 8 DF,  p-value: 2.068e-06
```

해석 추정된 회귀식은 $\widehat{exam} = -36.613 + 0.434 \times (pre - exam)$이다. 결정계수는 0.9478로 추정된 회귀식의 설명력이 94.78%임을 나타낸다.

산점도 상에 추정된 회귀선을 그리면 다음과 같다

```
> plot(exam ~ pre_exam)
> abline(lm.out)
```

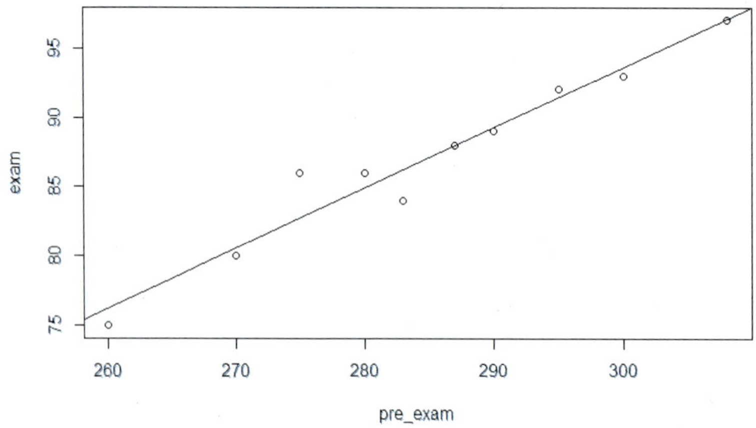

연습문제

1 어느 지역의 강우량과 공기오염도를 조사하여 다음의 자료를 얻었다. 독립변수와 종속변수를 지정하고 그에 따른 회귀모형을 구하여라.

강우량(cm)	오염도(ppm)
4.3	126
4.5	121
5.9	116
5.6	118
6.1	114
5.2	118
3.8	132
2.1	141
7.5	108

2 대학 일학년 학생들의 키와 몸무게를 조사하여 다음의 자료를 얻었다. 산점도를 그리고 모형의 적당한 회귀선을 구하여라.

키	159	163	168	172	164	178	168	181	165	170	165	163
몸무게	68	74	73	81	72	75	73	78	72	65	59	76

3 다음의 자료에 대하여

x	1.0	1.1	1.2	1.3	1.3	1.5	1.6	1.4	1.5	1.8	1.7	1.6	1.7
y	8.3	7.9	8.4	7.5	8.3	9.2	7.6	8.2	9.0	9.9	8.7	7.8	8.1

(1) $y = \beta_0 + \beta_1 x$의 회귀선을 구하여라.

(2) β_0와 β_1의 95% 신뢰구간을 구하여라.

(3) $x = 1.5$ 일 때의 $E(Y)$에 대한 95% 신뢰구간을 구하여라.

4 회귀분석 문제에서 모형을 $y = \beta_0 + \beta_1 x + \varepsilon$로 세우고 다음의 계산결과가 주어졌다.

$$n = 30, \quad \sum x = 60, \quad \sum y = 30, \quad \sum (x - \overline{x})^2 = 10$$

$$\sum (y - \overline{y})^2 = 160, \quad \sum (x - \overline{x})(y - \overline{y}) = -30, \quad \sum (y - \hat{y}) = 70$$

(1) 회귀선을 추정하여라.

(2) 오차항의 분산 σ^2을 추정하여라.

(3) 귀무가설 H_0: $\beta_1 = 0$을 5%의 유의수준에서 검정하여라.

(4) r^2(결정계수)을 구하고 그 의미를 말하여라.

5 다음의 자료에 대하여 $y = \beta_0 + \beta_1 x_1 + \beta_2 x_2 + \varepsilon$의 모형을 세웠다. 이를 추정하고 β_0와 β_1의 95%의 신뢰구간을 구하여라.

x_1	x_2	y
130	190	35.0
174	176	81.7
134	205	42.5
191	210	98.3
165	230	52.7
145	192	82.0
143	220	34.5
186	235	95.4
139	240	56.7
188	230	84.4
175	200	94.3
156	218	44.3
190	220	83.3
178	210	91.4
132	208	43.5
148	225	51.7

6 다음의 자료에 대하여

x	1	1	1	2	3	3	4	5	5
y	9	7	8	10	15	12	19	24	26

(1) $x,\ y$의 산점도를 그려라.

(2) $y_1 = \log(y)$로 변수를 변환하여 $(x,\ y_1)$의 산점도를 그려라.

(3) $x_1 = \log(x)$로 변수를 변환하여 $(x_1,\ y)$의 산점도를 그려라.

(4) 위의 세 가지 산점도를 관찰하여 보고 x와 y 사이에 어떠한 모형을 세우는 것이 알맞겠는가? 또 이때의 회귀식을 적합(추정)하여라.

13장

범주형 자료분석

- 13.1 범주형 자료분석의 개념
- 13.2 적합도검정
- 13.3 분할표와 독립성검정
- 13.4 동일성검정
- 13.5 R 실습

13.1 범주형 자료분석의 개념

통계조사를 할 때, 흔히 조사대상을 분류하거나 관측 결과를 분류하는 경우를 볼 수 있다. 예를 들면 종교에 관한 조사에서 대상자들은 카톨릭, 기독교, 불교로 분류되며, 직업적응에 관한 연구에서 피고용인들은 그의 직업에 대한 만족, 무관심, 불만 등으로 의사를 표현할 것이며, 생산품의 품질관리에서는 검사결과를 상품, 중품, 하품으로 구분할 수 있을 것이다. 이와 같은 질적자료 외에도 본래는 수량적 자료였지만 이것의 범위를 정해서 분류된 자료로 만들 수 있다. 예컨대 수입을 나타낼 때 상류, 중류, 하류로 나타낼 수도 있고, 체중을 구분할 때도 중량, 보통, 경량으로 구분할 수 있다. 이와 같이 모집단이나 측정 결과를 범주에 따라 분류시켜 도수화한 자료를 **범주형 자료**(categorical data)라고 하며, 이러한 자료를 이용한 통계적 추론 방법을 범주형 자료분석이라고 한다. 이 장에서는 먼저 범주형 자료분석에 자주 사용되는 카이제곱통계량에 대해 살펴보고 범주형 자료분석의 대표적인 방법을 소개하기로 한다.

카이제곱통계량

카이제곱분포(chisquare distribution)는 범주형 자료분석에 가장 중요하게 사용되는 연속형 분포이다. 카이제곱분포는 여러 가지 방법으로 소개될 수 있으나, 여기에서는 범주형 자료가 주어질 때 관심 있는 특정한 가설에 대한 검정통계량의 분포를 이용하여 설명하기로 한다. 먼저 다음의 예를 들어보자.

○ 예제 13-1

시장조사를 통해 판매되고 있는 가정용 세탁기 다섯 종류의 색상에 대한 선호도를 알고자 한다. 최근에 팔린 것들 중에서 300개를 임의로 추출하여 조사한 색상에 대한 빈도수가 아래에 주어져 있다. 먼저 조사자는 모든 다섯 종류의 색깔에 대한 선호도가 같다는 가설을 검정하고자 할 것이다.

색상	노란색	갈색	흰색	파란색	초록색	합계
빈도	65	52	88	40	55	300

위의 예제에서 검정하고자 하는 귀무가설은 다음과 같다.

$$H_0 : p_1 = p_2 = \cdots = p_5$$

또한, 귀무가설이 사실이라는 가정하에서 각 색상을 선택할 확률의 추정값은 $\frac{1}{5}$이고 각 색상을 선호하는 빈도수는 다음과 같이 각 칸에 대해 다음의 값으로 추정된다.

$$300 \times \frac{1}{5} = 60$$

이고 이를 요약하면 다음과 같다.

색상	노란색	갈색	흰색	파란색	초록색	합계
빈도	65	52	88	40	55	300
기대빈도	60	60	60	60	60	300

이처럼 귀무가설(H_0)이 사실인 경우에 기대되는 빈도의 값을 **기대도수**(expected value)라고 하고, 실제로 관측된 빈도의 값을 **관측도수**(observed value)라고 한다. 만약 $H_0 : p_1 = p_2 = \cdots = p_5$ 라는 귀무가설이 사실이라면, 기대도수는 관측도수와 거의 같아야 할 것이다. 이 경우에 기대도수와 관측도수의 차이가 유의한지를 판단하기 위해 카이제곱통계량(또는 χ^2통계량)이라고 하는 검정통계량을 사용한다.

카이제곱통계량(1차원 분할표의 경우)

각 칸의 기대도수를 E_i, 관측도수를 O_i라고 할 때, 카이제곱통계량은

$$\chi^2 = \sum_{i=1}^{k} \frac{(O_i - E_i)^2}{E_i} \sim \chi^2(k-1)$$

이 된다. 여기서 k는 범주의 개수이다.

카이제곱통계량(2차원 분할표의 경우)

두 범주형 변수의 범주가 각각 r개와 c개인 경우 각 칸의 기대도수를 E_{ij}, 관측도수를 O_{ij}라고 할 때, 카이제곱통계량은 다음의 카이제곱분포를 따른다.

$$\chi^2 = \sum_{i=1}^{r} \sum_{j=1}^{c} \frac{(O_{ij} - E_{ij})^2}{E_{ij}} \sim \chi^2((r-1)(c-1))$$

위 정의를 통해 이 예제의 χ^2통계량 값을 계산하면

$$\begin{aligned}\chi^2 &= \sum_{i=1}^{5} \frac{(O_i - E_i)^2}{E_i} \\ &= \frac{(65-60)^2}{60} + \frac{(52-60)^2}{60} + \frac{(88-60)^2}{60} + \frac{(40-60)^2}{60} + \frac{(55-60)^2}{60} \\ &= \frac{1298}{60} \doteqdot 21.63\end{aligned}$$

과 같이 된다.

위에서 정의된 카이제곱통계량의 값은 귀무가설이 사실일 때는 작은 값을 가지고, 사실이 아닐 때는 상대적으로 큰 값을 취하게 됨을 알 수 있다. 자료로부터 구한 χ^2 통계량의 값이 통계적으로 유의한지 결정하는 방법에 대해 알아보기 위해 다음에 소개되는 카이제곱분포(또는 χ^2분포)를 사용한다. 이 분포는 0 이상의 값을 취하는 연속형의 분포로서 오른쪽으로 긴 꼬리를 가지는 형태를 취한다. 이 분포는 자유도(degree of freedom)의 값에 따라 다양한 형태를 가질 수 있으며, χ^2통계량의 값이 분포의 우측 꼬리 영역에 속할 때 귀무가설을 기각하게 된다.

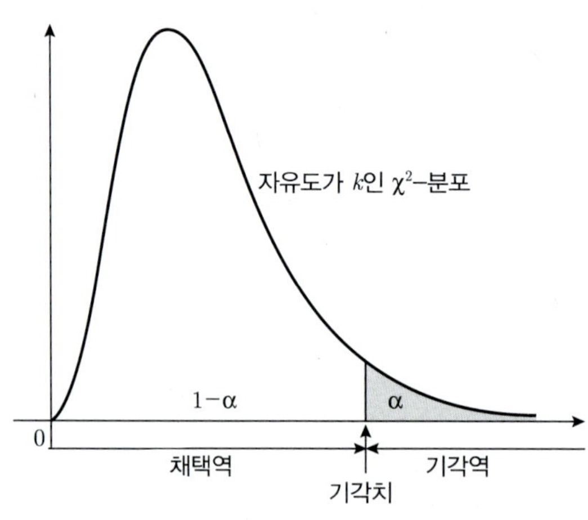

|그림 13-1| 카이제곱통계량의 기각역

여기에서 자유도는 귀무가설하에서 기대도수를 구하는 과정에서 추정해야 하는 모비율의 수보다 작은 값으로 주어진다. χ^2분포에 대한 누적확률은 부록 B[표 E]에 주어져 있다.

13.2 적합도검정

적합도검정(goodness of fit test)이란 관찰도수가 정규분포 또는 이항분포 등의 이론분포와 일치하는가를 검정하는 것이다. 이 검정은 사전에 가정된 이론분포가 있다면 이론분포에 의한 기대도수와 관측도수가 얼마나 일치하는가를 평가하는 것이다.

|표 13-1| 적합도검정의 자료구조

범주	1	2	⋯	k	합계
관측도수	n_1	n_2	⋯	n_k	n
미지의 확률	p_1	p_2	⋯	p_k	1

○ 예제 13-2

주어진 두 종 식물의 교배실험에서 후세는 3가지 유전자형 A, B, C의 비율이 1:2:1로 나타난다고 알려져 있다. 이를 실험을 통하여 입증하기 위한 두 종 식물의 교배실험에서 후세 식물 90개를 관찰하였다. 이들의 유전자형에 대한 빈도는 아래에 주어져 있다. 관측된 자료를 통해 유전이론에 의한 유전자형 A, B, C의 출현비율이 옳은지를 유의수준 $\alpha = 0.05$에서 검정하여라.

유전자형	A	B	C	합계
빈도	18	44	28	90

풀이 두 종 식물의 교배실험 후세 유전자형 A, B, C의 비율이 1:2:1이므로 귀무가설은 H_0: $p_1 = 0.25$, $p_2 = 0.5$, $p_3 = 0.25$이며 검정통계량 계산과정은 [표 13-2]에 주어져 있다.

|표 13-2| [예제 13-2] 자료의 적합도검정

유전자형	A	B	C	합계
관측도수	18	44	28	90
확률(H_0)	0.25	0.5	0.25	1.0
기대도수	22.5	45	22.5	90
$\frac{(O-E)^2}{E}$	0.9000	0.0222	1.3444	$\chi^2 = 2.2667$

관찰된 χ^2의 값이 $\chi^2_{0.05}(2) = 5.992$보다 작으므로 유전이론에 의한 유전자형 A, B, C의 출현비율이 옳다는 귀무가설을 유의수준 5%에서 기각할 수 없다.

적합도검정에 사용된 카이제곱분포는 엄밀한 의미에서는 카이제곱통계량의 근사적 분포라 말할 수 있기 때문에 표본의 크기가 충분히 크지 않은 경우에는 검정결과를 그만큼 신뢰할 수 없다는 단점이 있으며, 전체 표본의 수뿐만 아니라 각 셀에 관측된 자료의 수도 너무 작은 경우에는 검정의 정확도가 떨어진다는 점에 유의하여야 한다.

적합도검정(Goodness of Fit Test)

(1) 가설

$H_0 : p_1 = p_{10}, \cdots, p_k = p_{k0}$

$H_1 : H_0$가 아니다.

(2) 검정통계량

$$\chi^2 = \sum_{i=1}^{k} \frac{(n_i - np_{i0})^2}{np_{i0}} = \sum_{i=1}^{k} \frac{(O_i - E_i)^2}{E_i} \sim \chi^2(k-1) \quad (\text{단, } k\text{는 범주의 수})$$

(3) 기각역

$\chi^2 \geq \chi^2_\alpha(k-1) \Rightarrow H_0$를 기각

주의 귀무가설에서 확률이 특정되지 않은 경우에는 자료로부터 확률을 추정하여 사용한다. 이때 검정통계량에서 E_i는 $\widehat{E_i}$이 되고, 카이제곱분포의 자유도는 (추정한 모수의 수)만큼 줄어든다. 즉 자유도는 $df = k-1-$(추정한 모수의 수)이다.

예제 13-3

보험통계 분야에서 의료보험 청구횟수는 포아송 분포를 따른다는 가정하에 많은 방법이 개발되어 있다. 한 보험회사에서는 이와 같은 방법을 적용하기 위해, 보험가입자 중 200명을 랜덤추출하여 지난 4년간에 걸쳐 의료보험 청구횟수를 조사한 결과는 다음과 같았다.

의료보험 청구횟수	0	1	2	3	4	5	6	7	합계
관측도수	22	53	58	39	20	5	2	1	200

이 자료로부터, 의료보험 청구횟수가 포아송 분포를 따르지 않는다고 할 만한 이유가 있는지 유의수준 $\alpha = 0.05$로 검정하여라.

풀이 H_0: 청구횟수는 포아송 분포를 따른다 vs $H_1 : not\ H_0$

기대빈도를 구하기 위해서는 포아송 분포의 모수(λ)를 알아야 한다.

$$p(x)=\frac{e^{-\lambda}\lambda^x}{x!},\ x=0,1,2,\cdots$$

표본 자료로부터 모수 p의 추정치($\hat{\lambda}$)를 구하면

$$\hat{\lambda}=(0\times22+1\times53+\cdots+7\times1)/200=2.05\div2$$

그러므로 기대빈도는 다음 포아송 확률분포에 의해 추정된다.

$$p(x)=\frac{e^{-2}2^x}{x!}$$

청구횟수	0	1	2	3	4	5	6	7	합계
관측도수	22	53	58	39	20	5	2	1	200
기대확률	0.135	0.271	0.271	0.180	0.090	0.036	0.012	0.005	1
기대빈도의 추정치	27.0	54.2	54.2	36.0	18.0	7.2	2.4	1.0	200

주어진 자료에서 청구횟수 5, 6, 7에 대한 관측도수가 5 이하이므로, 이들을 함께 묶어 하나의 범주로 하는 것이 좋다. 즉, 청구횟수 5, 6, 7의 기대빈도의 합 10.6을 사용한다. 검정통계량의 값은

$$\begin{aligned}\chi^2&=\sum_{i=0}^{5}\frac{(O_i-\hat{E}_i)^2}{\hat{E}_i}\\&=\frac{(22-27)^2}{27}+\frac{(53-54.2)^2}{54.2}+\cdots+\frac{(8-10.6)^2}{10.6}\\&=2.33\end{aligned}$$

이며 자유도는 df=(칸의 수)$-1-$(추정한 모수의 수)$=6-1-1=4$가 된다. 관찰된 χ^2값이 $\chi^2_{0.05}(4)=9.4877$보다 작으므로 $\alpha=0.05$에서 H_0를 채택하게 된다.

13.3 분할표와 독립성검정

표본의 각 원소에 대해서 두 가지 이상 특성을 관찰할 때 자료를 이런 특성의 발생

|표 13-3| 독립성검정의 자료구조($r\times c$ 분할표)

	B_1	B_2	$\cdots$	B_c	합계
A_1	n_{11}	n_{12}	$\cdots$	n_{1c}	$n_{1\cdot}$
A_2	n_{21}	n_{22}	$\cdots$	n_{2c}	$n_{2\cdot}$
$\vdots$	$\vdots$	$\vdots$	$\vdots$	$\vdots$	$\vdots$
A_r	n_{r1}	n_{r2}	$\cdots$	n_{rc}	$n_{r\cdot}$
합계	$n_{\cdot1}$	$n_{\cdot2}$	$\cdots$	$n_{\cdot c}$	n

수준에 따라 구분할 수 있다. 몇 가지 예를 들면 피고용인이 표본일 때는 교육정도와 직업의 형태에 따라 구분될 수 있고 대학생이 표본일 때는 학년과 기숙사 규정에 대한 태도에 따라 구분될 수 있으며 판매기록이 표본일 때는 팔린 물건의 상표와 상점 위치에 따라 구분될 수 있다고 하자. 이처럼 한 가지 이상의 특성에 따라 구분을 동시에 하여 얻어지는 도수자료를 **분할표(contingency table)**라고 한다. 이런 분할표 자료의 전형적인 추론은 행과 열의 변수가 서로 독립적인가 하는 문제를 통계적으로 검정하는 것을 통해 이루어진다.

○ 예제 13-4

500명을 임의추출하여 정당의 선호와 보호무역 법안에 대한 지지도를 질문하였다. [표 13-4]에 주어진 관찰된 도수표에서 자료의 법안에 대한 의견의 유형과 정당의 선호와는 독립적이라는 근거가 있는가?

[표 13-4] 정당선호도에 대한 분할표

정당 \ 선호도	찬성	무관심	반대	합계
민주당	138	83	64	285
공화당	64	67	84	215
합계	202	150	148	500

위 예제는 두 개의 범주형 변수(정당, 선호도)를 2×3의 분할표로 정리하였으며 법안에 대한 의견과 정당선호도는 서로 독립인지를 알아보기 위한 예제이다. 따라서 다음과 같이 가설을 세울 수 있다.

$$\begin{aligned} H_0&: \ p_{ij} = p_{i.}p_{.j} \\ H_1&: \ p_{ij} \neq p_{i.}p_{.j} \end{aligned} \tag{13.1}$$

여기서 $p_{i.} = \sum_{j=1}^{3} p_{ij}\ (i = 1,2)$, $p_{.j} = \sum_{i=1}^{2} p_{ij}\ (j = 1,2,3)$를 나타낸다. 그러므로 n개의 자료가 임의의 셀에 속하게 될 확률에 대한 추정값은

$$\hat{p}_{ij} = \frac{n_{i.}}{n}\frac{n_{.j}}{n} = \frac{n_{i.}n_{.j}}{n^2}$$

이 되므로 각 셀에 대한 기대도수는 각 셀에 대한 확률값에 자료수 n을 곱하여 다음

과 같이 얻을 수 있다.

$$E_{ij} = n\frac{n_{i.}n_{.j}}{n^2} = \frac{n_{i.}n_{.j}}{n} \tag{13.2}$$

그러므로 [표 13-4]에서 정당선호도가 정당에 따라 다르다고 말할 수 있는지에 대한 검정을 위해 각 셀의 기대도수를 구하면,

$$1\text{행 }1\text{열의 기대도수}: E_{11} = \frac{285 \times 202}{500} = 115.14$$

$$1\text{행 }2\text{열의 기대도수}: E_{12} = \frac{285 \times 150}{500} = 85.5$$

$$\vdots$$

$$2\text{행 }3\text{열의 기대도수}: E_{23} = \frac{215 \times 148}{500} = 63.64$$

|표 13-5| [예제 13-4]에 대한 독립성검정

구분	찬성	무관심	반대	합계
민주당	138 (115.14)	83 (85.50)	64 (83.36)	285
공화당	64 (86.86)	67 (64.50)	84 (63.64)	215
합계	202	150	148	500

단, ( )의 숫자는 귀무가설 하에서의 기대도수임.

χ^2통계량의 관측값은

$$\begin{aligned}\chi^2 &= \frac{(138-115.14)^2}{115.14} + \frac{(83-85.50)^2}{85.50} + \frac{(64-84.36)^2}{84.36} \\ &+ \frac{(64-86.86)^2}{86.86} + \frac{(67-64.50)^2}{64.50} + \frac{(48-63.64)^2}{63.64} \\ &= 4.539 + 0.073 + 4.914 + 6.016 + 0.097 + 6.514 \\ &= 22.153\end{aligned}$$

이고 자유도 $df = (r-1)(c-1) = 2$이다. 유의수준 $\alpha = 0.05$에 대한 임계값(critical value)은 $\chi^2_{0.05}(2) = 5.991$이다. 관찰된 χ^2값이 검정의 임계값보다 크므로 독립성에 대한 귀무가설은 유의수준 $\alpha = 0.05$에서 기각한다.

독립성검정

(1) 가설

$H_0 : p_{ij} = p_{i\cdot}\, p_{\cdot j}\ (i = 1, \cdots, r,\ \ j = 1, \cdots, c)$

$H_1 : H_0$가 아니다.

(2) 검정통계량

$$\chi^2 = \sum_{i=1}^{r} \sum_{j=1}^{c} \frac{(O_{ij} - E_{ij})^2}{E_{ij}} \sim \chi^2((r-1)(c-1))$$

(3) 기각역

$\chi^2 \ge \chi^2_\alpha((r-1)(c-1)) \Rightarrow H_0$를 기각

13.4 동일성검정

앞 절에서 언급한 독립성검정은 크기가 n인 한 개의 임의표본을 두 가지 특성에 대해서 동시에 구분하는 표본설계를 바탕으로 하고 있다. 만들어진 분할표에서 양변의 도수합들은 모두 확률변수가 된다. 또 다른 표본설계는 모집단을 부모집단으로 나누거나 한 특성의 분류에 따라 층(stratum)으로 나누고 각 부모집단이나 각 층에서 미리 정해진 크기의 표본을 추출하는 것이다. 여기서 주변합계는 확률표본의 결과라기보다는 미리 정해진 표본크기를 나타낸다. 이 절의 목적은 각 분류에 대한 비율들이 다른 모든 모집단에서 같은지를 판단하는 것이다. 즉, 칸(cell) 확률의 관점에서 모집단들이 동질적인지를 검정하고자 한다. 따라서 동일성검정의 자료구조는 다음과 같다.

|표 13-6| 동일성검정의 자료구조

부모집단	범주 B				표본크기
	B_1	B_2	$\cdots$	B_c	
A_1	n_{11}	n_{12}	$\cdots$	n_{1c}	$n_{1.}$
A_2	n_{21}	n_{22}	$\cdots$	n_{2c}	$n_{2.}$
$\vdots$	$\vdots$	$\vdots$	$\vdots$	$\vdots$	$\vdots$
A_r	n_{r1}	n_{r2}	$\cdots$	n_{rc}	$n_{r.}$
합계	$n_{\cdot 1}$	$n_{\cdot 2}$	$\cdots$	$n_{\cdot c}$	n

동일성검정 절차는 앞 절에서 사용한 것과 같은 자유도를 갖는 같은 카이제곱통계량이 사용된다. 이 경우 동일성검정에 대한 가설은

$$H_0:\ (p_{i1}, p_{i2}, \cdots, p_{ic}) = (p_{11}, p_{12}, \cdots, p_{1c}),\quad (i = 1, \cdots, r)$$

$$H_1:\ H_0\text{가 아니다.}$$

가 된다.

○ 예제 13-5

다음은 4가지 직업에 종사하는 사람들의 알코올중독 증세에 관하여 알아보기 위해 성직자, 교육자, 행정가와 상인을 각각 300명, 250명, 300명, 350명씩을 추출하여 조사한 결과이다. 네 직업에 따른 알코올중독률이 동일한지를 유의수준 5%에서 검정하여라.

|표 13-7| 알코올중독증과 직업에 대한 분할표

구분	알코올중독증	비알코올중독증	합계
성직자	32(58.25)	268(241.75)	300
교육자	51(48.54)	199(201.46)	250
행정가	67(58.25)	233(241.75)	300
상인	83(67.69)	267(282.04)	350
합계	233	967	1200

풀이 직업에 따라 알코올중독률을 각각 p_{i1}, p_{i2}라고 할 때, 직업에 따른 알코올중독률이 동일한지에 대한 귀무가설은 다음과 같다.

$$H_0:\ (p_{i1}, p_{i2}) = (p_{11}, p_{12}),\quad (i = 1, \cdots, 4)$$

이때 각 셀의 기대도수는

$$E_{ij} = \frac{n_{i.}n_{.j}}{n}\quad i = 1, \cdots, 4,\ \ j = 1, 2$$

로 계산할 수 있으므로 다음과 같이 얻어진다.

$$E_{11} = \frac{233 \times 3000}{1200} = 58.25, \cdots,\ E_{42} = \frac{967 \times 350}{1200} = 282.04$$

위 계산결과는 [표 13-7]의 괄호 속에 주어졌다. 검정통계량은

$$\chi^2 = \frac{(32 - 58.25)^2}{58.25} + \frac{(268 - 241.75)^2}{241.75} + \cdots + \frac{(267 - 282.04)^2}{282.04}$$

$$= 20.59$$

이며 자유도는 $df = (r-1)(c-1) = 3$이다. 임계값은 $\chi^2_{0.05}(3) = 7.815$이므로 $\alpha = 0.05$에서 H_0를 기각하게 된다.

13.5 R 실습

예제 13-2 적합도검정

```
> y=c(18, 44, 28)
> p=c(0.25, 0.5, 0.25)
> n=sum(y)
> chi2=sum( (y-n*p)^2 / (n*p))
> chi2
[1] 2.266667
> qchisq(0.95, 3-1)
[1] 5.991465
> 1- pchisq(chi2, df=3-1)
[1] 0.3219583
```

해석 함수를 사용하지 않고 적합도검정을 한 결과 검정통계량이 2.267이며 유의확률은 0.322로 높게 나타나 각 셀 간의 도수 차이가 존재하지 않음을 알 수 있다.

함수 chisq.test를 사용하여 적합도검정을 한 결과가 다음과 같다.

```
> chisq.test(y, p=p)
  Chi-squared test for given probabilities
data:  y
X-squared = 2.2667, df = 2, p-value = 0.322
```

예제 13-4 독립성검정

```
> x=rbind(c(138, 83, 64), c(64, 67, 84))
> rownames(x)=c("민주당", "공화당")
> colnames(x)=c("찬성", "무관심", "반대")
> addmargins(x)
       찬성 무관심 반대 Sum
민주당  138     83   64 285
공화당   64     67   84 215
```

```
Sum      202    150  148 500
> chisq.test(x)

  Pearson's Chi-squared test

data:  x
X-squared = 22.152, df = 2, p-value = 1.548e-05
```

해석 검정통계량이 22.152, 유의확률값이 거의 0이므로 유의수준 5%에서 귀무가설을 기각한다. 즉 정당의 선호도에 따라 무역보호법안에 대한 지지도가 다르게 나타나고 있음을 알 수 있다.

연습문제

1 전매청에서 30세 이상의 성인 남자들을 대상으로 흡연율을 조사한 결과가 아래와 같았다. 각 연령층별로 흡연율에 차이가 있는지를 유의수준 $\alpha = 0.05$에서 검정하여라.

구분	흡연자	비흡연자	합계
30대	95	65	160
40대	40	50	90
50대	80	40	120
60대 이후	25	5	30
합계	240	160	400

2 S대 부속병원에서 1986년도에 분기별로 신생아수를 기록한 것이다. 1/4분기(1 ~ 3월)의 신생아가 다른 분기의 두 배라는 가설을 유의수준 $\alpha = 0.10$으로 검정하여라.

분기	1월 ~ 3월	4월 ~ 6월	7월 ~ 9월	10월 ~ 12월
신생아수	110	57	53	80

3 전국적인 여론조사에서 사형제도의 철폐에 대한 응답 분류의 비율이 주어졌다.

대찬성	찬성	무관심	반대	강력반대
20%	30%	20%	20%	10%

또 한편으로 도시지역의 경찰관 100명을 임의추출하여 조사한 결과가 다음과 같았다.

대찬성	찬성	무관심	반대	강력반대	합계
14	18	18	26	24	100

위의 자료에서 도시지역 경찰관의 의견과 전국적인 여론조사의 의견과 다른가를 유의수준 $\alpha = 0.05$에서 검정하여라.

4 혈액 A형, B형, O형과 AB형을 가진 사람의 비율이 각각 0.4, 0.2, 0.3과 0.1인 것으로 믿고 있다. 400명을 임의로 뽑아 검사한 결과 각각의 관찰도수가 148, 96, 106, 50이었다. 사람들이 믿고 있는 혈액형의 비가 옳은지를 유의수준 5%로 검정하여라.

5 사람들의 피의 형태와 눈의 색깔 사이에 어떤 관련성이 있는가를 알아보기 위해서 400명을 임의로 추출하여 조사한 결과가 다음과 같다. 사람의 혈액형과 눈의 색깔 사이의 독립성을 유의수준 $\alpha = 0.05$에서 검정하여라.

눈의 색깔	혈액형				합계
	A	B	O	AB	
푸른색	95	40	80	25	240
갈색	65	50	40	5	160
합계	160	90	120	30	400

6 어느 도시에서 360명을 임의로 뽑아 나이와 정치성향에 따라 분류한 결과가 다음과 같이 주어졌다. 나이와 정치성향은 독립적이라는 가설을 유의수준 $\alpha = 0.05$에서 검정하여라.

정치성향	나이			합계
	20 ~ 35	36 ~ 50	50 이상	
보수적	10	40	10	60
중도	80	85	45	210
진보적	30	25	35	90
합계	120	150	90	360

7 어느 대학에서 3학년 학생 330명, 4학년 학생 170명을 임의추출하여 강의내용에 대한 평가를 설문 조사하였다. 그 결과가 다음과 같다면 학년에 따라 강의내용에 대한 평가가 다른지를 유의수준 1%하에서 검정하여라.

구분	월등하다	좋다	보통이다	나쁘다	합계
3학년	30	170	110	20	330
4학년	20	90	50	10	170
합계	50	260	160	30	500

8 공기오염도가 채소에 얼마만큼 피해를 주는가를 조사하기 위하여 각각 40개의 상추, 시금치, 토마토에 동일한 조건의 오염된 공기를 처리하였다. 이때 피해 정도를 조사한 결과가 다음의 표에 주어졌다. 공기오염에 대한 피해가 3종류의 채소에서 동일한가를 유의수준 $\alpha = 0.10$으로 검정하여라.

구분	피해 적음	피해 많음	합계
상추	32	8	40
시금치	28	12	40
토마토	19	21	40
합계	79	41	120

9 S대 기숙사 식당에서 비빔밥과 곰탕만이 제공되는 날이었다. 435명을 임의로 추출하여 출신 지방과 두 가지 메뉴 선택 간에 어떤 관련이 있는지를 알아보기 위하여 얻어진 자료는 다음과 같다. 출신지방과 두 가지 메뉴 선택 간에 관련이 있는지 유의수준 $\alpha = 0.05$로 검정하여라.

구분	비빔밥	곰탕	합계
전라도	65	53	118
경상도	59	76	135
충청도	48	42	90
서울	43	49	92
합계	215	220	435

10 색맹과 성별 간의 관계성을 알아보기 위하여 1,000명을 임의추출하여 조사한 결과로 다음 분할표를 얻었다. 이 자료에 의하면 색맹과 성별의 관계가 있는가를 판단하여라 $(\alpha = 0.1)$.

구분	남	여	합계
정상	442	514	956
색맹	36	8	44
합계	478	522	1000

14장

표본조사론

14.1 서론

표본조사(sampling survey)는 관심의 대상이 되는 모집단의 특성을 추정하기 위하여 여러 분야에서 많이 활용되고 있다. 예를 들면, 국회의원 선거에서 특정 입후보자에 대한 지지율 조사, 산림의 목재생산량 추정, 농산물의 생산량과 질에 대한 사전 추정, 특정 TV 프로그램에 대한 시청률 조사 등 여러 분야에서 관심의 대상인 모집단에서 일부의 표본을 임의로 추출하여 조사한 결과로부터 얻어진 정보를 가지고 모집단에 관한 성질을 추론하게 된다.

모집단의 전 구성원에 대해 조사하는 전수조사를 통해서 필요한 특성을 알 수 있으나 전체의 일부분만을 조사함으로써 적은 비용으로 정보를 얻게 되는 경제적 이유뿐만 아니라 짧은 시간 안에 결과를 얻을 수 있기 때문에 표본조사 방법이 보다 널리 이용되고 있다.

표본조사가 통상적으로 이용되고 있지만 모집단 전체가 아니고 일부를 조사함으로써 일어나는 추정에 관한 오차, 즉 표본오차를 가지기 때문에 표본설계를 올바르게 해야 하며, 잘 훈련된 조사원들이 정확하게 조사를 실행해야 한다. 만약에 많은 양의 표본조사를 실시한다 할지라도 표본설계가 적절하지 못하거나 실행과정이 부정확하다면 결국 전혀 신뢰성이 없는 엉뚱한 결과를 초래하게 될 것이다.

본 장에서는 표본조사론의 기본 개념과 용어를 소개하고, 다양한 표본추출방법 및 표본의 크기를 결정하는 방법을 다룬다.

14.2 용어정의

14.2.1 모집단

먼저 5명 학생들의 학점에 대한 평균을 구하고자 한다. 이들의 학점은 10점 만점이며 또한 0과 10 사이의 정수(integer)만이 학점으로 주어지는 예를 생각해 보자. 이 예제에서는 3가지 요소(element)로 전체를 구별할 수 있을 것이다.

(1) 11개의 출현 가능한 값이 있다. 바꾸어 말하면 11개의 단순사건(simple event)이 있다.

(2) 관심의 대상으로 관찰이나 속성 측정의 실체들은 5명의 학생이다. 학생 개개인을 기본단위(elementary unit)라고 한다.
(3) 기본단위(학생)에 대응되는 변수(variable)는 학점이다. 이것을 기본단위에 따라 다르게 되는 특성치이다.

모집단(population or universe)은 기본단위의 총 집합체(totality)로 정의된다. 위의 내용을 요약하면 다음과 같다.

표본문제를 다룰 때 가장 우선적으로 결정해야 할 사항들은 기본단위, 모집단, 측정할 특성과 변수이다. 모집단에 포함된 기본단위의 수가 유한개이면 유한모집단(finite population)이라고 하고 반대로 무한개일 때는 무한모집단(infinite population)이라고 한다.

14.2.2 표본추출단위

앞에서 언급한 필수적인 기본사항이 결정된 후에는 한 표본을 추출하는 문제에 도달한다. N개의 조사단위를 갖는 모집단에서 n개의 조사단위를 추출하다면 조사단위가 바로 추출하는 단위이며 이러한 특정 단위를 표본조사에서는 표본추출단위(sampling unit)라고 한다.

표본추출단위와 조사단위는 구분이 필요하다. 표본추출단위는 표본추출이 이루어지는 단위를 지칭하는 반면에 조사단위는 실제 조사가 이루어지는 단위를 말한다. 표본추출은 가구단위로 이루어지고 설문조사는 가구 구성원을 대상으로 이루어지는 경우가 좋은 예이다.

예를 들면 제주도의 감귤 밭에서 나무 한 그루당의 수확량에 관심이 있다고 하자. 도내 감귤나무의 전 수확량과 감귤나무의 수를 알고 있다면 수확량을 감귤나무의 수로 나누면 되겠지만 그렇지 않은 경우나 수확 전에 예측하기 위해서는 감귤 밭을 몇 개 선정하여 그 밭의 수확량을 예측하게 된다. 이때의 조사단위는 감귤나무이고 모집단은 제주도 내에 있는 모든 감귤나무들의 총 집합체이다. 제주도 내의 전 감귤나무에 대한 총 목록(complete list)을 준비하기는 어려운 일이지만 감귤 밭에 대한 목록을 구하기는 그렇게 어렵지 않을 것이다. 표본조사를 위해서 감귤 밭을 추출함이 편리하므로 표본추출단위는 감귤 밭이 될 것이다.

표본추출단위는 적어도 하나 이상의 조사단위들로 구성된다. 즉 각 조사단위는 단 하나의 표본추출단위에 속한다. 만일에 각 표본추출단위가 오직 하나의 조사단위를 포함한다면 기본단위와 표본추출단위는 같지만 일반적으로 같지 않은 경우가 많다.

14.2.3 표본추출프레임

표본추출프레임(sampling frame)은 모집단에 속하는 모든 추출단위를 정리한 것으로, 추출단위의 기초가 되는 자료이다. 예를 들어 C 대학교 학생들의 평균 체중을 추정하고자 한다. 이때 학생들은 기본단위이면서 또한 표본추출단위가 될 것이고 모집단은 모든 학생들의 총 집합체이다. 각 학교는 학생들에 대한 신상등록카드를 가지고 있으며 이 등록카드가 표본추출을 위한 프레임이며 또한 모집단을 표시하는 데 이용된다. 그런데 등록카드 파일에 기록된 학생들과 실제로 등교하는 학생들 사이에는 차이가 있을 수 있다. 이 차이는 진학이나 휴학 등으로 등록카드가 정리되지 않은 상태에서 올 수 있지만 프레임을 이용한 표본조사결과와 모집단의 조사결과의 차이는 무시할 정도로 작은 것이 통례이다.

프레임과 표본추출단위를 각각 목록(list)과 목록단위(listing unit)라고도 하지만 여기서는 프레임과 표본추출단위라는 말을 사용하겠다. 프레임에 대한 몇 가지 예가 다음에 주어졌다.

○ 예제 14-1

K시에 있는 모든 슈퍼마켓 판매원들의 평균 급여를 추정하려고 한다. 이때 판매원이 기본단위이고 판매원 전체가 모집단이 된다. 만일에 판매원들의 명단 파일이나 기록부가 없지만 슈퍼마켓 리스트가 이용가능하다면 슈퍼마켓을 표본추출단위로 사용하게 되고 슈퍼마켓 리스트는 프레임이 될 것이다.

○ 예제 14-2

J도 내의 젖소 한 마리당 평균 우유 생산량을 추정하고자 할 때 젖소가 기본단위이고 J도 내의 젖소 전체가 모집단이 된다. 젖소에 대한 기록부나 리스트는 없고 목장 리스트만이 이용 가능하다고 가정하면 목장이 표본추출단위로 사용될 것이며 목장 리스트가 프레임이 될 것이다.

○ 예제 14-3

S시에 살고 있는 사람들의 가구당 평균 설탕 소모량을 추정하고자 한다. 이때 가구가 기본단위이고 S시의 모든 가구들의 총 집합이 모집단이 된다. 만약에 가구들의 리스트는 이용 불가능하지만 그 도시의 각 블록을 상세하게 나타내는 지도가 있다면, 각 블록을 두 개의 구획으로 분리하여 각 구획을 표본추출단위로 사용하고 이 구획의 리스트를 프레임으로 사용하게 된다.

그러나 모집단은 반드시 존재하지만 모집단에 대응되는 표본추출프레임은 확보하지 못할 수도 있다. 예를 들어 일정기간 어느 회사의 특정제품을 구매한 경험이 있는 소비자를 모집단으로 정의한다면 이 모집단은 분명히 존재하지만 이 모집단을 대표하는 표본추출프레임을 확보하는 것은 현실적으로 불가능할 수도 있다.

14.3 표본추출과정과 오차

14.3.1 표본추출과정

표본추출과정에 대한 학습은 표본과 모집단 사이의 관계를 이해하고 표본을 통한 모집단의 추론이라는 통계적 사고를 갖출 수 있는 중요한 과정이다. [그림 14-1]은 표본추출을 위한 프로세스이다.

모집단의 정의가 애매모호하게 되면 표본을 통한 모집단에 대한 통계적 추론이 의

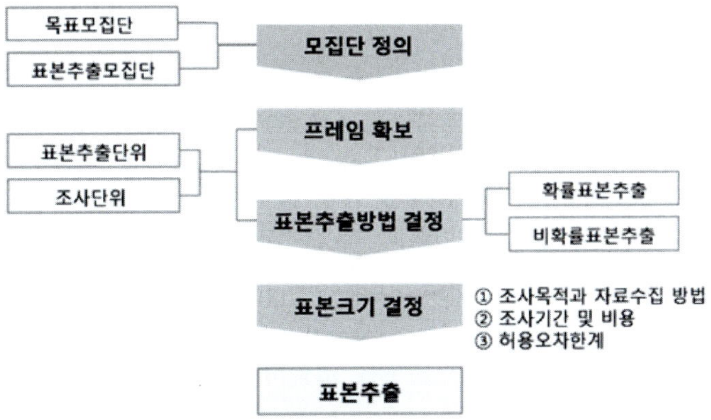

|그림 14-1| 표본추출 프로세스

미가 없어지기 때문에 표본추출과정에서 가장 중요한 것은 표본추출의 대상이 되는 모집단을 정의하는 것이다. 표본조사론에서 모집단은 목표모집단과 표본추출모집단으로 구분된다. 목표모집단은 조사목적을 위해 분석 대상이 되는 모든 개체들의 집단이며, 표본추출모집단은 실제 표본이 추출된 모집단을 의미한다.

모집단이 정의되면 표본추출단위를 결정하고 표본추출을 위해 연구대상이나 표본단위가 수록된 목록인 표본추출프레임(sampling frame)으로부터 표본을 추출하도록 한다. 예를 들어 국가에서 자동차를 보유한 국민을 대상으로 평균자동차주행거리를 산정하고자 할 때 모집단은 전체 국민이 되지만 표본추출모집단은 자동차를 보유한 국민이 되며 표본추출프레임으로는 국가에서 관리하고 있는 자동차등록원부가 될 수 있다.

모집단에서 표본추출 단위를 추출할 때 한 번 뽑힌 추출단위는 다시는 뽑히지 않도록 추출하는 방법을 비복원추출법이라고 하고, 이와는 달리 추출된 추출단위를 모집단에 넣고 다시 추출하는 방법을 복원추출법이라고 한다.

확률표본추출방법은 모집단에 대한 표본추출프레임이 존재하고 추출확률이 정해져 있어 사전적으로 알 수 있으며 표본추출로 인해 발생하는 표본오차에 대한 추정이 가능한 반면에 비확률표본추출방법은 모집단의 표본추출프레임이 존재하지 않으며 추출확률을 사전적으로 알 수 없어 표본추출로 인해 발생하는 표본오차에 대한 추정이 불가능하다. 이러한 비확률표본추출방법들은 주로 기업들의 마케팅을 위한 시장조사 등에 많이 활용되고 있다.

확률표본추출방법은 표본크기와 신뢰수준이 주어진다고 하면 표본추출을 반복해서 시행하였을 경우 최대허용오차(오차한계)인 정확도(precision)를 알 수 있다는 장점을 가지고 있다.

14.3.2 표본오차와 비표본오차

(1) 표본오차

표본추정값과 프레임의 전수조사에서 얻은 모수와의 차이를 그 표본에 대한 표본추출오차(sampling error)라고 한다. 예를 들어 5명의 학생이 각각 만 원, 2만 원, …, 5만 원을 가지고 있다고 하자. 이들 5명의 학생들이 모집단을 이루고 있고 또한 프레임이다. 표본의 크기가 2인 표본을 추출하여 만 원과 3만 원을 가지고 있는 학생이 추출되었다면 표본평균은 다음과 같이 구해진다.

$$\bar{x} = \frac{1}{n}(x_1 + x_2)$$

$$= \frac{1}{2}(1+3) = 2(\text{만 원})$$

단, 여기서 x_1과 x_2는 표본의 값들을 나타낸다. 모평균(population mean)은 프레임의 전수조사에서 얻어지며 $\overline{X}$로 나타낸다. 위의 예에서 모평균은

$$\overline{X} = \frac{1}{N}(X_1 + \cdots + X_5)$$

$$= \frac{1}{5}(1+2+\cdots+5) = 3(\text{만 원})$$

이다. 모평균 $\overline{X}$의 추정값으로 $\bar{x}$=2만 원을 생각하자. 표본평균($\bar{x}$)과 모평균($\overline{X}$)의 차이를 이 표본에 대한 표본추출오차라고 말하고

$$\bar{x} - \overline{X} = 2 - 3 = -1(\text{만 원})$$

이 $\bar{x}$의 표본추출오차이다. 좀더 일반적으로 말하자면 표본추정값과 추정해야 할 모수의 차이를 그 표본에 대한 추정값의 표본추출오차라고 하는데 이는 불편성과 기댓값의 개념에 밀접한 관계가 있다. 추정량 $\hat{\theta}$이 모수 θ의 불편추정량이라면 표본에서 구한 추정값과 추정량의 기댓값의 차이가 표본추출오차가 된다.

$$\text{표본추출오차} = \hat{\theta} - \theta = \hat{\theta} - E(\hat{\theta}) \tag{14.1}$$

이고, 여기서 표본추출오차를 안다면 모수(parameter)는 다음과 같은 식으로 구할 수 있다.

$$\theta = \hat{\theta} - \text{표본추출오차} \tag{14.2}$$

식 (14.1)에서 표본추출오차를 계산하려면 모수(θ)를 알아야 한다. 하지만 θ는 추정하려고 하는 모수이므로 알 수 없다. 표본추출오차는 표본통계량의 분포를 계산한 다음 표본추출오차의 평균값을 구하여 대체 가능하지만 좀 더 깊은 연구는 이 책에서 다루지 않겠다.

(2) 비표본오차

비표본오차(non-sampling error)는 표본의 선택, 추출에서 자연적으로 발생하는 오차가 아니라 표본의 성격을 잘못 관찰, 측정, 기록하여 발생되는 오차를 의미한다.

14.4 표본추출방법

14.4.1 개요

표본추출방법은 크게 확률추출법과 비확률추출법으로 구분되며, 확률추출법에는 단순임의추출법, 층화추출법, 계통추출법, 집락추출법 등이 있다. [그림 14-2]는 여러 가지 확률추출법을 시각적으로 나타낸 예이다. 확률추출방법에 대한 자세한 내용은 다음 절을 참고하기 바란다.

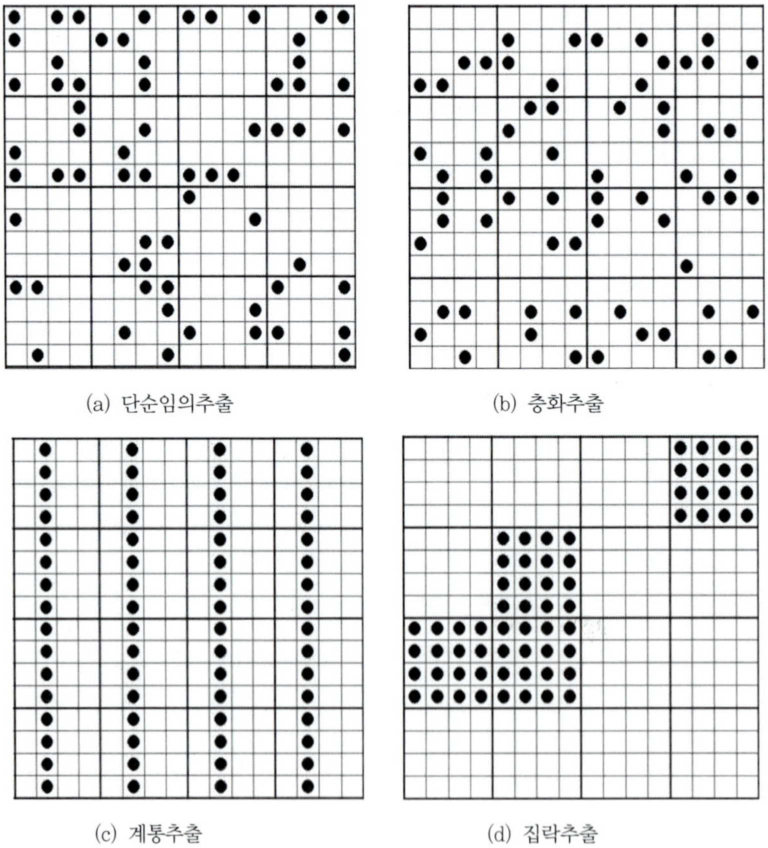

(a) 단순임의추출 (b) 층화추출

(c) 계통추출 (d) 집락추출

[그림 14-2] 여러 가지 확률추출방법 예시

실무에서 이들 추출법들은 개별적으로 사용되기도 하나, 서로 결합된 방식으로 사용된다. 예를 들어, 층화 집락 임의추출(stratified cluster random sampling)의 경우 집락추출의 단계수에 따라 그것이 3단이면 층화 3단 집락추출(stratified three stage cluster sampling)이라고 한다.

비확률표본추출법에는 편의추출법(convenience sampling), 판단추출법(purpose sampling), 할당표본추출법(quota sampling), 눈덩이표본추출법(snowball sampling) 등이 있다. [그림 14-3]은 표본조사에서 쓰이는 표본추출법이다. 비확률추출법에 대한 자세한 내용은 14.4.3절을 참고하기 바란다.

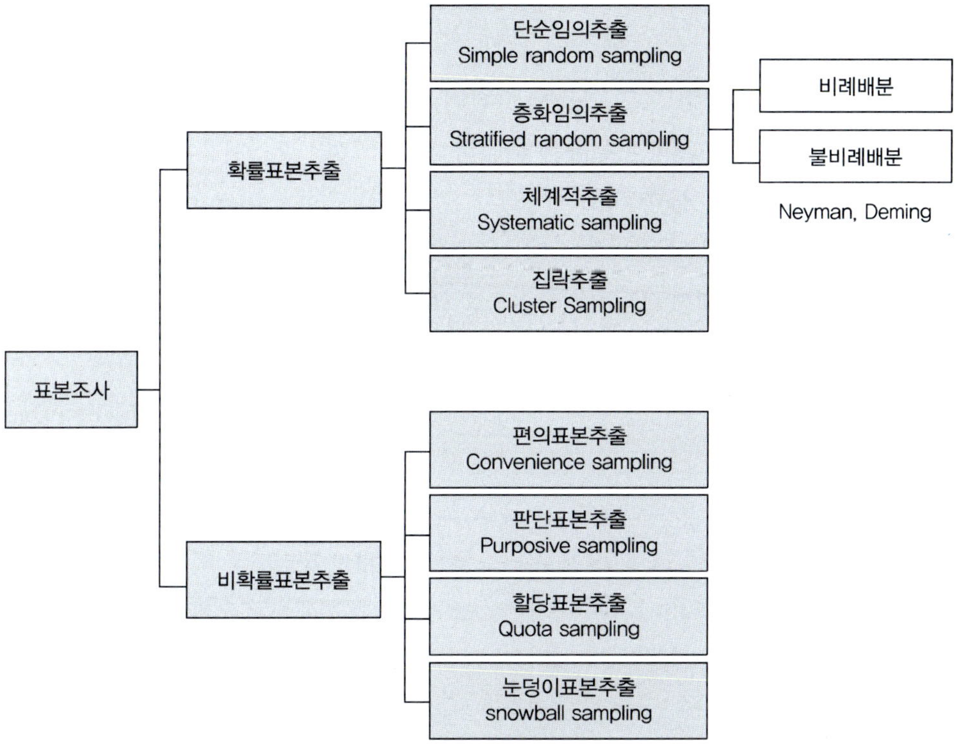

|그림 14-3| **표본추출방법**

14.4.2 확률표본추출법

(1) 단순임의추출법

단순임의추출법(simple random sampling)은 모든 표본추출법의 기본이 되는 기초적인 방법으로 소규모 조사나 예비조사에서 주로 사용되며 다른 추출법의 이론적 근거가 된다. 또한 다른 추출법의 효율성을 비교하는 기초가 된다.

모집단의 모든 추출단위가 추출될 가능성(확률)을 동일하게 보장하는 방법을 말하는데, 모집단에서 표본을 '임의'(at random)로 추출하는 것이 중요하다. '임의'라는 말은 모집단의 어느 특정한 추출단위에 대한 관심보다는 모든 추출단위에 대해 똑같은 관심을 가지며, 표본추출 과정에서 개인의 주관성을 배제한다는 말이다.

모집단에서 추출단위를 어떻게 추출하여야 각 추출단위가 똑같은 확률로 추출될 것인가? 얼핏 개인의 주관적인 판단에 의해서 임의로 추출함으로써 모든 추출단위들이 동등한 확률로 추출된 것으로 생각할 수 있다. 그러나 이런 추출과정에는 주관적인 편견이 개입되기 쉽다. 표본추출에서 주관적인 편견을 배제하기 위하여 전에는 난수표를 이용하였으나 이제는 통계패키지를 이용하여 쉽게 생성할 수 있는 난수를 이용한다.

단순임의추출법은 모든 가능한 표본이 동일하게 추출될 기회를 갖도록 표본을 추출하는 방법으로 간략한 절차는 다음과 같다. 첫째, 모집단을 대표하는 표본추출프레임을 확보한다. 둘째, 확보된 표본추출프레임 내에서 표본추출단위에 일련번호를 부여한다. 셋째, 일련번호를 부여한 각각의 표본추출단위에는 균일분포를 따르는 난수를 부여한다. 넷째, 난수를 기준으로 표본추출단위를 정렬한 후 목표한 수만큼 표본을 추출한다.

○ 예제 14-4

다음은 R을 이용하여 단순임의추출방법의 예를 들어 설명하기로 한다. C 대학 통계학과 300명 학생들의 평균 체중을 추정하기 위하여 8명의 학생을 임의로 추출하고자 한다. 학생들의 학번에 따라 1에서 300까지 일련번호를 부여하고 다음의 R 코드를 이용하여 표본을 추출할 수 있다.

```
> srs<-sample(300, 8, replace=F)# 300개의 번호로부터 8개 번호 비복원으로 추출
> srs
[1]  44 200 258 290 165 132 287  70
```

추출된 8개를 번호에 해당되는 학생들의 체중을 측정하여 평균값을 구하면 그것이 전체 학생 평균의 추정값이 된다.

(2) 층화임의추출법

조사하고자 하는 모집단에 대한 어떤 사전 지식이 있다면 이를 표본설계 시 이용하는 것이 바람직하다. 한 가지 방법으로서 층화임의추출법(stratified random sampling)이 있는데, 이 방법은 모집단을 동질적(homogeneous)인 몇 개의 집단 또는 층(strata)으로 나눈 다음, 각 층 내에서 단순임의추출법을 통해 표본을 추출하는 것이다. 즉, 모집단 내의 상이하고 이질적(heterogeneous)인 개체들을 가능한 한 동질적이고 유사한 개체들로 묶어서 각 층을 형성한 다음 각 층에 임의추출법을 사용하면 추정량의 분산을 줄일 수 있다는 장점이 있다.

예를 들어 한 도시에서 슈퍼마켓들의 평균 매출액을 추정하고 싶다고 하자. 그리고 슈퍼마켓들은 대·중·소의 크기로 세분할 수 있으며, 대형 슈퍼마켓은 몇 개 안 되지만 슈퍼마켓들의 총 매출액의 많은 부분을 차지하고 있다고 하자. 슈퍼마켓이 추출단위일 때 단순임의추출법을 이용한다면 대형 슈퍼마켓이 표본으로 추출되는지의 여부에 따라서 추정량의 변화량이 커지게 되므로 슈퍼마켓을 대·중·소의 3그룹으로 구분한 다음에 각 그룹에서 표본을 추출하여 통합한 표본에서 추정치를 구하는 것이 바람직하다. 위의 예에서 그룹을 층(stratum)이라고 한다. 층화변수(stratification variable)는 모집단을 몇 개의 층으로 나누려 할 때 각 단위가 어느 층에 속하는지를 구분하기 위해 구분기준으로 삼는 변수를 층화변수라고 한다. 일반적으로 성별, 지역, 연령, 학력 등이 중요한 층화변수로 널리 쓰인다. 또한 지역별, 주택유형, 주택면적 등도 사용 가능한 층화변수이다.

층화임의추출방법을 통해 표본을 추출하는 방법으로 간략한 절차는 다음과 같다. 지금 N개의 추출단위로 이루어진 모집단이 $N_1, N_2, \cdots, N_k$개의 단위들로 구성된 층으로 나누어지고, 각 층의 평균과 분산을 각각 μ_i와 σ_i^2이라고 하자. 또한 각 층에서 크기가 각각 $n_1, n_2, \cdots, n_k$인 표본을 단순임의추출법으로 추출한다. 이때 각 층에 할당된 표본의 크기는 여러 가지 방법으로 결정할 수 있지만, 여기서는 두 가지만 다루겠으며, 사전에 최적 크기가 결정된 것으로 가정한다. 각 층에서의 표본추출은 독립적으로 시행한다. 즉 첫 번째 층(stratum)에서는 N_1개의 추출단위 중에서 n_1개를, 두 번째 층에서는 N_2개 추출단위 중 n_2개를, …, h번째 층에서는 N_h개 추출단위 중 n_h개를 각각 난수표(부록 B의 [표 A])를 이용하여 추출한다.

```
> install.packages("sampling")
> library(sampling)
> data(iris)
> strs<-strata(c("Species"), size=c(3,3,3), method="srswor", data=iris)
> strs
       Species ID_unit Prob Stratum
9       setosa       9 0.06       1
28      setosa      28 0.06       1
40      setosa      40 0.06       1
67  versicolor      67 0.06       2
91  versicolor      91 0.06       2
94  versicolor      94 0.06       2
105  virginica     105 0.06       3
113  virginica     113 0.06       3
146  virginica     146 0.06       3
```

층화임의추출법은 비확률표본추출법 중 하나인 할당표본추출법(quota sampling)과 구분이 필요하다. 할당표본추출법은 편향된 표본을 추출하지 않도록 모집단의 특성에 비례하여 표본을 추출하는 방법이다. 최종 조사집계표만 보면 할당표본추출법은 층화임의추출법과 유사해 보이지만 확률표본추출을 적용하지 않는다는 점에서 층화임의추출법과는 완전히 다른 표본추출방법이다.

층화임의추출법을 널리 활용되는 이유는 모집단을 효과적으로 층화할 경우, 층화추출에 의해 구해지는 추정량은 단순무작위 추출법에 의해 구한 추정량보다 추정량의 오차가 적게 되어, 추정의 정확도를 높일 수 있다. 즉, 층 내부가 동질적일수록 이러한 층화의 효율은 더욱 커지게 된다. 전체 모집단에 대한 추정뿐 아니라 각 층별로도 추정이 가능하다. 예를 들어, 전국을 대상으로 하는 조사일 경우 전국에 대한 추정량뿐 아니라 각 도별로 추정량을 얻을 수 있다. 조사관리가 보다 편리하며 조사비용도 절감할 수 있다.

층화임의추출법에서 각 층의 표본 수를 결정하는 방법으로 비례배분법, 네이만배분법, 최적배분법 등이 있다.

비례배분법(proportional allocation method)은 각 층 내의 추출단위들의 수(모집단의 크기)에 비례하여 표본의 크기를 배분하는 방법으로 쉽고 간편하여 가장 널리 사용되는 방법이다. 이 방법은 각 층 내의 변동의 정도나 비용 등에 대해서는 전혀 고려하지 않고 단지 층의 크기만을 고려하고 있다. 층별 변동의 차가 그다지 심각하지 않고 또 층별로 조사비용이 비슷하게 드는 경우에는 이 방법의 사용이 간편하고 효과적인 추정량을 얻을 수 있다.

네이만배분법(Neyman allocation method)은 각 층별로 조사비용은 별로 차이가 나지 않으나, 층별 변동의 정도가 많이 차이가 나는 경우에 비례배분법은 효율이 떨어지게 된다. 이때는 층의 크기와 동시에 층별 변동의 정도를 함께 고려해야 한다. 이 배분방법은 네이만(Neyman)에 의해 처음 소개되었기 때문에 네이만배분법이라고 한다. 각 층의 분산 혹은 표준편차를 알고 있어야 사용 가능하다.

최적배분법(optimum allocation method)은 층별로 각 단위의 조사비용이 달라 조사비용까지 고려해야 하는 경우에 주어진 비용하에서 추정량의 분산을 최소화하거나 아니면 주어진 분산의 범위하에서 비용을 최소화시키는 배분방법을 말한다. 이 방법은 층의 크기, 층내 변동의 크기, 층별 조사비용 등 3가지 요소를 모두 고려한 배분방법이다.

층화가 효과적으로 이루어졌다는 것은 같은 층 내부의 단위들끼리는 동질적이고 층들 간에는 서로 이질적이었을 때를 말한다. 층화를 효과적으로 하게 될 경우 층화임의추출법은 단순무작위추출법에 비해 추정량의 오차가 작게 되어 보다 효율적인 추정량을 제공하게 된다. 하지만 만일 층화가 적절하지 못한 경우에는 오히려 단순무작위추출법보다 효율이 떨어질 수도 있다.

(3) 집락추출법

집락표본추출법은 하나 이상의 조사단위들로 구성된 집합이 추출단위인 확률추출법의 한 종류이다. 모집단이 크거나 모집단에서 모든 조사단위들의 목록을 얻는 데 많은 비용이 들거나 또는 조사단위 간의 거리가 멀수록 조사비용이 증가하는 경우에는 집락표본추출법이 단순무작위추출법이나 층화추출법에 비해서 경제적이다.

예를 들어 서울에 살고 있는 세대들의 연간 생활비를 추정하고자 할 때 단순무작위 추출법을 적용하고자 한다면 서울시 모든 세대에 대한 명부가 있어야 할 것인데, 이것이 없을 경우에는 명부를 작성하는 데 많은 비용이 소요되거나 명부작성 그 자체가 불가능할 수도 있다. 또한 층화임의추출법을 적용하려 할 때에는 모집단을 층화해야 하고 각 층에 대한 명부가 필요하기 때문에 표본추출이 용이하지 않다. 그러므로 세대를 추출단위로 단순무작위 추출하는 것보다 서울시의 행정구역 단위인 통이나 동 단위의 구획을 추출단위로 사용하는 것이 간편할 것이다. 서울시의 통 명부를 얻은 후에 통을 단순무작위 추출법으로 추출한 후 추출된 표본 통 내의 모든 세대에 대해서 연간 생활비를 조사하면 전체를 추정할 수 있을 것이다.

집락표본추출법은 모집단의 조사단위 목록표(list)가 없거나 작성하는 데 많은 비용이 드는 반면에 집락에 대한 추출대장을 용이하게 얻을 수 있을 때와 조사단위 간의 거리가 멀수록 관찰비용이 증가할 경우에 활용된다.

집락표본추출법 사용 시 주의할 점은 적절한 집락 결정과 집락의 적절한 크기 결정이다. 같은 집락 내의 대상물들은 서로 가깝게 분포되어 있으므로 유사한 특성을 갖게 될 것이며, 따라서 동일 집락 내의 관찰값들 사이에는 상관관계가 상당히 클 것이다. 이런 경우에는 집락 내에서 관찰값을 증가시킨다고 해도 모수에 관한 정보의 양이 증가되지 않을 것이므로 집락의 크기를 너무 크게 했을 경우에는 조사비용만 낭비할 것이다. 집락을 구성하는 조사단위들은 같은 집락 내에서 서로 상이해야만 같은 모수를 추정하는 데 있어서 좋은 추정값이 된다.

집락의 크기를 작게 할수록 추정값의 변이에 대한 관리가 용이한 반면에 크기를 크게 하면 조사비용이 적게 들어 경제적인 면에서 유리하게 되므로 조사구획(집락)의 크기와 개수 사이의 최적성을 찾는 것이 중요하다. 크기와 개수의 최적성에 대한 유일한 이론이나 정리가 없고 모든 문제의 경우에 따라서 적절한 최적해를 얻어야 하므로 다양한 크기에 대한 사전조사를 통해서 충분한 정보를 획득한 후에 집락의 크기와 개수를 결정해야 한다.

집락표본추출법과 층화추출법의 차이는 층화추출법은 동일 층 내 동질성이 높아야 하며 다른 층간 이질성이 높아야 한다. 반면에 집락표본추출법은 집락 내의 변량들 이질성이 높아야 하며 집락 간의 변량들 동질성이 높아야 한다.

집락표본추출방법으로 2단 집락추출법(two-stage cluster sampling)과 확률비례추출법(probability proportional to size sampling 또는 PPS sampling)이 많이 활용되고 있다.

(4) 계통추출법

계통추출법(systematic sampling)은 추출방법이 간편하고 쉽기 때문에 대규모 조사에서 주로 많이 이용된다. 계통추출법의 장점은 표본조사의 전문인이 아닐지라도 표본추출을 용이하게 실행할 수 있고, 표본이 모집단의 전반에 걸쳐 널리 퍼져 있으므로 모집단을 보다 잘 대표하는 표본을 추출할 수 있다는 것이다.

계통추출방법은 모집단 프레임으로부터 처음의 k개 단위들 중에서 무작위로 하나의 단위를 추출하고 그 이후 매 k번째 간격마다 하나씩의 단위를 표본으로 추출하는 표본추출방법을 1/k 계통추출법(1-in-k systematic sampling)이라고 한다.

예를 들어 한 자동차회사에서 지난 한 해 동안 자사제품을 구입한 고객들의 불만이 무엇인지 알아보려 한다. 작년 구매자는 60,000명이고 이중 1,000명의 표본을 추출하고자 한다. 이 경우 작년 구매자 60,000명에게 각각 고유번호를 부여한다. 또한 1,000은 60,000의 1/60이므로 1에서 60 사이의 숫자 중 임의의 난수 하나를 뽑는다. 이후 이 숫자에 60씩 더한 숫자들을 표본으로 선출한다.

계통추출법의 장점은 여러 가지가 있는데 대표적인 장점은 다음과 같다.

표본의 추출이 간편하며, 표본추출 시 선택오차(selection error)가 발생할 수 있는데 이것을 줄일 수 있다.

또한 계통추출방법은 단순무작위추출법의 대용으로 사용할 수 있다. 만일 모집단의 리스트가 랜덤하게 배열되어 있는 경우에는 계통추출법에 의해 표본을 뽑아도 거의 단순무작위 추출법과 같은 효과를 지니게 된다. 그러므로 표본의 추출 시에는 수월한 계통추출법을 사용하고 그 조사로부터 얻어진 자료들을 분석할 때에는 단순무작위 추출법의 이론에 의해 분석하면 된다. 단순무작위 추출법에 의하면 표본이 모집단의 어느 일부분으로 치우쳐 나타날 가능성이 있는 반면, 계통추출법은 그런 가능성을 배제하게 된다.

14.4.3 비확률표본추출법

대표적인 비확률표본추출방법인 편의표본추출(convenience sampling)은 조사자 또는 면접원이 편리한 장소와 시간에 접촉하기 편리한 대상들을 표본으로 추출하는 것으로 목표모집단 구성원들은 동질적(homogeneous)이어서 어떤 구성원을 대상으로 조사하더라도 마찬가지라는 것을 가정하고 있다. 편의표본추출방법의 장점은 조사대상을 적은 비용과 시간으로 확보할 수 있다는 것이다. 또한 편의표본추출방법으로 설문지 개발 후 사전조사(pretest) 등에 사용될 수 있고 편의표본으로부터 엄격한 분석결과를 획득하지는 못하지만 조사대상들의 특성에 대한 개괄적 정보를 획득할 수 있다. 그러나 편의표본추출방법의 대표적인 한계점은 표본의 모집단 대표성이 매우 낮다는 것이다.

할당표본추출(quota sampling)은 나이, 성별, 소득수준 등과 같은 인구통계적 특성에 따라 지역적 측면에서 사전에 정해진 비율에 따라 모집단 구성원들을 할당하는 방법으로 층화표본추출과 구별이 필요하다. 할당표본추출방법은 모집단에 대한 대표성이 단순무작위표본에 비해 높으나 할당표본추출을 하기 위해서 모집단의 특성에 대한 사전지식이 필요하며 이를 전혀 모르는 경우 할당표본추출은 불가능하다는 한계점을 가지고 있다.

판단표본추출(judgment sampling) 방법은 조사자가 조사목적에 적합하다고 판단되는 구성원들을 표본으로 추출하는 것으로 해당분야의 전문가들의 의견이 표적모집단의 대표성을 갖는다고 가정한다. 판단표본추출은 해당분야의 전문가로 판단되어 선정된 표본이 실제로 유용한 정보를 제공할 수 있다면 판단표본추출법은 매우 유용하나 판단표본이 편의표본보다 더 대표성을 가질 것이라는 것은 가정이나 기대일 뿐, 실제로 모집단의 대표성 정도는 평가할 수 없다는 한계를 가지고 있다.

눈덩이 표본추출(snowball sampling)방법은 조사자가 적절하다고 판단되는 조사대상자들을 선정한 다음 그들로 하여금 또 다른 조사대상자들을 추천하도록 하는 방법으로 처음에는 조사자의 판단에 따라 조사대상자들이 선정되므로 판단표본추출법의 일종이라 할 수 있다. 눈덩이 표본추출 방법은 조사자가 표적모집단 구성원들 중 극소수 이외에는 누가 표본으로 적절한지를 판단할 수 없는 경우 사용될 수 있다. 그러나 연속적 추천에 의해 선정된 조사대상자들끼리는 동질성이 높을 수 있지만 표적모집단과는 매우 괴리된 특성을 가질 수도 있다는 한계점을 가지고 있다.

14.4.4 표본추출법 결정 시 고려할 요인

표본추출법 결정 시 고려할 요인들로는 가장 효율적이고 적합한 추출법을 선택하는 것이 중요하다. 특히 조사의 목적에 따라 표본추출방법에 대한 선택이 이루어져야 한다. 조사의 목적이 목표모집단의 특성을 정확히 추정하는 것이 매우 중요하다면 표본의 모집단 대표성이 높도록 확률표본추출을 해야 하나 표적모집단의 특성에 대한 개괄적인 아이디어를 얻고자 한다면 단순히 편의표본을 이용할 수도 있다.

목표모집단에 대한 사전지식 여부도 표본추출방법의 선택에 매우 중용하다. 대표적으로 층화표본추출, 체계적추출, 할당표본추출을 하기 위해서는 표적모집단에 대한 사전지식이 필요하며, 판단표본추출과 눈덩이 표본추출의 경우도 표적모집단에 대한 사전지식이 요구되며, 목표모집단에 대한 사전지식이 전무하다면 단순무작위 혹은 편의표본추출을 할 수밖에 없다.

표본추출을 위해서는 표본 조사의 용이성, 조사비용 등을 함께 고려해야 하며 가능한 한 단순한 표본추출법을 사용하며 시간적 제약이 큰 경우 비확률표본추출방법을 통해 시간절약을 할 수 있다. 예산이 한정적인 경우 정확한 정보획득을 포기하더라도 비확률표본추출을 할 수밖에 없다.

14.5 표본크기결정

표본설계를 할 때는 표본크기를 사전에 결정해야 한다. 표본크기는 표본조사에서 허용되는 비용과 추정치의 정도(desired precision)와 신뢰성(reliability) 및 표준오차에 의해서 결정된다. 표본조사에 소요되는 비용은 고정되었으며, 모든 추출단위의 조사비용은 동일한 것으로 간주하고, 여기서는 정도, 신뢰도와 표준오차의 관계식에 의해서 최적 표본의 크기를 결정하기로 하자.

정도 d, 신뢰계수 z_{α}와 표준오차 $\sigma_{\bar{x}}$가 주어졌을 때 관계식은(모집단의 평균을 추정할 경우)

$$d^2 = z_{\alpha/2}^2 \cdot \sigma_{\bar{x}}^2 \tag{14.3}$$

이다. 여기서 정도 d는 모평균에 대한 $100(1-\alpha)\%$ 신뢰구간의 너비의 반(1/2)으로 오차한계라고도 한다.

비복원추출법으로 표본을 추출하고자 할 때 관계식은

$$d^2 = z_{\alpha/2}^2 \cdot \frac{N-n}{N}\frac{s^2}{n} \tag{14.4}$$

이 되고, 요구되는 표본의 크기는

$$n = \frac{N(z_{\alpha/2}s)^2}{Nd^2 + (z_{\alpha/2}s)^2} \tag{14.5}$$

이다. 반면에 복원추출법으로 표본을 추출할 때는

$$d^2 = z_{\alpha/2}^2 \cdot \frac{s^2}{n} \tag{14.6}$$

이 성립하며, 표본의 크기는

$$n = \frac{(z_{\alpha/2}s)^2}{d^2} \qquad (14.7)$$

에 의해서 결정된다.

예를 들어 한 무리의 소떼가 있는데 표본분산이 $s^2 = 600$으로 추산되었다. 소의 평균 체중을 ± 5kg의 허용오차와 상당히 높은 신뢰도($z_{\alpha/2} = 3$)로 추정하고자 한다 (95% 신뢰수준에서 $z_{\alpha/2} \approx 2$ 이다). 적정한 표본의 크기는 얼마인가?

식 (14.7)에서, 요구되는 표본의 크기 n은

$$n = \frac{9 \times 600}{25} = 216$$

인 것을 쉽게 알 수 있다.

만일에 소의 총 마리수 $N = 2000$이라면 식 (14.5)을 이용하여, 요구되는 표본의 크기를 다음과 같이 구할 수 있다.

$$n = \frac{2000 \times 9 \times 600}{2000 \times 25 + 9 \times 600} = 195$$

참고문헌

1. Gouri K. Bhattacharyya & Richard A. Johnson, Statistical Concepts and Methods, John Wiley & Sons, Inc. New York, 1977.
2. Rovert G.D. Steel & James H. Torrie, Principles and Procedures of Statistics, McGraw-Hill book Co., New York, 1980.
3. L. Lincoln Chao. Statistics: Methods and Analysis, McGraw-Hill Co., 1969.
4. MININTAB User's Guide: Data, Graphics, and Macros, MINITAB Inc. 1997.
5. MININTAB User's Guide: Data Analysis and Quality Control, MINITAB Inc. 1997.
6. Taro Yamane, Elementary Sampling Theory, Prentice-Hall, Inc. Englewood Dliffs, N.J., 1967.
7. Wilfrid J. Dixon & Frank J. Massey, Jr., Introduction to Statistical analysis, McGraw-Hill Co., 1969.
8. 김재주 외 7인, 「재개정판 현대통계학」, 영지문화사, 1985.
9. 김홍기 · 김주성 · 전홍석, 「통계학」, 이우출판사, 1983.
10. 김우철외 7인, 「일반통계학」, 영지문화사, 1998.
11. 남궁평 · 김연형, 「표본이론」, 박영사, 1986.
12. 최종석 외 3인, 「통계학개론」, 정익사, 1986.

부록 A

R 사용법

1. R 개요
2. R 프로그래밍 기초
3. R 데이터 형태와 자료구조
4. R 자료입력
5. R 함수
6. R 제어문
7. R 연산자

1 R 개요

1.1 R 소개

R 프로그래밍 언어(줄여서 R)는 통계 계산과 그래픽을 위한 프로그래밍 언어이자 소프트웨어 환경이다. 뉴질랜드 오클랜드 대학의 로버트 젠틀맨(Robert Gentleman)과 로스 이하카(Ross Ihaka)에 의해 시작되어 현재는 R 코어팀이 개발하고 있다. R은 GPL하에 배포되는 S 프로그래밍 언어의 구현으로 GNU S라고도 한다. 통계 소프트웨어 개발과 자료 분석에 널리 사용되고 있으며, 패키지 개발이 용이하여 통계학자들 사이에서 통계 소프트웨어 개발에 많이 쓰이고 있다. R은 사용자가 제작한 패키지를 추가하여 기능을 확장할 수 있다.

1.2 R 설치

R은 인터넷을 통해 자유롭게 다운받아 사용가능하다. 공식적인 R에 대한 홈페이지(http://www.r-project.org)에서 다운받을 수 있다.

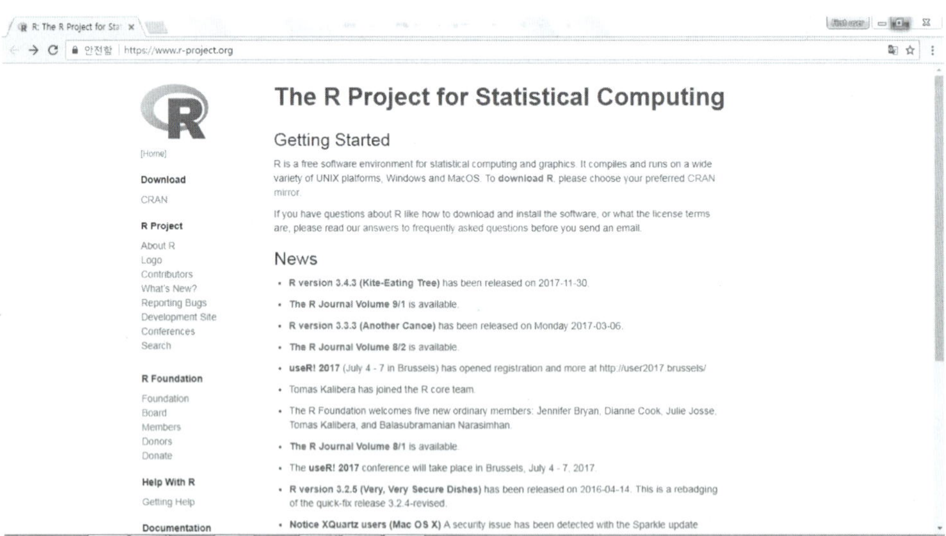

- 홈페이지 화면 왼쪽의 Download의 CRAN을 선택하면 세계 여러 나라의 미러 사이트를 이용할 수 있다. Korea mirror site 중 1곳을 선택한다.

Korea

http://healthstat.snu.ac.kr/CRAN/	Graduate School of Public Health, Seoul National University, Seoul
https://cran.biodisk.org/	The Genome Institute of UNIST (Ulsan National Institute of Science and Technology)
http://cran.biodisk.org/	The Genome Institute of UNIST (Ulsan National Institute of Science and Technology)

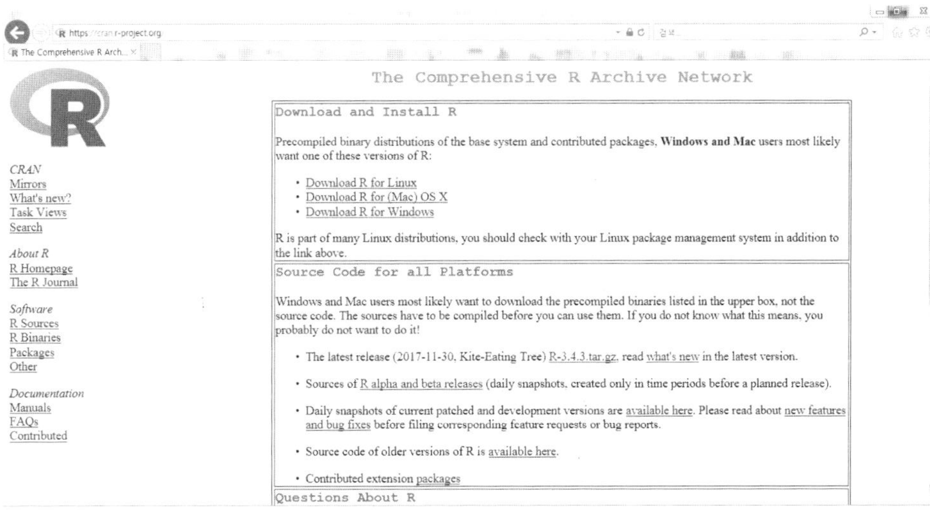

• 컴퓨터 운영체계(Linux, Mac, Windows)를 선택한다.

• Windows용 설치파일(Download R for Windows)을 클릭한 후 아래 화면에서 base를 선택한다.

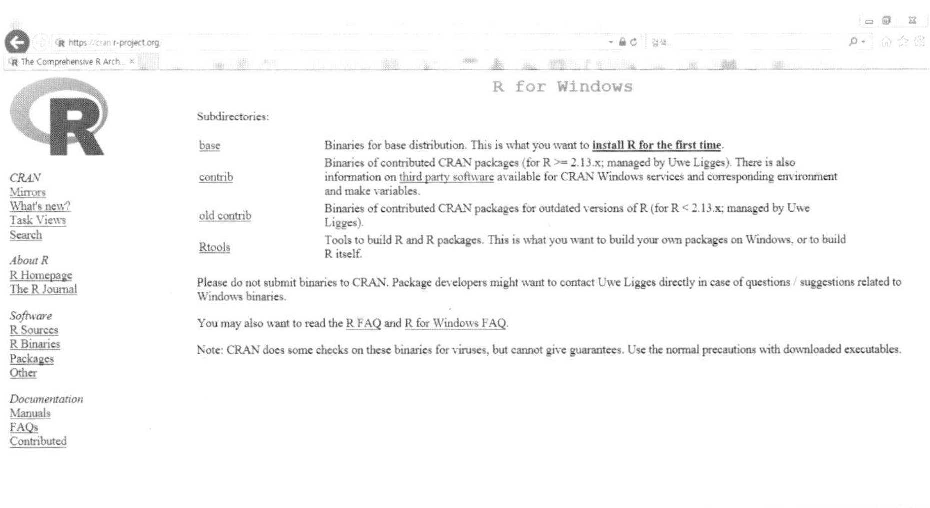

• Download R 3.5.0 for Windows를 클릭하면 R program(R-3.5.0-win.exe)가 컴퓨터에 다운된다.

R-3.5.0 for Windows (32/64 bit)

Download R 3.5.0 for Windows (62 megabytes, 32/64 bit)
Installation and other instructions
New features in this version

- 다운받은 R program(R-3.5.0-win.exe)의 실행을 마치면 바탕화면에 R 프로그램 아이콘이 만들어진다.

1.3 RStudio 설치

RStudio란 R의 통합개발환경(統合開発環境, Integrated Development Environment, IDE)으로 R을 사용하는 데에 편리하고 유용한 기능을 제공한다.

RStudio를 설치하기 전에 우선 R을 설치해야 한다. RStudio의 desktop 버전은 홈페이지(https://www.rstudio.com)에서 다운받을 수 있다.

1) RStudio에서 Download 선택

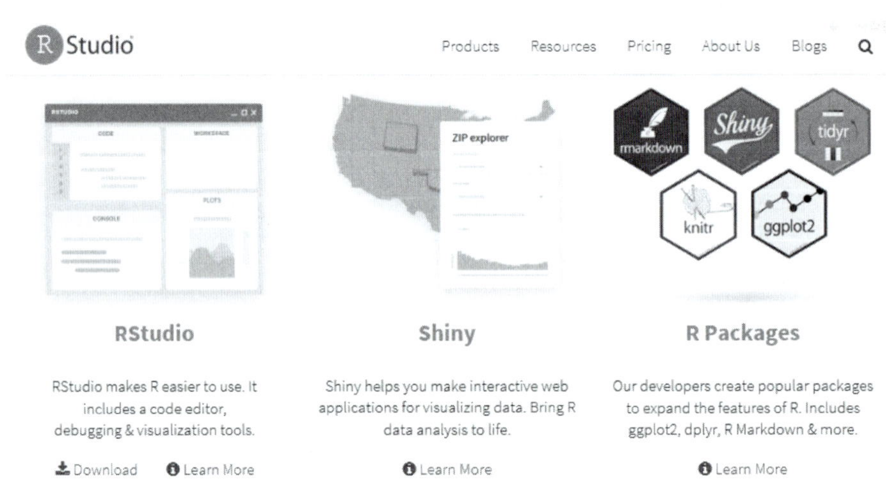

2) RStudio Desktop Open Source에서 DOWNLOAD NOW 클릭

3) 사용 중인 운영체제 선택

사용 중인 운영체제가 Windows 10인 경우 RStudio 1.1.447-Windows Vista/7/8/10을 선택한다. 현재 RStudio 버전은 1.1.447(2018년 4월 29일 기준)이다.

Installers for Supported Platforms

Installers	Size	Date	MD5
RStudio 1.1.447 - Windows Vista/7/8/10	85.8 MB	2018-04-18	359df07f279db25c99d0f91449b0fc33
RStudio 1.1.447 - Mac OS X 10.6+ (64-bit)	74.5 MB	2018-04-18	13d679b7ec208bd31f22550c0cdd6c99
RStudio 1.1.447 - Ubuntu 12.04-15.10/Debian 8 (32-bit)	89.3 MB	2018-04-18	8186c1b10793a6ff3138cd16af3ea433
RStudio 1.1.447 - Ubuntu 12.04-15.10/Debian 8 (64-bit)	97.4 MB	2018-04-18	ad9410a0c74eb68d4c34bd880fd103a6
RStudio 1.1.447 - Ubuntu 16.04+/Debian 9+ (64-bit)	64.5 MB	2018-04-18	1eecbf2c80fb329a8a1bcb92a68e459e
RStudio 1.1.447 - Fedora 19+/RedHat 7+/openSUSE 13.1+ (32-bit)	88.1 MB	2018-04-18	aac10abbc88315ddd3bf2b25ce8d9814
RStudio 1.1.447 - Fedora 19+/RedHat 7+/openSUSE 13.1+ (64-bit)	90.6 MB	2018-04-18	0dd507d4ece283a64b63f759dc9e4fad

4) 다운 받은 RStudio program(RStudio-1.1-447.exe)의 실행을 마치면 바탕화면에 RStudio 프로그램 아이콘이 만들어진다.

1.4 RStudio 화면구성

RStudio는 4개의 주요패널을 가지고 있다.

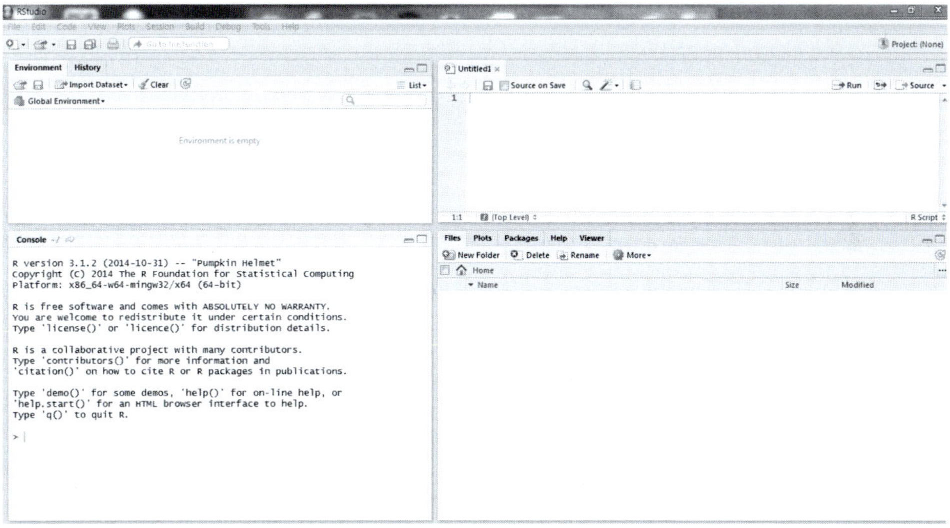

- Source: 소스편집기와 테이블뷰어 패널
  여러 개의 탭을 사용할 수 있으며 각각의 탭은 소스 파일이나 frame 형태의 데이터(data frame) 보기로 구성된다.
- Console: R 콘솔

명령어를 입력하고 텍스트 결과를 볼 수 있는 패널

- Environment, History, Build, VCS: 명령이력과 작업영역 브라우저 패널
- Files, Plots, Packages, Help, Viewer: 파일, 플롯, 패키지, 도움말 패널 파일 탐색, 도움말보기, 찾기, 패키지 불러오기/닫기, 설치 작업에 사용

1.5 R(또는 R Studio) 실행

1.5.1 R 콘솔 창 사용

R을 실행시키려면 바탕화면에 생성된 RStudio icon을 더블클릭하면 R 콘솔(console) 화면이 나타난다. R 명령을 실행시키기 위해서는 R prompt(〉) 다음에 원하는 명령어를 한 줄씩 입력(one-line interactive command)하면 된다. R은 계산기(calculator)로도 사용이 가능하다.

예

```
〉 25 + 50
[1] 75
〉 x=1:20
〉 plot(x,log(x),type='b')
```

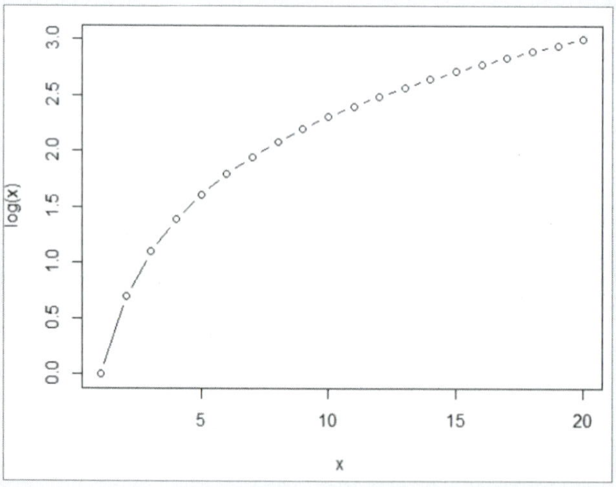

R을 종료하려면 File menu에서 Quit Session을 선택하거나 R console 창에서 q()를 입력하면 된다.

1.5.2 R 스크립트(또는 Editor) 창 사용

R 명령을 한 줄씩 입력시켜 실행하는 대신 R 프로그램을 한꺼번에 실행시키려면 파일 확장자가 *.R인 R 프로그램을 스크립트(script) 창을 사용해 저장해 사용하면 된다.

• R Editor를 사용한 R 프로그램 사용

a. R source file 생성 및 저장
menu bar: File 〉 New File 〉 R Script을 선택하면 R Editor 창이 열린다.
이 창에 R source 작성 후 저장(파일 〉 다른 이름으로 저장 *.R)

b. R Source 를 R Editor로 불러오기
File 〉 Open Script

c. R Editor에서 R program 실행(Ctrl+Enter) 또는 RUN 단축키 클릭

1.6 R 도움말

온라인 도움말을 보기위해 help( ) 함수를 사용한다.

```
help()
help(help)                    # help()와 동일
help(Syntax)                  # R Syntax
help(matrix)                  # ?matrix 와 동일
help(t.test)
help("for")                   # 또는  ?"for",따옴표 필요
?"+"                          # 산술연산자
help(package="MASS")          # package 도움말
library(help="MASS")          # 위와 동일
data()                        # 사용가능한 모든 데이터셋 출력
?women                        # 데이터셋 "women"
```

각 도움말에는 예제가 들어있다. example( ) 함수나 demo( ) 함수를 사용하면 예제 도움을 얻을 수 있다.

```
example(t.test)               # example of t test
example(mean)                 # example of mean
help(demo)
demo()                        # R demos
```

```
demo(graphics)          # Example of Graphics
demo(image)             # image-like graphics
```

1.7 R 패키지

R 패키지는 R 함수, 데이터, 코드의 집합체이다. 패키지가 저장된 디렉토리를 library라고 한다.

R 설치시 설치되는 표준 패키지와 개별 개발자(contributor)가 만든 추가 패키지로 구분된다. 추가 패키지는 필요 시 R 사이트에서 다운받아서 사용가능하다.

자동으로 불러오기가 되지 않는 패키지를 사용하기 위해서는 library( ) 함수를 사용하여 불러오기(loading)를 해주어야 한다.

```
# Package status
# (1) installed and loaded
> sessionInfo()
# (2) installed but not loaded
> library(MASS)
# (3) not installed
> install.packages("ggplot2")
```

예

```
> library(MASS)       # load package 'MASS'
> help(ginv)
> require(MASS)       # the same as library(MASS)
```

1.8 작업 디렉토리

작업 디랙토리(working directory)는 컴퓨터에서 현재 작업 중인 폴더이다. 현재 작업 디렉토리 내에서 외부 파일을 읽어 들이거나 원하는 파일을 생성할 수 있다.

작업 디렉토리를 바꾸자고 하면 setwd( ) 함수를 사용하면 된다.

예

```
> setwd("e:/data")      # Use a forward slash (/)
> getwd()
```

```
[1] "e:/data"
> dir()
 [1] "exam.dat" "kse"
```

2 R 프로그래밍 기초

2.1 R 문장 사용형식

1. default prompt (>) 다음에 R 명령어 사용
2. 할당문: <-, = , ->기호 사용
3. 주석문(comments): #(hashmark) 사용
4. R 문장이 한 줄 이상에 걸쳐서 들어올 때 연속 기호(+) 사용
5. 한 줄에 여러 개의 R 문장 사용 시 semi-colon(;) 으로 구분
6. 이전문장 불러들이기(recall): keyboard에서 ↑(up arrow)사용
7. R 명령문은 대소문자를 구별한다(R is a case sensitive)

2.2 변수명

예약어를 제외한 모든 영문자와 숫자, 특수문자(.(dot), _(underline))의 조합으로 만들 수 있다. 첫 글자는 문자나 .(dot)으로 시작해야하며 숫자나 _(underline)로 시작할 수 없다.

예

```
> a=3.14159 # pi
> a
[1] 3.14159
> x='Korea' # string
> x
[1] "Korea“
```

2.3 객체 및 작업공간

R은 기본적으로 변수 혹은 객체(object)라는 것을 이용한다. 여기서 객체란 변수에

할당할 수 있는 모든 것을 일컫는 추상적 용어이다. 예컨대, 모든 함수, data, 적합 모형 등 독자적인 '것'을 말한다. 현재 저장된 객체들의 집합을 작업공간(workspace)이라고 한다. 작업공간은 현재의 R 작업환경으로 사용자가 정의한 객체(벡터, 행렬, 데이터 프레임, 리스트, 함수)가 저장되는 공간이다.

현재 사용 중인 R 의 객체들을 보기 위해서 사용되는 R 명령어는 다음과 같다.

```
objects() or ls()
```

3 R 데이터 형태와 자료구조

3.1 기본 자료형태

R은 기본적으로 벡터언어를 사용하며, 기본 자료형태에는 숫자, 문자, 복소수, 논리형 등이 있다. R은 이런 기본 형태를 원자벡터(atomic vector)라고 한다. 원자벡터란 더 이상 쪼갤 수 없는, 한 가지 형태의 데이터 형태만 담을 수 있다는 뜻이다.

- 숫자형(Numeric): 수치 값을 나타내며. 정수(integer)와 실수(double)를 포함함
  c( ), numeric( ), integer( ), factor( ), ordered( )
- 논리형(logical): TRUE와 FALSE의 논리값
  logical( )
- 문자형(character): 문자와 문자열을 나타냄
  character( )
- 복소수형(complex): 실수와 허수로 구성된 복소수를 나타냄

벡터의 기본형이 무엇인지를 보려면 mode( ) 함수, class( ) 함수를 사용하면 된다. mode( )는 기본 자료의 구조의 따른 분류방법이다. 또한 모든 객체는 추상자료형인 '클래스'도 가지고 있는데 class가 무엇인지 보려면 class( ) 함수를 사용하면 된다.

기본 벡터와 다른 형태의 벡터에는 factor, dates, 특수값(special values) 등이 있다. R에서 사용되는 특수한 형태의 값은 다음과 같다.

NULL　　비어 있는 값으로 자료의 크기가 0이다. 유형(mode)이 없고 정의되

	지 않은 값
NA	결측치(Not Available / missing value)
NaN	수학적으로 정의되지 않은(Not a Number)
Inf, -Inf	무한대(infinity)

예1

```
> x=1:5; x
[1] 1 2 3 4 5
> x < 5                # less than
[1]  TRUE  TRUE  TRUE  TRUE FALSE
> x == 3  # equal
[1] FALSE FALSE  TRUE FALSE FALSE
> x != 3   # not equal
[1]  TRUE  TRUE FALSE  TRUE  TRUE
> eigen(cbind(-1,2:1))$values # complex values [1] 0+1i 0-1i
[1] 0+1i 0-1i
> text <- "Korea";
> text
[1] "Korea"
```

예2

```
> mode(pi)
[1] "numeric"
> a=3.14159; mode(a)
[1] "numeric"
> mode(2>3)
[1] "logical"
> mode(T) # T, F, TRUE, FALSE
[1] "logical"
> mode(1+4i)
[1] "complex"
> mode("Asia")
[1] "character"
```

예3 특수값(special values)

```
> c(1,2,NA)
```

```
[1]  1  2 NA
> log(-5)
[1] NaN
Warning message:
In log(-5) : NaNs produced
> 1/0
[1] Inf
> log(0)
[1] -Inf
```

3.2 데이터 구조

중요한 R 객체형태(R object types)로는 벡터, 행렬, 배열, 요인, 데이터프레임, 함수, 리스트 등이 있다.

- 벡터(vector)는 1차원 배열로 가장 기본적인 자료구조 동일한 유형(mode)의 자료로 구성되어 있다.
- 행렬(matrix)은 2차원 벡터로 모든 원소가 동일한 유형이어야 한다.
- 배열(array)은 다차원 벡터로 구성되며 모든 원소가 동일 유형이어야 한다.

혼합된 유형의 자료 형태로 데이터프레임과 리스트가 있다.

- 데이터프레임(data frame)은 행과 열로 이루어져 모양은 행렬과 같이 열의 길이가 동일해야 하나 열 벡터의 유형을 다르게 할 수 있다.
- 리스트(list)는 행과 열의 길이가 다른 다양한 객체들을 하나로 묶을 수 있는 자료 형태이다.

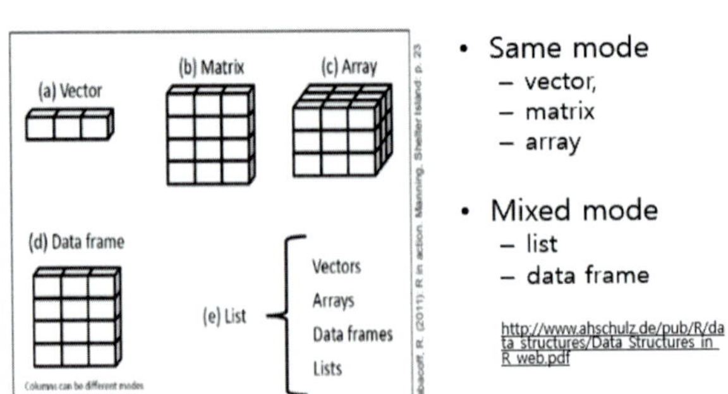

Data Structures in R / Arne Hendrik Schulz

3.2.1 배열, 벡터, 행렬

배열이란 한 가지 형태의 스칼라 값으로 구성된 자료구조이다. 즉 배열에는 숫자면 숫자, 문자면 문자 값만을 포함하여야 하지 문자와 숫자가 혼합되어 들어갈 수 없다. 1차원 배열은 vector라고 하고, 2차원 배열을 행렬이라고 한다. 하나의 벡터의 원소는 한 가지 유형(mode)만이 가능하다.

(1) **벡터생성:** c(combine) 함수, rep, seq, scan 등의 함수 사용

```
> a1 = c(3, 7, 9, 11)                 # 숫자 벡터 생성
> a2 = c("a", "b", "c")               # 문자 벡터 생성
> a3 = 1:5                            # 1-5의 연속된 정수값(integer)을 갖는 벡터 생성
> a4 = rep(1, times = 5)              # 1을 5번 반복한 벡터 생성
> a51 = seq(from=3,to=5,by=0.2)       # 3부터 5까지 0.2씩 증가하는 숫자 벡터
> a6 = seq(from=3,to=5,length=11)     # 3부터 5까지 11개의 원소를 갖는 숫자벡터
```

```
# 벡터 인덱싱(indexing)
> a = -5:5
> a[4] = 3.14                         # 3.14를 벡터 a의 5번째 원소로 삽입
> a[5:7] = c(2, 4, 6)                 # 5-7번째 원소의 값을 2,4,6,으로 치환
```

```
# 벡터의 특정요소(element) 선택: [ ]
# 벡터의 특정요소 삭제: [-]
> x=1:10
> x[2]                                # 2번째 원소
> x[-2]                               # 2번째를 제외한 나머지 원소
> x[1:5]                              # 1-5번째 원소
> x[(length(x)-4):length(x)]          # 마지막 5개 원소
> x[c(1,3,5)]                         # 1,3,5번째 원소
> x[-c(1,3,5)]                        # 1,3,5번째를 제외한 나머지 원소
> x[x>3]                              # 3보다 큰 원소
> x[x < 3 | x > 7]                    # x < 3 or x > 72
> which(x == max(x))                  # 가장 큰 값을 가지는 원소의 위치
```

(2) **행렬 생성:** 행렬은 2차원 배열로 matrix( ) 함수를 사용하여 생성한다.

```
# 하나의 벡터에서 행렬생성: 열의 왼쪽부터 오른쪽으로 채워짐
> matrix(c(1,2,3,4,5,6), nrow = 2, ncol = 3)        # nrow: 행의 수, ncol: 열의 수
     [,1] [,2] [,3]
[1,]    1    3    5
[2,]    2    4    6

#  둘이상의 벡터로부터 행렬생성: cbind, rbind 명령 사용
> x <- c(1, 2, 3)                                   # 3개의 값은 가진 벡터 x생성
> y <- c(4, 5, 6)                                   # 3개의 값은 가진 벡터 y생성
> rbind(x, y)                                       # 행이 2, 열이 3인 2차원 행렬생성
  [,1] [,2] [,3]
x    1    2    3
y    4    5    6
> cbind(x, y)                                       # 행이 3, 열이 2인 2차원 행렬생성
     x y
[1,] 1 4
[2,] 2 5
[3,] 3 6
```

3.2.2 요인

R에서 사용하는 데이터 타입 중 요인(factor) 벡터는 명목형(범주형) 데이터를 표현하는 데 사용된다.

요인은 문자벡터처럼 보이지만, 실제로 내부를 보면 정수로서 순위를 가질 수도, 순위를 갖지 않을 수도 있다

예1

```
> x <- c(1, 1, 1, 1, 1, 2, 2, 2, 2, 9, 9, 9, 9)
> factor(x)
 [1] 1 1 1 1 1 2 2 2 2 9 9 9 9
Levels: 1 2 9
```

예2

```
> type <- sample(0:1, 20, replace=T)
> type
 [1] 0 1 0 1 1 0 0 0 0 0 0 1 1 1 0 0 1 1 0 0
> typ.f <- factor(type, labels=c("Head","Tail"))
> typ.f
 [1] Head Tail Head Tail Tail Head Head Head Head Head Head
[12] Tail Tail Tail Head Head Tail Tail Head Head
Levels: Head Tail
> is.factor(typ.f)
[1] TRUE
> is.factor(type)
[1] FALSE
```

3.2.3 리스트

리스트는 벡터의 일반화된 형태로 차원(dimension)이 다르거나 유형(mode)이 다른 벡터를 하나로 묶어 주는 데이터 구조이다. 또한 서로 다른 객체(예를 들어 행렬과 데이터프레임 등)들을 결합시켜 하나의 다른 이름으로 모을 수 있다.

```
> x=c(1,2,3,4)                    # 숫자벡터
> y=c('a','b','c','d','e')        # 문자벡터
> z=list(v1=x, v2=y)
> z
$v1
[1] 1 2 3 4
$v2
[1] "a" "b" "c" "d" "e"

> z$v1
[1] 1 2 3 4
> z$v2
[1] "a" "b" "c" "d" "e"
```

3.2.4 데이터프레임

일반적인 데이터셋을 R은 데이터프레임이라고 한다. 같은 길이의 벡터 또는 요인으로 이루어진 데이터셋으로 열에는 변수가, 행에는 관측치가 들어간다. 행렬과 비슷한 형태로 되어있으나 행렬에는 열들이 동일한 형태(mode)의 자료로 구성된 반면 데이터프레임은 서로 다른 형태의 자료를 가질 수 있다.

데이터프레임은 데이터셋과 함께 데이터셋에 대한 메타 정보로서 변수 이름, 변수 레이블(label) 등을 포함하는 구조체이다. 데이터프레임의 구조를 보기위해 str( ) 함수 사용한다.

데이터프레임 내의 변수명을 언급할 때는 기호 [ ]나 $를 사용한다.

변수명만으로 언급하고 싶을 때는 attach( ) 후 변수명만 사용가능하다.

예

```
> a <- c(1,2,3,4)
> b <- c(2,4,6,8)
> levels <- factor(c("A","B","A","B"))
> dat <- data.frame(first=a, second=b, f=levels)
> dat
  first second f
1     1      2 A
2     2      4 B
3     3      6 A
4     4      8 B
> dat[,2]
[1] 2 4 6 8
> dat$second
[1] 2 4 6 8
```

3.3 부분데이터 추출

객체들의 부분집합을 추출(subsetting)하는 방법은 다음과 같다.

• 함수사용 : subset(x)

```
# 조건에 맞는 vector, matrix, data frame의 일부추출
subset(BOD, demand<15)
```

```
female=subset(body,gender==2)
```

• 벡터

```
x=rnorm(26,0,3); y=rnorm(26,5,3)
x[c(1,5,10)]; x[-(1:12)]; x[x<1]
x[x <=1  & y > 3 & is.na(x)]
names(x)=letters
x[c("a","b","c")]
```

• 행렬

```
A=matrix(rnorm(100),ncol=5)
A[1:5,];            A[,c(2,5)];          A[,-(3:4)]
A[A[,1] <5,];       A[14:19,c(1,3)]
dim(A); length(A)
dimnames(A) = list(as.character(1:20),paste("col",1:5,sep=""))
A[,"col3"]
```

• 리스트

```
v=list(c(1,5,20),c("aardvark","antelope"),matrix(runif(100),ncol=4))
v[[1]];    v[1:2]
names(v) = c("number","animal","mat")
v$number;           v$mat[1:5,]
```

• 데이터프레임

행렬이나 리스트에서와 동일 방법으로 사용

4 자료입력

4.1 R console에서 직접입력: 함수 scan( ) 사용

scan( ) 함수는 콘솔에서 Enter key를 두 번 누를 때까지의 값을 읽어 벡터를 생성

예1 벡터생성(숫자)

```
> score=scan()
75 63 49 86 53
80 70 72 81 80
69 76 85 95 66
77 77 63 58 74
68 90 82 59 60

> score
```

예2 벡터생성(문자)

```
> president.name=scan(,what="")
이승만 박정희 최규하 전두환 노태우
김대중 노무현 이명박 박근혜 문재인

> president.name
```

예3 list로 읽기

```
> x=scan("",what=list(bank="",상품명="",interest.rate=0))
KB국민은행        국민수퍼정기예금    1.40
신한은행          신한S드림정기예금   1.35
한국씨티은행      프리스타일예금      1.55

> x
> class(x)
> y=as.data.frame(x);
> y
> class(y)
> mean(y$interest.rate)
```

4.2 외부 파일 읽기

4.2.1 scan("filename")

```
h/data/testv.txt
```

```
1
2
3
4
5
```

```
> x=scan('h:/data/testv.txt')
Read 5 items
> x
 [1] 1 2 3 4 5
```

4.2.2 matrix("filename")

```
> x=matrix(scan('h:/data/testm.txt'),ncol=4,byrow=T)
Read 12 items
> x
     [,1] [,2] [,3] [,4]
[1,]    1    2    3    4
[2,]    5    6    7    8
[3,]    9   10   11   12
```

4.2.3 데이터프레임으로 읽어들이기

예1 구분자가 *인 텍스트(.txt) 파일 읽어 들이기

demo.txt

```
Argentina*2766890*39144753
Armenia*29800*2991360
Korea*98480*48598175
```

```
> setwd("f:/data") # or R menu bar에서 파일 > 디렉토리변경
> getwd()
[1] "c:/mydocuments/data"
> ff=read.table('demo.txt',sep='*')
> ff
           V1        V2        V3
```

```
1 Argentina 2766890 39144753
2   Armenia   29800  2991360
3     Korea   98480 48598175

> names(ff)=c('country','area','population')
> ff
    country    area  population
1 Argentina 2766890    39144753
2   Armenia   29800     2991360
3     Korea   98480    48598175
```

예2 고정형식(fixed width format) 파일

```
> fifa=read.fwf('E:/Data/korea roster.txt',widths=c(3,15,3,3,4,30))
> names(fifa)=c('no','player','pos','age','caps','club')
> head(fifa)
  no          playe r pos age caps                         club
1  1 Choi Eun-Sung   GK  29   32    Taejon Citizen (South Korea)
2  2 Hyun Young-Min   D  22    8     Ulsan Hyundai (South Korea)
3  3 Choi Sung-Yong   M  26   60 Suwon Blue Wings (South Korea)
4  4 Choi Jin-Cheul   D  31   15  Chonbuk Hyundai (South Korea)
5  5 Kim Nam-Il       M  25   21  Chunnam Dragons (South Korea)
6  6 Yoo Sang-Chul    M  30   92         Kashiwa Reysol (Japan)
```

5 R 함수

함수(function)란 특정한 작업을 독립적으로 수행하는 프로그램 코드의 집합체로서 R객체의 한 종류(class)이다.

R이 사전에 미리 제공하는 함수들을 내장(built-in) 함수라고 하고 사용자가 직접 정의하는 함수를 사용자정의 함수(user defined function)라고 한다.

```
함수이름 <- function(인수) {
        실행할 문장 들
        return(객체)
}
```
- function: 함수를 정의하는데 사용하는 예약어
- 인수(arguments, parameters): 함수가 사용할 인수들
- 함수이름: 정의된 함수를 할당하므로 생성되는 객체이름

예1

```
> myfun <- function(x) {
+         y=x^2
+ }
> (y=myfun(1:5))
[1]  1  4  9 16 25
```

예2

```
> cube <- function(x) {x3=x^3; print(x3)}
> cube(3)
[1] 27
> cube(4)
[1] 64
```

6 제어문

6.1 조건문

조건문에는 벡터의 길이가 1일 때 사용되는 if문과 길이가 1보다 큰 경우에 사용되는 ifelse문이 있다.

6.1.1 if문

```
[사용형식]
        if(cond) expr
        if(cond) cons.expr  else  alt.expr
```

예

```
> help("if")
> x=TRUE
> if(x) {
+ print("x is TRUE")
+ }
[1] "x is TRUE"

> x=FALSE
> if(x) {
+ print('x is TRUE')
+ } else {
+ print('x is FALSE')
+ }
[1] "x is FALSE"
```

6.1.2 ifelse문

```
[사용형식]
        ifelse(test, yes, no)
```

예

```
> x <- c(1,2,2,1,2)
> ifelse(x==1, 'Male', 'Female')
[1] "Male"   "Female" "Female" "Male"   "Female"
```

6.1.3 if... else if... else문

```
[사용형식]
          if(cond) expr
           else if(cond) expr
            ⋮
           else expr
```

예 2차방정식의 근 구하기

```
quad <- function(a0, a1, a2) {
  # 이차방정식  a2*x^2 + a1*x + a0 = 0의 해 구하기
  if (a2 == 0 && a1 == 0 && a0 == 0) {
    roots <- NA
  } else if (a2 == 0 && a1 == 0) {
    roots <- NULL
  } else if (a2 == 0) {
    roots <- -a0/a1
  } else {
    #  판별식 (discriminant) 값 계산
    discrim <- a1^2 - 4*a2*a0
    # 판별식의 값에 따라 해 구하기
    if (discrim > 0) {
        roots <- (-a1 + c(1,-1) * sqrt(a1^2 - 4*a2*a0))/(2*a2)
    } else if (discrim == 0) {
        roots <- -a1/(2*a2)
    } else {
        roots <- NULL
    }
  }
  return(roots)
}
> quad(1,4,2)
[1] -0.2928932 -1.7071068
> quad(1,4,5)
NULL
```

6.2 반복문

```
[사용형식]
        for(var in seq) expr
```

예 1–10까지 합 구하기

```
> tot=0
> for(i in 1:10) {
+     tot=tot+i
+ }
> tot
[1] 55
```

7 R 연산자

R에서 사용되는 연산자에는 산술연산자, 관계연산자, 비교연산자 등이 있다.
연산자에 대한 도움말은 help(Syntax) 함수를 사용하여 얻을 수 있다.

```
> help(Syntax)

- 산술연산자(arithmetic operators)

  > help(Arithmetic)

  +       덧셈
  -       뺄셈, 음수부호
  *       곱셈
  /       나누기
  %/%     modulo 정수나눗셈(integer division)
  %%      remainder 정수나눗셈으로부터의 나머지(x mod y)
  %*%     matrix의 곱

- 관계연산자(relational operators)
```

〉?Comparison

==	equal
!=	not equal
〈	less than
〉	greater than
〈=	less than or equal to
〉=	greater than or equal to

- 논리연산자(logical operators)

〉?Logic

&	논리곱(logical AND) - Elementwise
|	논리합(logical OR) - Elementwise
!	논리부정(logical NOT)
&&	논리곱 - 순차적으로 하나씩 비교하다 T, F가 결정되면 비교를 멈춤
||	논리합 - 순차적으로 하나씩 비교하다 T, F가 결정되면 비교를 멈춤

부록 B

확률분포표

[표 A] 난수표

[표 B] 이항분포표

[표 C] 표준정규분포표

[표 D] t 분포표

[표 E] χ^2 분포표

[표 F] F 분포표

[표 A] 난수표

First And Second Thousand

First Thousand

	1–4		5–8		9–12		13–16		17–20		21–24		25–28		29–32		33–36		37–40	
1	23	15	75	48	59	01	83	72	59	93	76	24	97	08	86	95	23	03	67	44
2	05	54	55	50	43	10	53	74	35	08	90	61	18	37	44	10	96	22	13	43
3	14	87	16	03	50	32	40	43	62	23	50	05	10	03	22	11	54	38	08	34
4	38	97	67	49	51	94	05	17	58	53	78	80	59	01	94	32	42	87	16	95
5	97	31	26	17	18	99	75	53	08	70	94	25	12	58	41	54	88	21	05	13
6	11	74	26	93	81	44	33	93	08	72	32	79	73	31	18	22	64	70	68	50
7	43	36	12	88	59	11	01	64	56	23	93	00	90	04	99	43	64	07	40	36
8	93	80	62	01	78	38	26	80	44	91	55	75	11	89	32	58	47	55	25	71
9	49	54	01	31	81	08	42	98	41	87	69	53	82	96	61	77	73	80	95	27
10	36	76	87	26	33	37	94	82	15	69	41	95	96	86	70	45	27	48	38	80
11	07	09	25	23	92	24	62	71	26	07	06	55	84	53	44	67	33	84	53	20
12	43	31	00	10	81	44	86	38	03	07	52	55	51	61	48	89	74	29	46	47
13	61	57	00	63	60	06	17	36	37	75	63	14	89	51	23	35	01	74	69	93
14	31	35	28	37	99	10	77	91	89	41	31	57	97	64	48	62	58	48	69	19
15	57	04	88	65	26	27	79	59	36	82	90	52	95	65	46	35	06	53	22	54
16	09	24	34	42	00	68	72	10	71	37	30	72	97	57	56	09	29	82	76	50
17	97	95	53	50	18	40	89	48	83	29	52	23	08	25	21	22	53	26	15	87
18	93	73	25	95	70	43	78	19	88	85	56	67	16	68	26	95	99	64	45	69
19	72	62	11	12	25	00	921	26	82	64	35	66	65	94	34	71	68	75	18	67
20	61	02	07	44	18	45	37	12	07	94	95	91	73	78	66	99	53	61	93	78
21	97	83	98	54	74	33	05	59	17	18	45	47	35	41	44	22	03	42	30	00
22	89	16	09	71	92	22	23	29	06	37	35	05	54	54	89	88	43	81	63	61
23	25	96	68	82	20	62	87	17	92	65	02	82	35	28	62	84	91	95	48	83
24	81	44	33	17	19	05	04	95	48	06	74	69	00	75	67	65	01	71	65	45
25	11	32	25	49	31	42	36	23	43	86	08	62	49	76	67	42	24	52	32	45

Second Thousand

	1–4		5–8		9–12		13–16		17–20		21–24		25–28		29–32		33–36		37–40	
1	64	75	58	38	85	84	12	22	59	20	17	69	61	56	55	95	04	59	59	47
2	10	30	25	22	69	77	43	63	44	30	38	11	24	90	67	07	35	82	33	28
3	71	01	79	84	95	51	30	85	03	74	66	59	10	28	87	53	76	56	91	49
4	60	01	25	56	05	88	41	03	48	79	79	65	59	01	69	78	80	00	36	66
5	37	33	09	46	56	49	16	14	28	02	48	27	45	47	55	44	55	36	50	90
6	47	86	98	70	01	31	59	11	22	73	62	62	61	28	22	34	29	16	12	12
7	38	04	04	27	37	64	16	78	95	78	39	32	34	93	24	88	43	43	87	06
8	73	50	83	09	08	83	05	48	00	78	36	66	93	02	95	56	46	04	53	36
9	32	62	34	64	74	84	06	10	43	24	20	62	83	73	19	32	35	64	39	69
10	97	59	19	95	49	36	63	03	51	06	62	06	99	29	75	95	32	05	77	34
11	74	01	23	19	55	59	79	09	69	80	66	22	42	40	15	96	74	90	75	89
12	56	75	42	64	57	13	35	10	50	14	90	96	63	36	74	69	09	63	34	88
13	49	80	04	99	08	54	83	12	19	98	08	52	82	63	72	92	921	36	50	26
14	43	58	48	96	47	24	87	85	66	70	00	22	15	01	93	99	59	16	23	77
15	16	65	37	96	64	60	32	57	13	01	35	74	28	36	36	73	05	88	72	29
16	48	50	26	90	55	65	32	25	87	48	31	44	68	02	37	31	25	29	63	67
17	96	76	55	46	92	36	31	68	62	30	48	29	63	83	52	23	81	66	40	94
18	38	92	36	15	50	80	35	78	17	84	23	44	41	24	63	33	99	22	81	28
19	77	95	88	16	94	25	22	50	55	87	51	07	30	10	70	60	21	86	19	61
20	17	92	82	80	65	25	58	60	87	71	02	64	18	50	64	65	79	64	81	70
21	94	03	68	59	78	02	31	80	44	99	41	05	41	05	31	87	43	12	15	96
22	47	46	06	04	79	56	23	04	84	17	14	37	28	51	67	27	55	80	03	68
23	47	85	65	60	88	51	99	28	24	39	40	64	41	71	70	13	46	31	82	88
24	57	61	63	46	53	92	29	86	20	18	10	37	57	65	15	62	98	69	07	56
25	08	30	09	27	04	66	75	26	66	10	57	18	87	91	07	54	22	22	20	13

[표 A] 난수표

Third And Fourth Thousand

Third Thousand

	1–4		5–8		9–12		13–16		17–20		21–24		25–28		29–32		33–36		37–40	
1	89	22	210	23	62	65	78	77	47	33	51	27	23	02	13	92	44	13	96	51
2	04	00	59	98	18	63	91	82	90	32	94	01	24	23	63	01	26	11	06	50
3	98	54	63	80	66	50	85	67	50	45	40	64	52	28	41	53	25	44	41	25
4	41	71	98	44	01	59	22	60	13	14	54	58	14	03	98	49	98	86	55	79
5	28	73	37	24	89	00	78	52	58	43	24	61	34	97	97	85	56	78	44	71
6	65	21	38	39	27	77	76	20	30	86	80	74	22	43	95	68	47	68	37	92
7	65	55	31	26	78	90	90	69	04	66	43	67	02	62	17	69	90	03	12	05
8	05	66	86	90	80	73	02	98	57	46	58	33	27	82	31	45	98	69	29	98
9	39	30	29	97	18	49	75	77	95	19	27	38	77	63	73	47	26	29	16	12
10	64	59	23	22	54	45	87	92	94	31	38	32	00	59	81	18	06	78	71	37
11	07	51	34	87	92	47	31	48	36	60	68	90	70	53	36	82	57	99	15	82
12	86	59	36	85	01	56	63	89	98	00	82	83	93	51	48	56	54	10	72	32
13	83	73	52	25	99	97	97	78	12	48	36	83	89	95	60	32	41	06	76	14
14	08	59	52	18	26	54	65	50	82	04	87	99	01	70	33	56	25	80	53	84
15	41	27	32	71	49	44	29	36	94	58	16	82	86	39	62	15	86	43.	54	31
16	00	47	37	59	08	56	23	81	22	42	72	63	17	63	14	47	25	20	63	47
17	86	13	15	37	89	81	38	30	78	68	89	13	29	61	82	07	00	98	64	32
18	33	84	97	83	59	04	40	20	35	86	03	17	68	86	63	08	01	82	25	46
19	61	87	04	16	57	07	46	80	86	12	98	08	39	73	49	20	77	54	50	91
20	43	89	86	59	23	25	07	88	61	29	78	49	19	76	53	91	50	08	07	86
21	29	93	93	91	23	04	54	84	59	85	60	95	20	66	41	28	72	64	64	73
22	38	50	58	55	55	14	38	85	50	77	18	65	79	48	87	67	83	17	08	19
23	31	82	43	84	31	67	12	82	55	11	72	04	41	15	62	53	27	98	22	68
24	91	43	00	37	67	13	56	11	55	97	06	75	09	25	52	02	39	13	87	55
25	38	63	56	89	76	25	49	89	75	26	96	45	80	38	05	04	11	66	35	14

Fourth Thousand

	1–4		5–8		9–12		13–16		17–20		21–24		25–28		29–32		33–36		37–40	
1	02	49	05	41	22	27	94	43	93	64	04	23	07	20	74	11	67	95	40	82
2	11	96	73	64	69	60	62	78	37	01	09	25	33	02	08	01	38	53	74	82
3	48	25	68	34	65	49	69	92	40	79	05	40	33	51	54	39	61	30	31	36
4	27	24	67	30	80	21	48	12	35	36	04	88	18	99	77	49	48	49	30	71
5	32	53	27	72	65	72	43	07	07	22	86	52	91	84	57	92	65	71	00	11
6	66	75	79	89	55	92	37	59	34	31	43	20	45	58	25	45	44	36	92	65
7	11	26	63	45	45	76	50	59	77	46	34	66	82	69	99	26	74	29	75	16
8	17	87	23	91	42	45	56	18	01	46	93	13	74	89	24	64	25	75	92	84
9	62	56	13	03	65	03	40	81	47	54	51	79	80	81	33	61	01	09	77	30
10	62	79	63	07	79	35	49	77	05	01	30	10	50	81	33	00	99	79	19	70
11	75	51	02	17	71	04	33	93	36	60	42	75	76	22	23	87	56	54	84	68
12	87	43	90	16	91	63	51	72	65	90	44	43	70	72	17	98	70	63	90	32
13	97	74	20	26	21	10	74	87	88	03	38	33	76	52	26	92	14	95	90	51
14	98	81	10	60	01	21	57	10	28	75	21	82	68	39	12	85	18	66	16	24
15	51	26	40	18	52	64	60	79	25	53	29	00	42	66	95	78	58	36	29	98
16	40	23	99	33	76	10	41	96	86	10	49	12	00	29	41	80	03	59	93	17
17	26	93	65	91	86	51	66	72	76	45	46	32	94	46	81	94	19	06	66	47
18	88	50	21	17	16	98	29	94	09	74	42	39	46	22	00	69	09	48	16	46
19	63	49	93	80	93	25	59	36	19	95	79	86	78	05	69	01	02	33	83	74
20	36	37	98	12	06	03	31	77	87	10	73	82	83	10	83	60	50	94	40	91
21	93	80	12	23	22	47	47	95	70	17	59	33	43	06	47	43	06	12	66	60
22	29	85	68	71	20	56	31	15	00	53	25	36	58	12	65	22	41	40	24	31
23	97	72	08	79	31	88	26	51	30	50	71	01	71	51	77	06	95	79	29	19
24	85	23	70	91	05	74	60	14	63	77	59	93	81	56	47	34	17	79	27	53
25	75	74	67	52	68	31	72	79	57	73	72	36	48	73	24	36	87	90	68	02

[표 B] 이항분포표

$$P(X \leq c) = \sum_{x=0}^{c} \binom{n}{x} p^x (1-p)^{n-x}$$

		p										
		.05	.10	.20	.30	.40	.50	.60	.70	.80	.90	.95
	c											
n=1	0	0.950	0.900	0.800	0.700	0.600	0.500	0.400	0.300	0.200	0.100	0.050
	1	1.000	1.000	1.000	1.000	1.000	1.000	1.000	1.000	1.000	1.000	1.000
n=2	0	0.903	0.810	0.640	0.490	0.360	0.250	0.160	0.090	0.040	0.010	0.003
	1	0.997	0.990	0.960	0.910	0.840	0.750	0.640	0.510	0.360	0.190	0.098
	2	1.000	1.000	1.000	1.000	1.000	1.000	1.000	1.000	1.000	1.000	1.000
n=3	0	0.857	0.729	0.512	0.343	0.216	0.125	0.064	0.027	0.008	0.001	0.000
	1	0.993	0.972	0.896	0.784	0.648	0.500	0.352	0.216	0.104	0.028	0.007
	2	1.000	0.999	0.992	0.973	0.936	0.875	0.784	0.657	0.488	0.271	0.143
	3	1.000	1.000	1.000	1.000	1.000	1.000	1.000	1.000	1.000	1.000	1.000
n=4	0	0.815	0.656	0.410	0.240	0.130	0.063	0.026	0.008	0.002	0.000	0.000
	1	0.986	0.948	0.819	0.652	0.475	0.313	0.179	0.084	0.027	0.004	0.000
	2	1.000	0.996	0.973	0.916	0.821	0.688	0.525	0.348	0.181	0.052	0.014
	3	1.000	1.000	0.998	0.992	0.974	0.938	0.870	0.760	0.590	0.344	0.185
	4	1.000	1.000	1.000	1.000	1.000	1.000	1.000	1.000	1.000	1.000	1.000
n=5	0	0.774	0.590	0.328	0.168	0.078	0.031	0.010	0.002	0.000	0.000	0.000
	1	0.977	0.919	0.737	0.528	0.337	0.188	0.087	0.031	0.007	0.000	0.000
	2	0.999	0.991	0.942	0.837	0.683	0.500	0.317	0.163	0.058	0.009	0.001
	3	1.000	1.000	0.993	0.969	0.913	0.813	0.663	0.472	0.263	0.081	0.023
	4	1.000	1.000	1.000	0.998	0.990	0.969	0.922	0.832	0.672	0.410	0.226
	5	1.000	1.000	1.000	1.000	1.000	1.000	1.000	1.000	1.000	1.000	1.000
n=6	0	0.735	0.531	0.262	0.118	0.047	0.016	0.004	0.001	0.000	0.000	0.000
	1	0.967	0.886	0.655	0.420	0.233	0.109	0.041	0.011	0.002	0.000	0.000
	2	0.998	0.984	0.901	0.744	0.544	0.344	0.179	0.070	0.017	0.001	0.000
	3	1.000	0.999	0.983	0.930	0.821	0.656	0.456	0.256	0.099	0.016	0.002
	4	1.000	1.000	0.998	0.989	0.959	0.891	0.767	0.580	0.345	0.114	0.033
	5	1.000	1.000	1.000	0.999	0.996	0.984	0.953	0.882	0.738	0.469	0.265
	6	1.000	1.000	1.000	1.000	1.000	1.000	1.000	1.000	1.000	1.000	1.000
n=7	0	0.698	0.478	0.210	0.082	0.028	0.008	0.002	0.000	0.000	0.000	0.000
	1	0.956	0.850	0.577	0.329	0.159	0.063	0.019	0.004	0.000	0.000	0.000
	2	0.996	0.974	0.852	0.647	0.420	0.227	0.096	0.029	0.005	0.000	0.000
	3	1.000	0.997	0.967	0.874	0.710	0.500	0.290	0.126	0.033	0.003	0.000
	4	1.000	1.000	0.995	0.971	0.904	0.773	0.580	0.353	0.148	0.026	0.004
	5	1.000	1.000	1.000	0.996	0.981	0.938	0.841	0.671	0.423	0.150	0.044
	6	1.000	1.000	1.000	1.000	0.998	0.992	0.972	0.918	0.790	0.522	0.302
	7	1.000	1.000	1.000	1.000	1.000	1.000	1.000	1.000	1.000	1.000	1.000

		p										
		.05	.10	.20	.30	.40	.50	.60	.70	.80	.90	.95
	c											
n=8	0	0.663	0.430	0.168	0.058	0.017	0.004	0.001	0.000	0.000	0.000	0.000
	1	0.943	0.813	0.503	0.255	0.106	0.035	0.009	0.001	0.000	0.000	0.000
	2	0.994	0.962	0.797	0.552	0.315	0.145	0.050	0.011	0.001	0.000	0.000
	3	1.000	0.995	0.944	0.806	0.594	0.363	0.174	0.058	0.010	0.000	0.000
	4	1.000	1.000	0.990	0.942	0.826	0.637	0.406	0.194	0.056	0.005	0.000
	5	1.000	1.000	0.999	0.989	0.950	0.855	0.685	0.448	0.203	0.038	0.006
	6	1.000	1.000	1.000	0.999	0.991	0.965	0.894	0.745	0.497	0.187	0.057
	7	1.000	1.000	1.000	1.000	0.999	0.996	0.983	0.942	0.832	0.570	0.337
	8	1.000	1.000	1.000	1.000	1.000	1.000	1.000	1.000	1.000	1.000	1.000
n=9	0	0.630	0.387	0.134	0.040	0.010	0.002	0.000	0.000	0.000	0.000	0.000
	1	0.929	0.775	0.436	0.196	0.071	0.020	0.004	0.000	0.000	0.000	0.000
	2	0.992	0.947	0.738	0.463	0.232	0.090	0.025	0.004	0.000	0.000	0.000
	3	0.999	0.992	0.914	0.730	0.483	0.254	0.099	0.025	0.003	0.000	0.000
	4	1.000	0.999	0.980	0.901	0.733	0.500	0.267	0.099	0.020	0.001	0.000
	5	1.000	1.000	0.997	0.975	0.901	0.746	0.517	0.270	0.086	0.008	0.001
	6	1.000	1.000	1.000	0.996	0.975	0.910	0.768	0.537	0.262	0.053	0.008
	7	1.000	1.000	1.000	1.000	0.996	0.980	0.929	0.804	0.564	0.225	0.071
	8	1.000	1.000	1.000	1.000	1.000	0.998	0.990	0.960	0.866	0.613	0.370
	9	1.000	1.000	1.000	1.000	1.000	1.000	1.000	1.000	1.000	1.000	1.000
n=10	0	0.599	0.349	0.107	0.028	0.006	0.001	0.000	0.000	0.000	0.000	0.000
	1	0.914	0.736	0.376	0.149	0.046	0.011	0.002	0.000	0.000	0.000	0.000
	2	0.988	0.930	0.678	0.383	0.167	0.055	0.012	0.002	0.000	0.000	0.000
	3	0.999	0.987	0.879	0.650	0.382	0.172	0.055	0.011	0.001	0.000	0.000
	4	1.000	0.998	0.967	0.850	0.633	0.377	0.166	0.047	0.006	0.000	0.000
	5	1.000	1.000	0.994	0.953	0.834	0.623	0.367	0.150	0.033	0.002	0.000
	6	1.000	1.000	0.999	0.989	0.945	0.828	0.618	0.350	0.121	0.013	0.001
	7	1.000	1.000	1.000	0.998	0.988	0.945	0.833	0.617	0.322	0.070	0.012
	8	1.000	1.000	1.000	1.000	0.998	0.989	0.954	0.851	0.624	0.264	0.086
	9	1.000	1.000	1.000	1.000	1.000	0.999	0.994	0.972	0.893	0.651	0.401
	10	1.000	1.000	1.000	1.000	1.000	1.000	1.000	1.000	1.000	1.000	1.000
n=11	0	0.569	0.314	0.086	0.020	0.004	0.000	0.000	0.000	0.000	0.000	0.000
	1	0.898	0.697	0.322	0.113	0.030	0.006	0.001	0.000	0.000	0.000	0.000
	2	0.985	0.910	0.617	0.313	0.119	0.033	0.006	0.001	0.000	0.000	0.000
	3	0.998	0.981	0.839	0.570	0.296	0.113	0.029	0.004	0.000	0.000	0.000
	4	1.000	0.997	0.950	0.790	0.533	0.274	0.099	0.022	0.002	0.000	0.000
	5	1.000	1.000	0.988	0.922	0.753	0.500	0.247	0.078	0.012	0.000	0.000
	6	1.000	1.000	0.998	0.978	0.901	0.726	0.467	0.210	0.050	0.003	0.000
	7	1.000	1.000	1.000	0.996	0.971	0.887	0.704	0.430	0.161	0.019	0.002
	8	1.000	1.000	1.000	0.999	0.994	0.967	0.881	0.687	0.383	0.090	0.015
	9	1.000	1.000	1.000	1.000	0.999	0.994	0.970	0.887	0.678	0.303	0.102
	10	1.000	1.000	1.000	1.000	1.000	1.000	0.996	0.980	0.914	0.686	0.431
	11	1.000	1.000	1.000	1.000	1.000	1.000	1.000	1.000	1.000	1.000	1.000

		p										
		.05	.10	.20	.30	.40	.50	.60	.70	.80	.90	.95
	c											
n=12	0	0.540	0.282	0.069	0.014	0.002	0.000	0.000	0.000	0.000	0.000	0.000
	1	0.882	0.659	0.275	0.085	0.020	0.003	0.000	0.000	0.000	0.000	0.000
	2	0.980	0.889	0.558	0.253	0.083	0.019	0.003	0.000	0.000	0.000	0.000
	3	0.998	0.974	0.795	0.493	0.225	0.073	0.015	0.002	0.000	0.000	0.000
	4	1.000	0.996	0.927	0.724	0.438	0.194	0.057	0.009	0.001	0.000	0.000
	5	1.000	0.999	0.981	0.882	0.665	0.387	0.158	0.039	0.004	0.000	0.000
	6	1.000	1.000	0.996	0.961	0.842	0.613	0.335	0.118	0.019	0.001	0.000
	7	1.000	1.000	0.999	0.991	0.943	0.806	0.562	0.276	0.073	0.004	0.000
	8	1.000	1.000	1.000	0.998	0.985	0.927	0.775	0.507	0.205	0.026	0.002
	9	1.000	1.000	1.000	1.000	0.997	0.981	0.917	0.747	0.442	0.111	0.020
	10	1.000	1.000	1.000	1.000	1.000	0.997	0.980	0.915	0.725	0.341	0.118
	11	1.000	1.000	1.000	1.000	1.000	1.000	0.998	0.986	0.931	0.718	0.460
	12	1.000	1.000	1.000	1.000	1.000	1.000	1.000	1.000	1.000	1.000	1.000
n=13	0	0.513	0.254	0.055	0.010	0.001	0.000	0.000	0.000	0.000	0.000	0.000
	1	0.865	0.621	0.234	0.064	0.013	0.002	0.000	0.000	0.000	0.000	0.000
	2	0.975	0.866	0.502	0.202	0.058	0.011	0.001	0.000	0.000	0.000	0.000
	3	0.997	0.966	0.747	0.421	0.169	0.046	0.008	0.001	0.000	0.000	0.000
	4	1.000	0.994	0.901	0.654	0.353	0.133	0.032	0.004	0.000	0.000	0.000
	5	1.000	0.999	0.970	0.835	0.574	0.291	0.098	0.018	0.001	0.000	0.000
	6	1.000	1.000	0.993	0.938	0.771	0.500	0.229	0.062	0.007	0.000	0.000
	7	1.000	1.000	0.999	0.982	0.902	0.709	0.426	0.165	0.030	0.001	0.000
	8	1.000	1.000	1.000	0.996	0.968	0.867	0.647	0.346	0.099	0.006	0.000
	9	1.000	1.000	1.000	0.999	0.992	0.954	0.831	0.579	0.253	0.034	0.003
	10	1.000	1.000	1.000	1.000	0.999	0.989	0.942	0.798	0.498	0.134	0.025
	11	1.000	1.000	1.000	1.000	1.000	0.998	0.987	0.936	0.766	0.379	0.135
	12	1.000	1.000	1.000	1.000	1.000	1.000	0.999	0.990	0.945	0.746	0.487
	13	1.000	1.000	1.000	1.000	1.000	1.000	1.000	1.000	1.000	1.000	1.000
n=14	0	0.488	0.229	0.044	0.007	0.001	0.000	0.000	0.000	0.000	0.000	0.000
	1	0.847	0.585	0.198	0.047	0.008	0.001	0.000	0.000	0.000	0.000	0.000
	2	0.970	0.842	0.448	0.161	0.040	0.006	0.001	0.000	0.000	0.000	0.000
	3	0.996	0.956	0.698	0.355	0.124	0.029	0.004	0.000	0.000	0.000	0.000
	4	1.000	0.991	0.870	0.584	0.279	0.090	0.018	0.002	0.000	0.000	0.000
	5	1.000	0.999	0.956	0.781	0.486	0.212	0.058	0.008	0.000	0.000	0.000
	6	1.000	1.000	0.988	0.907	0.692	0.395	0.150	0.031	0.002	0.000	0.000
	7	1.000	1.000	0.998	0.969	0.850	0.605	0.308	0.093	0.012	0.000	0.000
	8	1.000	1.000	1.000	0.992	0.942	0.788	0.514	0.219	0.044	0.001	0.000
	9	1.000	1.000	1.000	0.998	0.982	0.910	0.721	0.416	0.130	0.009	0.000
	10	1.000	1.000	1.000	1.000	0.996	0.971	0.876	0.645	0.302	0.044	0.004
	11	1.000	1.000	1.000	1.000	0.999	0.994	0.960	0.839	0.552	0.158	0.030
	12	1.000	1.000	1.000	1.000	1.000	0.999	0.992	0.953	0.802	0.415	0.153
	13	1.000	1.000	1.000	1.000	1.000	1.000	0.999	0.993	0.956	0.771	0.512
	14	1.000	1.000	1.000	1.000	1.000	1.000	1.000	1.000	1.000	1.000	1.000

		p										
		.05	.10	.20	.30	.40	.50	.60	.70	.80	.90	.95
	c											
n=15	0	0.463	0.206	0.035	0.005	0.000	0.000	0.000	0.000	0.000	0.000	0.000
	1	0.829	0.549	0.167	0.035	0.005	0.000	0.000	0.000	0.000	0.000	0.000
	2	0.964	0.816	0.398	0.127	0.027	0.004	0.000	0.000	0.000	0.000	0.000
	3	0.995	0.944	0.648	0.297	0.091	0.018	0.002	0.000	0.000	0.000	0.000
	4	0.999	0.987	0.836	0.515	0.217	0.059	0.009	0.001	0.000	0.000	0.000
	5	1.000	0.998	0.939	0.722	0.403	0.151	0.034	0.004	0.000	0.000	0.000
	6	1.000	1.000	0.982	0.869	0.610	0.304	0.095	0.015	0.001	0.000	0.000
	7	1.000	1.000	0.996	0.950	0.787	0.500	0.213	0.050	0.004	0.000	0.000
	8	1.000	1.000	0.999	0.985	0.905	0.696	0.390	0.131	0.018	0.000	0.000
	9	1.000	1.000	1.000	0.996	0.966	0.849	0.597	0.278	0.061	0.002	0.000
	10	1.000	1.000	1.000	0.999	0.991	0.941	0.783	0.485	0.164	0.013	0.001
	11	1.000	1.000	1.000	1.000	0.998	0.982	0.909	0.703	0.352	0.056	0.005
	12	1.000	1.000	1.000	1.000	1.000	0.996	0.973	0.873	0.602	0.184	0.036
	13	1.000	1.000	1.000	1.000	1.000	1.000	0.995	0.965	0.833	0.451	0.171
	14	1.000	1.000	1.000	1.000	1.000	1.000	1.000	0.995	0.965	0.794	0.537
	15	1.000	1.000	1.000	1.000	1.000	1.000	1.000	1.000	1.000	1.000	1.000
n=16	0	0.440	0.185	0.028	0.003	0.000	0.000	0.000	0.000	0.000	0.000	0.000
	1	0.811	0.515	0.141	0.026	0.003	0.000	0.000	0.000	0.000	0.000	0.000
	2	0.957	0.789	0.352	0.099	0.018	0.002	0.000	0.000	0.000	0.000	0.000
	3	0.993	0.932	0.598	0.246	0.065	0.011	0.001	0.000	0.000	0.000	0.000
	4	0.999	0.983	0.798	0.450	0.167	0.038	0.005	0.000	0.000	0.000	0.000
	5	1.000	0.997	0.918	0.660	0.329	0.105	0.019	0.002	0.000	0.000	0.000
	6	1.000	0.999	0.973	0.825	0.527	0.227	0.058	0.007	0.000	0.000	0.000
	7	1.000	1.000	0.993	0.926	0.716	0.402	0.142	0.026	0.001	0.000	0.000
	8	1.000	1.000	0.999	0.974	0.858	0.598	0.284	0.074	0.007	0.000	0.000
	9	1.000	1.000	1.000	0.993	0.942	0.773	0.473	0.175	0.027	0.001	0.000
	10	1.000	1.000	1.000	0.998	0.981	0.895	0.671	0.340	0.082	0.003	0.000
	11	1.000	1.000	1.000	1.000	0.995	0.962	0.833	0.550	0.202	0.017	0.001
	12	1.000	1.000	1.000	1.000	0.999	0.989	0.935	0.754	0.402	0.068	0.007
	13	1.000	1.000	1.000	1.000	1.000	0.998	0.982	0.901	0.648	0.211	0.043
	14	1.000	1.000	1.000	1.000	1.000	1.000	0.997	0.974	0.859	0.485	0.189
	15	1.000	1.000	1.000	1.000	1.000	1.000	1.000	0.997	0.972	0.815	0.560
	16	1.000	1.000	1.000	1.000	1.000	1.000	1.000	1.000	1.000	1.000	1.000
n=17	0	0.418	0.167	0.023	0.002	0.000	0.000	0.000	0.000	0.000	0.000	0.000
	1	0.792	0.482	0.118	0.019	0.002	0.000	0.000	0.000	0.000	0.000	0.000
	2	0.950	0.762	0.310	0.077	0.012	0.001	0.000	0.000	0.000	0.000	0.000
	3	0.991	0.917	0.549	0.202	0.046	0.006	0.000	0.000	0.000	0.000	0.000
	4	0.999	0.978	0.758	0.389	0.126	0.025	0.003	0.000	0.000	0.000	0.000
	5	1.000	0.995	0.894	0.597	0.264	0.072	0.011	0.001	0.000	0.000	0.000
	6	1.000	0.999	0.962	0.775	0.448	0.166	0.035	0.003	0.000	0.000	0.000
	7	1.000	1.000	0.989	0.895	0.641	0.315	0.092	0.013	0.000	0.000	0.000
	8	1.000	1.000	0.997	0.960	0.801	0.500	0.199	0.040	0.003	0.000	0.000
	9	1.000	1.000	1.000	0.987	0.908	0.685	0.359	0.105	0.011	0.000	0.000
	10	1.000	1.000	1.000	0.997	0.965	0.834	0.552	0.225	0.038	0.001	0.000
	11	1.000	1.000	1.000	0.999	0.989	0.928	0.736	0.403	0.106	0.005	0.000
	12	1.000	1.000	1.000	1.000	0.997	0.975	0.874	0.611	0.242	0.022	0.001
	13	1.000	1.000	1.000	1.000	1.000	0.994	0.954	0.798	0.451	0.083	0.009
	14	1.000	1.000	1.000	1.000	1.000	0.999	0.988	0.923	0.690	0.238	0.050
	15	1.000	1.000	1.000	1.000	1.000	1.000	0.998	0.981	0.882	0.518	0.208
	16	1.000	1.000	1.000	1.000	1.000	1.000	1.000	0.998	0.977	0.833	0.582
	17	1.000	1.000	1.000	1.000	1.000	1.000	1.000	1.000	1.000	1.000	1.000

		p										
		.05	.10	.20	.30	.40	.50	.60	.70	.80	.90	.95
	c											
n=18	0	0.397	0.150	0.018	0.002	0.000	0.000	0.000	0.000	0.000	0.000	0.000
	1	0.774	0.450	0.099	0.014	0.001	0.000	0.000	0.000	0.000	0.000	0.000
	2	0.942	0.734	0.271	0.060	0.008	0.001	0.000	0.000	0.000	0.000	0.000
	3	0.989	0.902	0.501	0.165	0.033	0.004	0.000	0.000	0.000	0.000	0.000
	4	0.998	0.972	0.716	0.333	0.094	0.015	0.001	0.000	0.000	0.000	0.000
	5	1.000	0.994	0.867	0.534	0.209	0.048	0.006	0.000	0.000	0.000	0.000
	6	1.000	0.999	0.949	0.722	0.374	0.119	0.020	0.001	0.000	0.000	0.000
	7	1.000	1.000	0.984	0.859	0.563	0.240	0.058	0.006	0.000	0.000	0.000
	8	1.000	1.000	0.996	0.940	0.737	0.407	0.135	0.021	0.001	0.000	0.000
	9	1.000	1.000	0.999	0.979	0.865	0.593	0.263	0.060	0.004	0.000	0.000
	10	1.000	1.000	1.000	0.994	0.942	0.760	0.437	0.141	0.016	0.000	0.000
	11	1.000	1.000	1.000	0.999	0.980	0.881	0.626	0.278	0.051	0.001	0.000
	12	1.000	1.000	1.000	1.000	0.994	0.952	0.791	0.466	0.133	0.006	0.000
	13	1.000	1.000	1.000	1.000	0.999	0.985	0.906	0.667	0.284	0.028	0.002
	14	1.000	1.000	1.000	1.000	1.000	0.996	0.967	0.835	0.499	0.098	0.011
	15	1.000	1.000	1.000	1.000	1.000	0.999	0.992	0.940	0.729	0.266	0.058
	16	1.000	1.000	1.000	1.000	1.000	1.000	0.999	0.986	0.901	0.550	0.226
	17	1.000	1.000	1.000	1.000	1.000	1.000	1.000	0.998	0.982	0.850	0.603
	18	1.000	1.000	1.000	1.000	1.000	1.000	1.000	1.000	1.000	1.000	1.000
n=19	0	0.377	0.135	0.014	0.001	0.000	0.000	0.000	0.000	0.000	0.000	0.000
	1	0.755	0.420	0.083	0.010	0.001	0.000	0.000	0.000	0.000	0.000	0.000
	2	0.933	0.705	0.237	0.046	0.005	0.000	0.000	0.000	0.000	0.000	0.000
	3	0.987	0.885	0.455	0.133	0.023	0.002	0.000	0.000	0.000	0.000	0.000
	4	0.998	0.965	0.673	0.282	0.070	0.010	0.001	0.000	0.000	0.000	0.000
	5	1.000	0.991	0.837	0.474	0.163	0.032	0.003	0.000	0.000	0.000	0.000
	6	1.000	0.998	0.932	0.666	0.308	0.084	0.012	0.001	0.000	0.000	0.000
	7	1.000	1.000	0.977	0.818	0.488	0.180	0.035	0.003	0.000	0.000	0.000
	8	1.000	1.000	0.993	0.916	0.667	0.324	0.088	0.011	0.000	0.000	0.000
	9	1.000	1.000	0.998	0.967	0.814	0.500	0.186	0.033	0.002	0.000	0.000
	10	1.000	1.000	1.000	0.989	0.912	0.676	0.333	0.084	0.007	0.000	0.000
	11	1.000	1.000	1.000	0.997	0.965	0.820	0.512	0.182	0.023	0.000	0.000
	12	1.000	1.000	1.000	0.999	0.988	0.916	0.692	0.334	0.068	0.002	0.000
	13	1.000	1.000	1.000	1.000	0.997	0.968	0.837	0.526	0.163	0.009	0.000
	14	1.000	1.000	1.000	1.000	0.999	0.990	0.930	0.718	0.327	0.035	0.002
	15	1.000	1.000	1.000	1.000	1.000	0.998	0.977	0.867	0.545	0.115	0.013
	16	1.000	1.000	1.000	1.000	1.000	1.000	0.995	0.954	0.763	0.295	0.067
	17	1.000	1.000	1.000	1.000	1.000	1.000	0.999	0.990	0.917	0.580	0.245
	18	1.000	1.000	1.000	1.000	1.000	1.000	1.000	0.999	0.986	0.865	0.623
	19	1.000	1.000	1.000	1.000	1.000	1.000	1.000	1.000	1.000	1.000	1.000
n=20	0	0.358	0.122	0.012	0.001	0.000	0.000	0.000	0.000	0.000	0.000	0.000
	1	0.736	0.392	0.069	0.008	0.001	0.000	0.000	0.000	0.000	0.000	0.000
	2	0.925	0.677	0.206	0.035	0.004	0.000	0.000	0.000	0.000	0.000	0.000
	3	0.984	0.867	0.411	0.107	0.016	0.001	0.000	0.000	0.000	0.000	0.000
	4	0.997	0.957	0.630	0.238	0.051	0.006	0.000	0.000	0.000	0.000	0.000
	5	1.000	0.989	0.804	0.416	0.126	0.021	0.002	0.000	0.000	0.000	0.000
	6	1.000	0.998	0.913	0.608	0.250	0.058	0.006	0.000	0.000	0.000	0.000
	7	1.000	1.000	0.968	0.772	0.416	0.132	0.021	0.001	0.000	0.000	0.000
	8	1.000	1.000	0.990	0.887	0.596	0.252	0.057	0.005	0.000	0.000	0.000
	9	1.000	1.000	0.997	0.952	0.755	0.412	0.128	0.017	0.001	0.000	0.000
	10	1.000	1.000	0.999	0.983	0.872	0.588	0.245	0.048	0.003	0.000	0.000
	11	1.000	1.000	1.000	0.995	0.943	0.748	0.404	0.113	0.010	0.000	0.000
	12	1.000	1.000	1.000	0.999	0.979	0.868	0.584	0.228	0.032	0.000	0.000
	13	1.000	1.000	1.000	1.000	0.994	0.942	0.750	0.392	0.087	0.002	0.000
	14	1.000	1.000	1.000	1.000	0.998	0.979	0.874	0.584	0.196	0.011	0.000
	15	1.000	1.000	1.000	1.000	1.000	0.994	0.949	0.762	0.370	0.043	0.003
	16	1.000	1.000	1.000	1.000	1.000	0.999	0.984	0.893	0.589	0.133	0.016
	17	1.000	1.000	1.000	1.000	1.000	1.000	0.996	0.965	0.794	0.323	0.075
	18	1.000	1.000	1.000	1.000	1.000	1.000	0.999	0.992	0.931	0.608	0.264
	19	1.000	1.000	1.000	1.000	1.000	1.000	1.000	0.999	0.988	0.878	0.642
	20	1.000	1.000	1.000	1.000	1.000	1.000	1.000	1.000	1.000	1.000	1.000

		p										
		.05	.10	.20	.30	.40	.50	.60	.70	.80	.90	.95
	c											
n=25	0	0.277	0.072	0.004	0.000	0.000	0.000	0.000	0.000	0.000	0.000	0.000
	1	0.642	0.271	0.027	0.002	0.000	0.000	0.000	0.000	0.000	0.000	0.000
	2	0.873	0.537	0.098	0.009	0.000	0.000	0.000	0.000	0.000	0.000	0.000
	3	0.966	0.764	0.234	0.033	0.002	0.000	0.000	0.000	0.000	0.000	0.000
	4	0.993	0.902	0.421	0.090	0.009	0.000	0.000	0.000	0.000	0.000	0.000
	5	0.999	0.967	0.617	0.193	0.029	0.002	0.000	0.000	0.000	0.000	0.000
	6	1.000	0.991	0.780	0.341	0.074	0.007	0.000	0.000	0.000	0.000	0.000
	7	1.000	0.998	0.891	0.512	0.154	0.022	0.001	0.000	0.000	0.000	0.000
	8	1.000	1.000	0.953	0.677	0.274	0.054	0.004	0.000	0.000	0.000	0.000
	9	1.000	1.000	0.983	0.811	0.425	0.115	0.013	0.000	0.000	0.000	0.000
	10	1.000	1.000	0.994	0.902	0.586	0.212	0.034	0.002	0.000	0.000	0.000
	11	1.000	1.000	0.998	0.956	0.732	0.345	0.078	0.006	0.000	0.000	0.000
	12	1.000	1.000	1.000	0.983	0.846	0.500	0.154	0.017	0.000	0.000	0.000
	13	1.000	1.000	1.000	0.994	0.922	0.655	0.268	0.044	0.002	0.000	0.000
	14	1.000	1.000	1.000	0.998	0.966	0.788	0.414	0.098	0.006	0.000	0.000
	15	1.000	1.000	1.000	1.000	0.987	0.885	0.575	0.189	0.017	0.000	0.000
	16	1.000	1.000	1.000	1.000	0.996	0.946	0.726	0.323	0.047	0.000	0.000
	17	1.000	1.000	1.000	1.000	0.999	0.978	0.846	0.488	0.109	0.002	0.000
	18	1.000	1.000	1.000	1.000	1.000	0.993	0.926	0.659	0.220	0.009	0.000
	19	1.000	1.000	1.000	1.000	1.000	0.998	0.971	0.807	0.383	0.033	0.001
	20	1.000	1.000	1.000	1.000	1.000	1.000	0.991	0.910	0.579	0.098	0.007
	21	1.000	1.000	1.000	1.000	1.000	1.000	0.998	0.967	0.766	0.236	0.034
	22	1.000	1.000	1.000	1.000	1.000	1.000	1.000	0.991	0.902	0.463	0.127
	23	1.000	1.000	1.000	1.000	1.000	1.000	1.000	0.998	0.973	0.729	0.358
	24	1.000	1.000	1.000	1.000	1.000	1.000	1.000	1.000	0.996	0.928	0.723
	25	1.000	1.000	1.000	1.000	1.000	1.000	1.000	1.000	1.000	1.000	1.000

[표 C] 표준정규분포표

$$P(Z \leq z) = \int_{-\infty}^{z} \frac{1}{\sqrt{2\pi}} e^{-t^2/2} dt$$

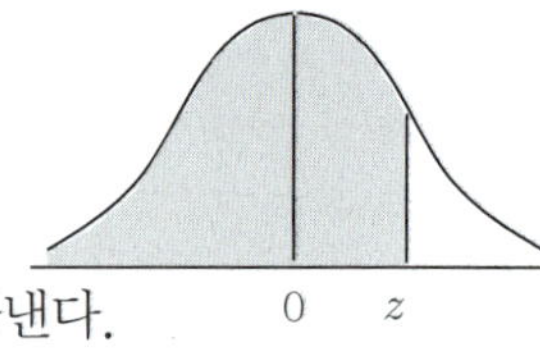

표의 숫자는 z보다 작거나 같을 확률을 나타낸다.

z	.00	.01	.02	.03	.04	.05	.06	.07	.08	.09
0.0	0.5000	0.5000	0.5080	0.5120	0.5160	0.5199	0.5239	0.5279	0.5319	0.5359
0.1	0.5398	0.5398	0.5478	0.5517	0.5557	0.5596	0.5636	0.5675	0.5714	0.5753
0.2	0.5793	0.5793	0.5871	0.5910	0.5948	0.5987	0.6026	0.6064	0.6103	0.6141
0.3	0.6179	0.6179	0.6255	0.6293	0.6331	0.6368	0.6406	0.6443	0.6480	0.6517
0.4	0.6554	0.6554	0.6628	0.6664	0.6700	0.6736	0.6772	0.6808	0.6844	0.6879
0.5	0.6915	0.6915	0.6985	0.7019	0.7054	0.7088	0.7123	0.7157	0.7190	0.7224
0.6	0.7257	0.7257	0.7324	0.7357	0.7389	0.7422	0.7454	0.7486	0.7517	0.7549
0.7	0.7580	0.7580	0.7642	0.7673	0.7703	0.7734	0.7764	0.7794	0.7823	0.7852
0.8	0.7881	0.7881	0.7939	0.7967	0.7995	0.8023	0.8051	0.8078	0.8106	0.8133
0.9	0.8159	0.8159	0.8212	0.8238	0.8264	0.8289	0.8315	0.8340	0.8365	0.8389
1.0	0.8413	0.8413	0.8461	0.8485	0.8508	0.8531	0.8554	0.8577	0.8599	0.8621
1.1	0.8643	0.8643	0.8686	0.8708	0.8729	0.8749	0.8770	0.8790	0.8810	0.8830
1.2	0.8849	0.8849	0.8888	0.8907	0.8925	0.8944	0.8962	0.8980	0.8997	0.9015
1.3	0.9032	0.9032	0.9066	0.9082	0.9099	0.9115	0.9131	0.9147	0.9162	0.9177
1.4	0.9192	0.9192	0.9222	0.9236	0.9251	0.9265	0.9279	0.9292	0.9306	0.9319
1.5	0.9332	0.9332	0.9357	0.9370	0.9382	0.9394	0.9406	0.9418	0.9429	0.9441
1.6	0.9452	0.9452	0.9474	0.9484	0.9495	0.9505	0.9515	0.9525	0.9535	0.9545
1.7	0.9554	0.9554	0.9573	0.9582	0.9591	0.9599	0.9608	0.9616	0.9625	0.9633
1.8	0.9641	0.9641	0.9656	0.9664	0.9671	0.9678	0.9686	0.9693	0.9699	0.9706
1.9	0.9713	0.9713	0.9726	0.9732	0.9738	0.9744	0.9750	0.9756	0.9761	0.9767
2.0	0.9772	0.9772	0.9783	0.9788	0.9793	0.9798	0.9803	0.9808	0.9812	0.9817
2.1	0.9821	0.9821	0.9830	0.9834	0.9838	0.9842	0.9846	0.9850	0.9854	0.9857
2.2	0.9861	0.9861	0.9868	0.9871	0.9875	0.9878	0.9881	0.9884	0.9887	0.9890
2.3	0.9893	0.9893	0.9898	0.9901	0.9904	0.9906	0.9909	0.9911	0.9913	0.9916
2.4	0.9918	0.9918	0.9922	0.9925	0.9927	0.9929	0.9931	0.9932	0.9934	0.9936
2.5	0.9938	0.9938	0.9941	0.9943	0.9945	0.9946	0.9948	0.9949	0.9951	0.9952
2.6	0.9953	0.9953	0.9956	0.9957	0.9959	0.9960	0.9961	0.9962	0.9963	0.9964
2.7	0.9965	0.9965	0.9967	0.9968	0.9969	0.9970	0.9971	0.9972	0.9973	0.9974
2.8	0.9974	0.9974	0.9976	0.9977	0.9977	0.9978	0.9979	0.9979	0.9980	0.9981
2.9	0.9981	0.9981	0.9982	0.9983	0.9984	0.9984	0.9985	0.9985	0.9986	0.9986
3.0	0.9987	0.9987	0.9987	0.9988	0.9988	0.9989	0.9989	0.9989	0.9990	0.9990
3.1	0.9990	0.9990	0.9991	0.9991	0.9992	0.9992	0.9992	0.9992	0.9993	0.9993
3.2	0.9993	0.9993	0.9994	0.9994	0.9994	0.9994	0.9994	0.9995	0.9995	0.9995
3.3	0.9995	0.9995	0.9995	0.9996	0.9996	0.9996	0.9996	0.9996	0.9996	0.9997
3.4	0.9997	0.9997	0.9997	0.9997	0.9997	0.9997	0.9997	0.9997	0.9997	0.9998
3.5	0.9998	0.9998	0.9998	0.9998	0.9998	0.9998	0.9998	0.9998	0.9998	0.9998

[표 D] t 분포표

표의 숫자는 주어진 α값에 대한 t_α의 값을 나타낸다.

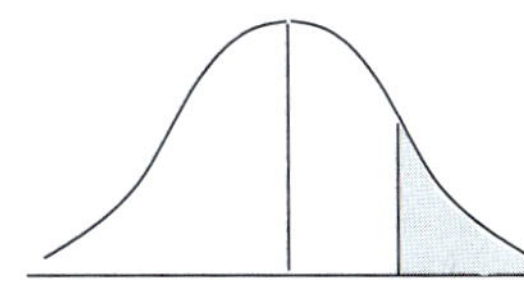

ϕ	α .25	.10	.05	.025	.01	.005
1	1.000	3.078	6.314	12.706	31.821	63.657
2	0.816	1.886	2.920	4.303	6.965	9.925
3	0.765	1.638	2.353	3.182	4.541	5.841
4	0.741	1.533	2.132	2.776	3.747	4.604
5	0.727	1.476	2.015	2.571	3.365	4.032
6	0.718	1.440	1.943	2.447	3.143	3.707
7	0.711	1.415	1.895	2.365	2.998	3.499
8	0.706	1.397	1.860	2.306	2.896	3.355
9	0.703	1.383	1.833	2.262	2.821	3.250
10	0.700	1.372	1.812	2.228	2.764	3.169
11	0.697	1.363	1.796	2.201	2.718	3.106
12	0.695	1.356	1.782	2.179	2.681	3.055
13	0.694	1.350	1.771	2.160	2.650	3.012
14	0.692	1.345	1.761	2.145	2.624	2.977
15	0.691	1.341	1.753	2.131	2.602	2.947
16	0.690	1.337	1.746	2.120	2.583	2.921
17	0.689	1.333	1.740	2.110	2.567	2.898
18	0.688	1.330	1.734	2.101	2.552	2.878
19	0.688	1.328	1.729	2.093	2.539	2.861
20	0.687	1.325	1.725	2.086	2.528	2.845
21	0.686	1.323	1.721	2.080	2.518	2.831
22	0.686	1.321	1.717	2.074	2.508	2.819
23	0.685	1.319	1.714	2.069	2.500	2.807
24	0.685	1.318	1.711	2.064	2.492	2.797
25	0.684	1.316	1.708	2.060	2.485	2.787
26	0.684	1.315	1.706	2.056	2.479	2.779
27	0.684	1.314	1.703	2.052	2.473	2.771
28	0.683	1.313	1.701	2.048	2.467	2.763
29	0.683	1.311	1.699	2.045	2.462	2.756
30	0.683	1.310	1.697	2.042	2.457	2.750
40	0.681	1.303	1.684	2.021	2.423	2.704
60	0.679	1.296	1.671	2.000	2.390	2.660
120	0.677	1.289	1.658	1.980	2.358	2.617
∞	0.677	1.282	1.645	1.960	2.326	2.576

[표 E] χ^2분포표

표의 숫자는 주어진 α 값에 대한 χ^2_α 값을 나타낸다.

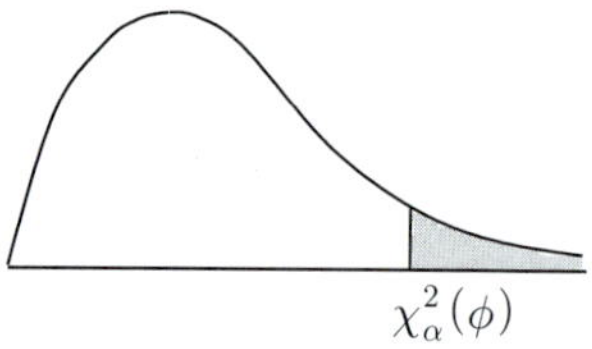

ϕ \ α	.005	.010	.025	.050	.100	.900	.950	.975	.990	.995
1	7.8794	6.6349	5.0239	3.8415	2.7055	0.0158	0.0039	0.0010	0.0002	0.0000
2	10.5966	9.2103	7.3778	5.9915	4.6052	0.2107	0.1026	0.0506	0.0201	0.0100
3	12.8382	11.3449	9.3484	7.8147	6.2514	0.5844	0.3518	0.2158	0.1148	0.0717
4	14.8603	13.2767	11.1433	9.4877	7.7794	1.0636	0.7107	0.4844	0.2971	0.2070
5	16.7496	15.0863	12.8325	11.0705	9.2364	1.6103	1.1455	0.8312	0.5543	0.4117
6	18.5476	16.8119	14.4494	12.5916	10.6446	2.2041	1.6354	1.2373	0.8721	0.6757
7	20.2777	18.4753	16.0128	14.0671	12.0170	2.8331	2.1673	1.6899	1.2390	0.9893
8	21.9550	20.0902	17.5345	15.5073	13.3616	3.4895	2.7326	2.1797	1.6465	1.3444
9	23.5894	21.6660	19.0228	16.9190	14.6837	4.1682	3.3251	2.7004	2.0879	1.7349
10	25.1882	23.2093	20.4832	18.3070	15.9872	4.8652	3.9403	3.2470	2.5582	2.1559
11	26.7568	24.7250	21.9200	19.6751	17.2750	5.5778	4.5748	3.8157	3.0535	2.6032
12	28.2995	26.2170	23.3367	21.0261	18.5493	6.3038	5.2260	4.4038	3.5706	3.0738
13	29.8195	27.6882	24.7356	22.3620	19.8119	7.0415	5.8919	5.0088	4.1069	3.5650
14	31.3193	29.1412	26.1189	23.6848	21.0641	7.7895	6.5706	5.6287	4.6604	4.0747
15	32.8013	30.5779	27.4884	24.9958	22.3071	8.5468	7.2609	6.2621	5.2293	4.6009
16	34.2672	31.9999	28.8454	26.2962	23.5418	9.3122	7.9616	6.9077	5.8122	5.1422
17	35.7185	33.4087	30.1910	27.5871	24.7690	10.0852	8.6718	7.5642	6.4078	5.6972
18	37.1565	34.8053	31.5264	28.8693	25.9894	10.8649	9.3905	8.2307	7.0149	6.2648
19	38.5823	36.1909	32.8523	30.1435	27.2036	11.6509	10.1170	8.9065	7.6327	6.8440
20	39.9968	37.5662	34.1696	31.4104	28.4120	12.4426	10.8508	9.5908	8.2604	7.4338
21	41.4011	38.9322	35.4789	32.6706	29.6151	13.2396	11.5913	10.2829	8.8972	8.0337
22	42.7957	40.2894	36.7807	33.9244	30.8133	14.0415	12.3380	10.9823	9.5425	8.6427
23	44.1813	41.6384	38.0756	35.1725	32.0069	14.8480	13.0905	11.6886	10.1957	9.2604
24	45.5585	42.9798	39.3641	36.4150	33.1962	15.6587	13.8484	12.4012	10.8564	9.8862
25	46.9279	44.3141	40.6465	37.6525	34.3816	16.4734	14.6114	13.1197	11.5240	10.5197
26	48.2899	45.6417	41.9232	38.8851	35.5632	17.2919	15.3792	13.8439	12.1981	11.1602
27	49.6449	46.9629	43.1945	40.1133	36.7412	18.1139	16.1514	14.5734	12.8785	11.8076
28	50.9934	48.2782	44.4608	41.3371	37.9159	18.9392	16.9279	15.3079	13.5647	12.4613
29	52.3356	49.5879	45.7223	42.5570	39.0875	19.7677	17.7084	16.0471	14.2565	13.1211
30	53.6720	50.8922	46.9792	43.7730	40.2560	20.5992	18.4927	16.7908	14.9535	13.7867
40	66.7659	63.6907	59.3417	55.7585	51.8051	29.0505	26.5093	24.4331	22.1643	20.7065
50	79.4900	76.1539	71.4202	67.5048	63.1671	37.6886	34.7642	32.3574	29.7067	27.9907
60	91.9517	88.3794	83.2976	79.0819	74.3970	46.4589	43.1879	40.4817	37.4848	35.5346
70	104.215	100.425	95.0231	90.5312	85.5270	55.3289	51.7393	48.7576	45.4418	43.2752
80	116.321	112.329	106.629	101.879	96.5782	64.2778	60.3915	57.1532	53.5400	51.1720
90	128.299	124.116	118.136	113.145	107.565	73.2911	69.1260	65.6466	61.7541	59.1963
100	140.169	135.807	129.561	124.342	118.498	82.3581	77.9295	74.2219	70.0648	67.3276

[표 F] F 분포표

표의 숫자는 주어진 α값에 대한 $F_\alpha(\phi_1, \phi_2)$의 값을 나타낸다.

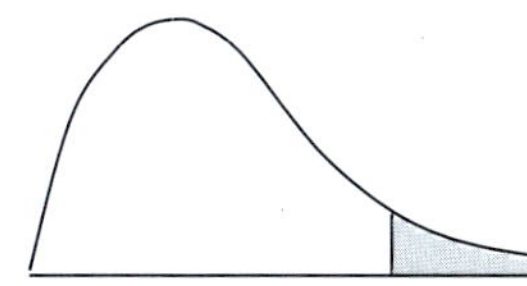

$F_\alpha(\phi_1, \phi_2)$

$\alpha = 0.10$

ϕ_2 \ ϕ_1	1	2	3	4	5	6	7	8	9	10
1	39.86	49.50	53.59	55.83	57.24	58.20	58.91	59.44	59.86	60.19
2	8.53	9.00	9.16	9.24	9.29	9.33	9.35	9.37	9.38	9.39
3	5.54	5.46	5.39	5.34	5.31	5.28	5.27	5.25	5.24	5.23
4	4.54	4.32	4.19	4.11	4.05	4.01	3.98	3.95	3.94	3.92
5	4.06	3.78	3.62	3.52	3.45	3.40	3.37	3.34	3.32	3.30
6	3.78	3.46	3.29	3.18	3.11	3.05	3.01	2.98	2.96	2.94
7	3.59	3.26	3.07	2.96	2.88	2.83	2.78	2.75	2.72	2.70
8	3.46	3.11	2.92	2.81	2.73	2.67	2.62	2.59	2.56	2.54
9	3.36	3.01	2.81	2.69	2.61	2.55	2.51	2.47	2.44	2.42
10	3.29	2.92	2.73	2.61	2.52	2.46	2.41	2.38	2.35	2.32
11	3.23	2.86	2.66	2.54	2.45	2.39	2.34	2.30	2.27	2.25
12	3.18	2.81	2.61	2.48	2.39	2.33	2.28	2.24	2.21	2.19
13	3.14	2.76	2.56	2.43	2.35	2.28	2.23	2.20	2.16	2.14
14	3.10	2.73	2.52	2.39	2.31	2.24	2.19	2.15	2.12	2.10
15	3.07	2.70	2.49	2.36	2.27	2.21	2.16	2.12	2.09	2.06
16	3.05	2.67	2.46	2.33	2.24	2.18	2.13	2.09	2.06	2.03
17	3.03	2.64	2.44	2.31	2.22	2.15	2.10	2.06	2.03	2.00
18	3.01	2.62	2.42	2.29	2.20	2.13	2.08	2.04	2.00	1.98
19	2.99	2.61	2.40	2.27	2.18	2.11	2.06	2.02	1.98	1.96
20	2.97	2.59	2.38	2.25	2.16	2.09	2.04	2.00	1.96	1.94
21	2.96	2.57	2.36	2.23	2.14	2.08	2.02	1.98	1.95	1.92
22	2.95	2.56	2.35	2.22	2.13	2.06	2.01	1.97	1.93	1.90
23	2.94	2.55	2.34	2.21	2.11	2.05	1.99	1.95	1.92	1.89
24	2.93	2.54	2.33	2.19	2.10	2.04	1.98	1.94	1.91	1.88
25	2.92	2.53	2.32	2.18	2.09	2.02	1.97	1.93	1.89	1.87
26	2.91	2.52	2.31	2.17	2.08	2.01	1.96	1.92	1.88	1.86
27	2.90	2.51	2.30	2.17	2.07	2.00	1.95	1.91	1.87	1.85
28	2.89	2.50	2.29	2.16	2.06	2.00	1.94	1.90	1.87	1.84
29	2.89	2.50	2.28	2.15	2.06	1.99	1.93	1.89	1.86	1.83
30	2.88	2.49	2.28	2.14	2.05	1.98	1.93	1.88	1.85	1.82
40	2.84	2.44	2.23	2.09	2.00	1.93	1.87	1.83	1.79	1.76
60	2.79	2.39	2.18	2.04	1.95	1.87	1.82	1.77	1.74	1.71
120	2.75	2.35	2.13	1.99	1.90	1.82	1.77	1.72	1.68	1.65
∞	2.71	2.30	2.08	1.94	1.85	1.77	1.72	1.67	1.63	1.60

$\alpha = 0.10$(계속)

ϕ_2 \ ϕ_1	12	15	20	24	30	40	60	120	∞
1	60.71	61.22	61.74	62.00	62.26	62.53	62.79	63.06	63.33
2	9.41	9.42	9.44	9.45	9.46	9.47	9.47	9.48	9.49
3	5.22	5.20	5.18	5.18	5.17	5.16	5.15	5.14	5.13
4	3.90	3.87	3.84	3.83	3.82	3.80	3.79	3.78	3.76
5	3.27	3.24	3.21	3.19	3.17	3.16	3.14	3.12	3.10
6	2.90	2.87	2.84	2.82	2.80	2.78	2.76	2.74	2.72
7	2.67	2.63	2.59	2.58	2.56	2.54	2.51	2.49	2.47
8	2.50	2.46	2.42	2.40	2.38	2.36	2.34	2.32	2.29
9	2.38	2.34	2.30	2.28	2.25	2.23	2.21	2.18	2.16
10	2.28	2.24	2.20	2.18	2.16	2.13	2.11	2.08	2.06
11	2.21	2.17	2.12	2.10	2.08	2.05	2.03	2.00	1.97
12	2.15	2.10	2.06	2.04	2.01	1.99	1.96	1.93	1.90
13	2.10	2.05	2.01	1.98	1.96	1.93	1.90	1.88	1.85
14	2.05	2.01	1.96	1.94	1.91	1.89	1.86	1.83	1.80
15	2.02	1.97	1.92	1.90	1.87	1.85	1.82	1.79	1.76
16	1.99	1.94	1.89	1.87	1.84	1.81	1.78	1.75	1.72
17	1.96	1.91	1.86	1.84	1.81	1.78	1.75	1.72	1.69
18	1.93	1.89	1.84	1.81	1.78	1.75	1.72	1.69	1.66
19	1.91	1.86	1.81	1.79	1.76	1.73	1.70	1.67	1.63
20	1.89	1.84	1.79	1.77	1.74	1.71	1.68	1.64	1.61
21	1.87	1.83	1.78	1.75	1.72	1.69	1.66	1.62	1.59
22	1.86	1.81	1.76	1.73	1.70	1.67	1.64	1.60	1.57
23	1.84	1.80	1.74	1.72	1.69	1.66	1.62	1.59	1.55
24	1.83	1.78	1.73	1.70	1.67	1.64	1.61	1.57	1.53
25	1.82	1.77	1.72	1.69	1.66	1.63	1.59	1.56	1.52
26	1.81	1.76	1.71	1.68	1.65	1.61	1.58	1.54	1.50
27	1.80	1.75	1.70	1.67	1.64	1.60	1.57	1.53	1.49
28	1.79	1.74	1.69	1.66	1.63	1.59	1.56	1.52	1.48
29	1.78	1.73	1.68	1.65	1.62	1.58	1.55	1.51	1.47
30	1.77	1.72	1.67	1.64	1.61	1.57	1.54	1.50	1.46
40	1.71	1.66	1.61	1.57	1.54	1.51	1.47	1.42	1.38
60	1.66	1.60	1.54	1.51	1.48	1.44	1.40	1.35	1.29
120	1.60	1.55	1.48	1.45	1.41	1.37	1.32	1.26	1.19
∞	1.55	1.49	1.42	1.38	1.34	1.30	1.24	1.17	1.00

$\alpha = 0.05$

ϕ_2 \ ϕ_1	1	2	3	4	5	6	7	8	9	10
1	161.45	199.50	215.71	224.58	230.16	233.99	236.77	238.88	240.54	241.88
2	18.51	19.00	19.16	19.25	19.30	19.33	19.35	19.37	19.38	19.40
3	10.13	9.55	9.28	9.12	9.01	8.94	8.89	8.85	8.81	8.79
4	7.71	6.94	6.59	6.39	6.26	6.16	6.09	6.04	6.00	5.96
5	6.61	5.79	5.41	5.19	5.05	4.95	4.88	4.82	4.77	4.74
6	5.99	5.14	4.76	4.53	4.39	4.28	4.21	4.15	4.10	4.06
7	5.59	4.74	4.35	4.12	3.97	3.87	3.79	3.73	3.68	3.64
8	5.32	4.46	4.07	3.84	3.69	3.58	3.50	3.44	3.39	3.35
9	5.12	4.26	3.86	3.63	3.48	3.37	3.29	3.23	3.18	3.14
10	4.96	4.10	3.71	3.48	3.33	3.22	3.14	3.07	3.02	2.98
11	4.84	3.98	3.59	3.36	3.20	3.09	3.01	2.95	2.90	2.85
12	4.75	3.89	3.49	3.26	3.11	3.00	2.91	2.85	2.80	2.75
13	4.67	3.81	3.41	3.18	3.03	2.92	2.83	2.77	2.71	2.67
14	4.60	3.74	3.34	3.11	2.96	2.85	2.76	2.70	2.65	2.60
15	4.54	3.68	3.29	3.06	2.90	2.79	2.71	2.64	2.59	2.54
16	4.49	3.63	3.24	3.01	2.85	2.74	2.66	2.59	2.54	2.49
17	4.45	3.59	3.20	2.96	2.81	2.70	2.61	2.55	2.49	2.45
18	4.41	3.55	3.16	2.93	2.77	2.66	2.58	2.51	2.46	2.41
19	4.38	3.52	3.13	2.90	2.74	2.63	2.54	2.48	2.42	2.38
20	4.35	3.49	3.10	2.87	2.71	2.60	2.51	2.45	2.39	2.35
21	4.32	3.47	3.07	2.84	2.68	2.57	2.49	2.42	2.37	2.32
22	4.30	3.44	3.05	2.82	2.66	2.55	2.46	2.40	2.34	2.30
23	4.28	3.42	3.03	2.80	2.64	2.53	2.44	2.37	2.32	2.27
24	4.26	3.40	3.01	2.78	2.62	2.51	2.42	2.36	2.30	2.25
25	4.24	3.39	2.99	2.76	2.60	2.49	2.40	2.34	2.28	2.24
26	4.23	3.37	2.98	2.74	2.59	2.47	2.39	2.32	2.27	2.22
27	4.21	3.35	2.96	2.73	2.57	2.46	2.37	2.31	2.25	2.20
28	4.20	3.34	2.95	2.71	2.56	2.45	2.36	2.29	2.24	2.19
29	4.18	3.33	2.93	2.70	2.55	2.43	2.35	2.28	2.22	2.18
30	4.17	3.32	2.92	2.69	2.53	2.42	2.33	2.27	2.21	2.16
40	4.08	3.23	2.84	2.61	2.45	2.34	2.25	2.18	2.12	2.08
60	4.00	3.15	2.76	2.53	2.37	2.25	2.17	2.10	2.04	1.99
120	3.92	3.07	2.68	2.45	2.29	2.18	2.09	2.02	1.96	1.91
∞	3.84	3.00	2.60	2.37	2.21	2.10	2.01	1.94	1.88	1.83

$\alpha = 0.05$(계속)

ϕ_2 \ ϕ_1	12	15	20	24	30	40	60	120	∞
1	243.91	245.95	248.01	249.05	250.10	251.14	252.20	253.25	254.3
2	19.41	19.43	19.45	19.45	19.46	19.47	19.48	19.49	19.50
3	8.74	8.70	8.66	8.64	8.62	8.59	8.57	8.55	8.53
4	5.91	5.86	5.80	5.77	5.75	5.72	5.69	5.66	5.63
5	4.68	4.62	4.56	4.53	4.50	4.46	4.43	4.40	4.36
6	4.00	3.94	3.87	3.84	3.81	3.77	3.74	3.70	3.67
7	3.57	3.51	3.44	3.41	3.38	3.34	3.30	3.27	3.23
8	3.28	3.22	3.15	3.12	3.08	3.04	3.01	2.97	2.93
9	3.07	3.01	2.94	2.90	2.86	2.83	2.79	2.75	2.71
10	2.91	2.85	2.77	2.74	2.70	2.66	2.62	2.58	2.54
11	2.79	2.72	2.65	2.61	2.57	2.53	2.49	2.45	2.40
12	2.69	2.62	2.54	2.51	2.47	2.43	2.38	2.34	2.30
13	2.60	2.53	2.46	2.42	2.38	2.34	2.30	2.25	2.21
14	2.53	2.46	2.39	2.35	2.31	2.27	2.22	2.18	2.13
15	2.48	2.40	2.33	2.29	2.25	2.20	2.16	2.11	2.07
16	2.42	2.35	2.28	2.24	2.19	2.15	2.11	2.06	2.01
17	2.38	2.31	2.23	2.19	2.15	2.10	2.06	2.01	1.96
18	2.34	2.27	2.19	2.15	2.11	2.06	2.02	1.97	1.92
19	2.31	2.23	2.16	2.11	2.07	2.03	1.98	1.93	1.88
20	2.28	2.20	2.12	2.08	2.04	1.99	1.95	1.90	1.84
21	2.25	2.18	2.10	2.05	2.01	1.96	1.92	1.87	1.81
22	2.23	2.15	2.07	2.03	1.98	1.94	1.89	1.84	1.78
23	2.20	2.13	2.05	2.01	1.96	1.91	1.86	1.81	1.76
24	2.18	2.11	2.03	1.98	1.94	1.89	1.84	1.79	1.73
25	2.16	2.09	2.01	1.96	1.92	1.87	1.82	1.77	1.71
26	2.15	2.07	1.99	1.95	1.90	1.85	1.80	1.75	1.69
27	2.13	2.06	1.97	1.93	1.88	1.84	1.79	1.73	1.67
28	2.12	2.04	1.96	1.91	1.87	1.82	1.77	1.71	1.65
29	2.10	2.03	1.94	1.90	1.85	1.81	1.75	1.70	1.64
30	2.09	2.01	1.93	1.89	1.84	1.79	1.74	1.68	1.62
40	2.00	1.92	1.84	1.79	1.74	1.69	1.64	1.58	1.51
60	1.92	1.84	1.75	1.70	1.65	1.59	1.53	1.47	1.39
120	1.83	1.75	1.66	1.61	1.55	1.50	1.43	1.35	1.25
∞	1.75	1.67	1.57	1.52	146	1.39	1.32	1.22	1.00

$\alpha = 0.025$

ϕ_2 \ ϕ_1	1	2	3	4	5	6	7	8	9	10
1	647.79	799.50	864.16	899.58	921.85	937.11	948.22	956.66	963.28	968.63
2	38.51	39.00	39.17	39.25	39.30	39.33	39.36	39.37	39.39	39.40
3	17.44	16.04	15.44	15.10	14.88	14.73	14.62	14.54	14.47	14.42
4	12.22	10.65	9.98	9.60	9.36	9.20	9.07	8.98	8.90	8.84
5	10.01	8.43	7.76	7.39	7.15	6.98	6.85	6.76	6.68	6.62
6	8.81	7.26	6.60	6.23	5.99	5.82	5.70	5.60	5.52	5.46
7	8.07	6.54	5.89	5.52	5.29	5.12	4.99	4.90	4.82	4.76
8	7.57	6.06	5.42	5.05	4.82	4.65	4.53	4.43	4.36	4.30
9	7.21	5.71	5.08	4.72	4.48	4.32	4.20	4.10	4.03	3.96
10	6.94	5.46	4.83	4.47	4.24	4.07	3.95	3.85	3.78	3.72
11	6.72	5.26	4.63	4.28	4.04	3.88	3.76	3.66	3.59	3.53
12	6.55	5.10	4.47	4.12	3.89	3.73	3.61	3.51	3.44	3.37
13	6.41	4.97	4.35	4.00	3.77	3.60	3.48	3.39	3.31	3.25
14	6.30	4.86	4.24	3.89	3.66	3.50	3.38	3.29	3.21	3.15
15	6.20	4.77	4.15	3.80	3.58	3.41	3.29	3.20	3.12	3.06
16	6.12	4.69	4.08	3.73	3.50	3.34	3.22	3.12	3.05	2.99
17	6.04	4.62	4.01	3.66	3.44	3.28	3.16	3.06	2.98	2.92
18	5.98	4.56	3.95	3.61	3.38	3.22	3.10	3.01	2.93	2.87
19	5.92	4.51	3.90	3.56	3.33	3.17	3.05	2.96	2.88	2.82
20	5.87	4.46	3.86	3.51	3.29	3.13	3.01	2.91	2.84	2.77
21	5.83	4.42	3.82	3.48	3.25	3.09	2.97	2.87	2.80	2.73
22	5.79	4.38	3.78	3.44	3.22	3.05	2.93	2.84	2.76	2.70
23	5.75	4.35	3.75	3.41	3.18	3.02	2.90	2.81	2.73	2.67
24	5.72	4.32	3.72	3.38	3.15	2.99	2.87	2.78	2.70	2.64
25	5.69	4.29	3.69	3.35	3.13	2.97	2.85	2.75	2.68	2.61
26	5.66	4.27	3.67	3.33	3.10	2.94	2.82	2.73	2.65	2.59
27	5.63	4.24	3.65	3.31	3.08	2.92	2.80	2.71	2.63	2.57
28	5.61	4.22	3.63	3.29	3.06	2.90	2.78	2.69	2.61	2.55
29	5.59	4.20	3.61	3.27	3.04	2.88	2.76	2.67	2.59	2.53
30	5.57	4.18	3.59	3.25	3.03	2.87	2.75	2.65	2.57	2.51
40	5.42	4.05	3.46	3.13	2.90	2.74	2.62	2.53	2.45	2.39
60	5.29	3.93	3.34	3.01	2.79	2.63	2.51	2.41	2.33	2.27
120	5.15	3.80	3.23	2.89	2.67	2.52	2.39	2.30	2.22	2.16
∞	5.02	3.69	3.12	2.79	2.57	2.41	2.29	2.19	2.11	2.05

$\alpha = 0.025$(계속)

ϕ_2 \ ϕ_1	12	15	20	24	30	40	60	120	∞
1	976.71	984.87	993.10	997.25	1001.41	1005.60	1009.80	1014.02	1018
2	39.41	39.43	39.45	39.46	39.46	39.47	39.48	39.49	39.50
3	14.34	14.25	14.17	14.12	14.08	14.04	13.99	13.95	13.90
4	8.75	8.66	8.56	8.51	8.46	8.41	8.36	8.31	8.26
5	6.52	6.43	6.33	6.28	6.23	6.18	6.12	6.07	6.02
6	5.37	5.27	5.17	5.12	5.07	5.01	4.96	4.90	4.85
7	4.67	4.57	4.47	4.41	4.36	4.31	4.25	4.20	4.14
8	4.20	4.10	4.00	3.95	3.89	3.84	3.78	3.73	3.67
9	3.87	3.77	3.67	3.61	3.56	3.51	3.45	3.39	3.33
10	3.62	3.52	3.42	3.37	3.31	3.26	3.20	3.14	3.08
11	3.43	3.33	3.23	3.17	3.12	3.06	3.00	2.94	2.88
12	3.28	3.18	3.07	3.02	2.96	2.91	2.85	2.79	2.72
13	3.15	3.05	2.95	2.89	2.84	2.78	2.72	2.66	2.60
14	3.05	2.95	2.84	2.79	2.73	2.67	2.61	2.55	2.49
15	2.96	2.86	2.76	2.70	2.64	2.59	2.52	2.46	2.40
16	2.89	2.79	2.68	2.63	2.57	2.51	2.45	2.38	2.32
17	2.82	2.72	2.62	2.56	2.50	2.44	2.38	2.32	2.26
18	2.77	2.67	2.56	2.50	2.44	2.38	2.32	2.26	2.13
19	2.72	2.62	2.51	2.45	2.39	2.33	2.27	2.20	2.09
20	2.68	2.57	2.46	2.41	2.35	2.29	2.22	2.16	2.04
21	2.64	2.53	2.42	2.37	2.31	2.25	2.18	2.11	2.00
22	2.60	2.50	2.39	2.33	2.27	2.21	2.14	2.08	1.97
23	2.57	2.47	2.36	2.30	2.24	2.18	2.11	2.04	1.94
24	2.54	2.44	2.33	2.27	2.21	2.15	2.08	2.01	1.91
25	2.51	2.41	2.30	2.24	2.18	2.12	2.05	1.98	1.88
26	2.49	2.39	2.28	2.22	2.16	2.09	2.03	1.95	1.85
27	2.47	2.36	2.25	2.19	2.13	2.07	2.00	1.93	1.83
28	2.45	2.34	2.23	2.17	2.11	2.05	1.98	1.91	1.81
29	2.43	2.32	2.21	2.15	2.09	2.03	1.96	1.89	1.79
30	2.41	2.31	2.20	2.14	2.07	2.01	1.94	1.87	1.64
40	2.29	2.18	2.07	2.01	1.94	1.88	1.80	1.72	1.48
60	2.17	2.06	1.94	1.88	1.82	1.74	1.67	1.58	1.31
120	2.05	1.94	1.82	1.76	1.69	1.61	1.53	1.43	1.00
∞	1.94	1.83	1.74	1.64	1.57	1.48	1.39	1.27	

$\alpha = 0.01$

ϕ_2 \ ϕ_1	1	2	3	4	5	6	7	8	9	10
1	4052.18	4999.50	5403.35	5624.58	5763.65	5858.99	5928.36	5981.07	6022.47	6055.85
2	98.50	99.00	99.17	99.25	99.30	99.33	99.36	99.37	99.39	99.40
3	34.12	30.82	29.46	28.71	28.24	27.91	27.67	27.49	27.35	27.23
4	21.20	18.00	16.69	15.98	15.52	15.21	14.98	14.80	14.66	14.55
5	16.26	13.27	12.06	11.39	10.97	10.67	10.46	10.29	10.16	10.05
6	13.75	10.92	9.78	9.15	8.75	8.47	8.26	8.10	7.98	7.87
7	12.25	9.55	8.45	7.85	7.46	7.19	6.99	6.84	6.72	6.62
8	11.26	8.65	7.59	7.01	6.63	6.37	6.18	6.03	5.91	5.81
9	10.56	8.02	6.99	6.42	6.06	5.80	5.61	5.47	5.35	5.26
10	10.04	7.56	6.55	5.99	5.64	5.39	5.20	5.06	4.94	4.85
11	9.65	7.21	6.22	5.67	5.32	5.07	4.89	4.74	4.63	4.54
12	9.33	6.93	5.95	5.41	5.06	4.82	4.64	4.50	4.39	4.30
13	9.07	6.70	5.74	5.21	4.86	4.62	4.44	4.30	4.19	4.10
14	8.86	6.51	5.56	5.04	4.69	4.46	4.28	4.14	4.03	3.94
15	8.68	6.36	5.42	4.89	4.56	4.32	4.14	4.00	3.89	3.80
16	8.53	6.23	5.29	4.77	4.44	4.20	4.03	3.89	3.78	3.69
17	8.40	6.11	5.18	4.67	4.34	4.10	3.93	3.79	3.68	3.59
18	8.29	6.01	5.09	4.58	4.25	4.01	3.84	3.71	3.60	3.51
19	8.18	5.93	5.01	4.50	4.17	3.94	3.77	3.63	3.52	3.43
20	8.10	5.85	4.94	4.43	4.10	3.87	3.70	3.56	3.46	3.37
21	8.02	5.78	4.87	4.37	4.04	3.81	3.64	3.51	3.40	3.31
22	7.95	5.72	4.82	4.31	3.99	3.76	3.59	3.45	3.35	3.26
23	7.88	5.66	4.76	4.26	3.94	3.71	3.54	3.41	3.30	3.21
24	7.82	5.61	4.72	4.22	3.90	3.67	3.50	3.36	3.26	3.17
25	7.77	5.57	4.68	4.18	3.85	3.63	3.46	3.32	3.22	3.13
26	7.72	5.53	4.64	4.14	3.82	3.59	3.42	3.29	3.18	3.09
27	7.68	5.49	4.60	4.11	3.78	3.56	3.39	3.26	3.15	3.06
28	7.64	5.45	4.57	4.07	3.75	3.53	3.36	3.23	3.12	3.03
29	7.60	5.42	4.54	4.04	3.73	3.50	3.33	3.20	3.09	3.00
30	7.56	5.39	4.51	4.02	3.70	3.47	3.30	3.17	3.07	2.98
40	7.31	5.18	4.31	3.83	3.51	3.29	3.12	2.99	2.89	2.80
60	7.08	4.98	4.13	3.65	3.34	3.12	2.95	2.82	2.72	2.63
120	6.85	4.79	3.95	3.48	3.17	2.96	2.79	2.66	2.56	2.47
∞	6.63	4.61	3.78	3.32	3.02	2.80	2.64	2.51	2.41	2.32

$\alpha = 0.01$(계속)

ϕ_2 \ ϕ_1	12	15	20	24	30	40	60	120	∞
1	6106.32	6157.28	6208.73	6234.63	6260.65	6286.78	6313.03	6339.39	6366
2	99.42	99.43	99.45	99.46	99.47	99.47	99.48	99.49	99.50
3	27.05	26.87	26.69	26.60	26.50	26.41	26.32	26.22	26.13
4	14.37	14.20	14.02	13.93	13.84	13.75	13.65	13.56	13.46
5	9.89	9.72	9.55	9.47	9.38	9.29	9.20	9.11	9.02
6	7.72	7.56	7.40	7.31	7.23	7.14	7.06	6.97	6.88
7	6.47	6.31	6.16	6.07	5.99	5.91	5.82	5.74	5.65
8	5.67	5.52	5.36	5.28	5.20	5.12	5.03	4.95	4.86
9	5.11	4.96	4.81	4.73	4.65	4.57	4.48	4.40	4.31
10	4.71	4.56	4.41	4.33	4.25	4.17	4.08	4.00	3.91
11	4.40	4.25	4.10	4.02	3.94	3.86	3.78	3.69	3.60
12	4.16	4.01	3.86	3.78	3.70	3.62	3.54	3.45	3.36
13	3.96	3.82	3.66	3.59	3.51	3.43	3.34	3.25	3.17
14	3.80	3.66	3.51	3.43	3.35	3.27	3.18	3.09	3.00
15	3.67	3.52	3.37	3.29	3.21	3.13	3.05	2.96	2.87
16	3.55	3.41	3.26	3.18	3.10	3.02	2.93	2.84	2.75
17	3.46	3.31	3.16	3.08	3.00	2.92	2.83	2.75	2.65
18	3.37	3.23	3.08	3.00	2.92	2.84	2.75	2.66	2.57
19	3.30	3.15	3.00	2.92	2.84	2.76	2.67	2.58	2.49
20	3.23	3.09	2.94	2.86	2.78	2.69	2.61	2.52	2.42
21	3.17	3.03	2.88	2.80	2.72	2.64	2.55	2.46	2.36
22	3.12	2.98	2.83	2.75	2.67	2.58	2.50	2.40	2.31
23	3.07	2.93	2.78	2.70	2.62	2.54	2.45	2.35	2.26
24	3.03	2.89	2.74	2.66	2.58	2.49	2.40	2.31	2.21
25	2.99	2.85	2.70	2.62	2.54	2.45	2.36	2.27	2.17
26	2.96	2.81	2.66	2.58	2.50	2.42	2.33	2.23	2.13
27	2.93	2.78	2.63	2.55	2.47	2.38	2.29	2.20	2.10
28	2.90	2.75	2.60	2.52	2.44	2.35	2.26	2.17	2.06
29	2.87	2.73	2.57	2.49	2.41	2.33	2.23	2.14	2.03
30	2.84	2.70	2.55	2.47	2.39	2.30	2.21	2.11	2.01
40	2.66	2.52	2.37	2.29	2.20	2.11	2.02	1.92	1.80
60	2.50	2.35	2.20	2.12	2.03	1.94	1.84	1.73	1.60
120	2.34	2.19	2.03	1.95	1.86	1.76	1.66	1.53	1.38
∞	2.18	2.04	1.88	1.79	1.70	1.50	1.47	1.32	1.00

연습문제 해답

3장 자료의 요약

1. (1) 9.2, 9, 20.2, 4.49
   (2) 14.2, 14, 6.2, 2.49
   (3) 5.67, 5, 28.27, 5.32
   (4) 0, 0, 4.67, 2.16
2. (1) 12.61, 2.35
   (2) 12.5, 3, 1.5
7. 0.954
8. (3) 남: 0.802, 여: 0.856
9. (a)
10. 66, 70.478, 66, 49
11. 40, 254, 53, 29, 50, 0.398
12. 2, 2
13. 282, 129.86
14. (a) 73, 73

4장 확률

1. (1) $\varnothing$ (2) {1, 3, 5}
   (3) {1, 3, 5, 7, 9}
   (4) {7, 8, 9}
   (5) {1, 2, 3, 4, 5, 6, 7, 8, 9}
   (6) {1, 2, 3, 4, 5, 6}
   (7) {1, 2, 3, 4, 5, 6, 7, 8, 9}
3. (1) $\frac{4}{81}$ (2) $\frac{1}{36}$
4. 0.67
7. 0.31
8. 0.4
9. 0.95
10. 0.409
11. $\frac{2}{3}$
12. $\frac{1}{36}$
13. 0.333
14. 0.072
15. $\frac{2}{5}$
16. $\frac{1}{4}$
17. 0.4
18. 0.424
19. $\frac{5}{6}$
20. 0.9
21. $\frac{4}{7}$

5장 확률분포와 기댓값

1. (2) 6.38 (3) 0.82
2. (1) 0.74, 0.6 (2) 2.18
   (3) 6, 1.25
3. (1) 12 (2) 0.69
   (1) 0.4, 0.2, 0.04

4. (1) 2 (2) $\frac{2}{3}$, $\frac{1}{18}$ (3) $\frac{1}{3}$
5. (1) 3, 2 (2) 4 (3) 1
6. (1) 0
7. 0.2, 0.2
8. −0.3
9. (1) 1.9 (2) 2.9
   (3) 0.02 (4) 0.052
10. 0.1
11. $\frac{3}{4}$
12. $2\mu^2+\sigma^2$
13. 1
14. $-\frac{2}{3}$
15. 0.38
16. 6.5
17. −5
18. 0.5
19. 6
20. 0.5
21. 900

6장 여러 가지 확률분포

1. (1) 초기하분포
   (3) 2.67, 0.89
2. (1) 0.215 (2) 0.945
   (3) 0.055 (4) 0.606
3. (1) 0.309 (2) 0.188
   (3) 0.150 (4) 0.757
4. (1) 0.238 (2) 0.992
   (3) 0.632
5. 0.006
6. 0.048
7. (1) 0.149, 0.916
   (2) 0.741, 0.037
   (3) 0.271, 0.322
8. (1) 2.5, 2.5
   (2) 0.067 (3) 0.109
9. 0.971
10. (1) 0.025 (2) 0.025
    (3) 0.067 (4) 0.954
    (5) 0.819 (6) 0.068
11. (1) 1.645 (2) 1.645
    (3) −2.326 (4) 1.645
    (5) 2.576 (6) 1.645
12. (1) 0.0478 (2) 0.7977
    (3) 0.9044
13. (1) 115.68 (2) 113.16
    (3) 113.16
14. (1) 0.1587 (2) 0.3413
    (3) 0.3413 (4) 0.1359
    (5) 0.0228
15. (1) 30.9% (2) 57.1분
16. (1) 0.246 (2) 0.169
    (3) 0.241
17. 0.452
18. 3.5908
19. 0.9412(또는 0.9319)
20. 0.07933
21. 0.3446
22. 0.07935
23. 0.242

24. 0.135
25. 335.5
26. 2.5
27. 53.55

7장 표본분포

2. $n\sigma^2$
3. (1) 0.1587 (2) 0.0668
   (3) 0.5328
4. 1, 0.5
5. 0.8185
6. (1) 약 841개 (2) 0.1056
7. (1) 9.4877 (2) 14.6837
   (3) 6.9077 (4) 1.6465
8. (1) 0.005 (2) 0.05 (3) 0.875
9. (1) 1.943 (2) 1.356
   (3) −2.528 (4) −2.365
10. (1) 0.9 (2) 0.025 (3) 0.045
11. (1) 3.58 (2) 6.62
    (3) 0.19 (4) 0.28
12. (1) 0.95 (2) 0.01 (3) 0.04
13. 0.8413
14. 0.7745
15. 126.58
16. 2배
17. 600
18. 64

8장 추정

1. (2) $\frac{3}{8}\sigma^2$, $\frac{9}{25}\sigma^2$
2. (1) 37.3, 2.31 (2) 4.826
3. (1) 0.0825, 0.0062
   (2) 0.0122
4. 10.31
5. (172.168, 173.832)
6. (6.096, 6.404)
7. (28.51, 35.09)
8. (119.543, 143.724)
9. (0.1216, 0.2784)
10. (0.5023, 0.6177)
11. (0.273, 1.198)
12. (0.837, 3.890)
13. 97개 이상
14. 542명 이상
15. 144
16. 97
17. 3.92
18. (0.056, 0.184)
19. $\frac{1}{2}$
20. (137.06, 142.94)
21. 25
22. 8400명

9장 검정

1. $z_0 = -1.789$, H_0 채택
2. $t_0 = 0.269$, H_0 채택
3. $z_0 = 1.639$, H_0 채택
4. $z_0 = 4.954$, H_0 기각
5. $t_0 = -1.251$, H_0 채택
6. $z_0 = 1.114$, H_0 채택

7. $z_0 = 0.840$, H_0 채택

8. $\chi_0^2 = 51.556$, H_0 기각

9. $\chi_0^2 = 27.36$, H_0 채택

10. (1) $z_0 = -5.89$, H_0 기각
    (2) 0, H_0 기각
    (3) H_0 기각

11. (a) $|z_0| = 2.6 > Z_{0.05} = 1.645$, H_0 기각
    (b) $|z_0| = 2.6 > Z_{0.05} = 1.96$, H_0 기각
    (c) $|z_0| = 2.6$, 0.0093

10장 두 모집단에 관한 추론

1. (1) (−4.99, 8.66)
   (2) $t_0 = 0.56$, H_0 채택

2. (1) (2.12, 7.48)
   (2) $z_0 = 4.17$, H_0 기각

3. (1) (2.17, 14.23)
   (2) $t_0 = 2.91$, H_0 기각

4. (1) (−0.304, −0.072)
   (2) $z_0 = -3.184$, H_0 기각

5. (1) $f_0 = 2.35$, H_0 채택
   (2) (0.560, 8.999)

6. (1) $t_0 = -2.89$, H_0 기각
   (2) (−10.65, −1.69)

7. (1) (−0.068, 0.054)
   (2) $z_0 = -0.21$, H_0 채택

8. (1) (0.045, 0.221)
   (2) $z_0 = 2.92$, H_0 기각

9. (1) (0.0403, 0.2197)
   (2) $z_0 = 2.95$, H_0 기각

10. $t_0 = 2.91$, H_0 기각

11. (1) (0.035, 0.715)
    (2) $t_0 = 2.61$, H_0 채택

12. $f_0 = 0.55$, H_0 채택

11장 분산분석

1. $F_0 = 0.31$, H_0 채택

2. $H_0 : \mu_1 = \mu_2 = \mu_3$(세 가지 교육방법의 효과가 모두 같다.)
   $H_1 : not\ H_0$(세 가지 교육방법의 효과가 모두 같지는 않다.)
   $F_0 = 0.43$, H_0 채택

3. $F_0 = 70.27$, H_0 기각

4. ① 반응온도 $F_0 = 7.93$, H_0 기각
   ② 원료 $F_0 = 18.43$, H_0 기각

5. (1) 교호작용에 대한 검정
   $F_0 = 0.58$, H_0 채택
   (2) 교호작용 제외 후 검정
   ① 토양
   $F_0 = 3.47$, H_0 기각
   ② 비료
   $F_0 = 11.54$, H_0 기각

6. (1) 교호작용에 대한 검정
   $F_0 = 1.53$, H_0 채택
   (2) 교호작용 제외 후 검정
   ① 밀어넣는 양
   $F_0 = 1.66$, H_0 채택
   ② 칼날의 각도

$F_0 = 4.86$, H_0 기각

12장 회귀분석

1. 오염도=153.175−6.324×강우량
2. 독립변수: 키, 종속변수: 몸무게
   몸무게=7.4+0.385×키
3. (1) $y = 6.88 + 1.04x$
   (2) $4.41 < \beta_0 < 9.34$
   $-0.65 < \beta_1 < 2.73$
   (3) $8.027 < E(Y) < 8.855$
4. (1) $\hat{y} = 7 - 3x$
   (2) $\hat{\sigma} = MSE = 2.5$
   (3) $F_0 = \frac{MSR}{MSE} = 36 > F_{0.05}(1.28) =$
   4.20이므로 H_0 기각
   (4) $r^2 = 0.5625$
5. $y = -25.0 + 0.928x_1 - 0.269x_2$
6. (4) (2)번 모형이 더 바람직함.
   $y_1 = 1.767 + 0.288x$

13장 범주형 자료분석

1. $\chi_0^2 = 18.128$, H_0 기각
2. $\chi_0^2 = 8.467$, H_0 기각
3. $\chi_0^2 = 28.200$, H_0 기각
4. $\chi_0^2 = 8.233$, H_0 기각
5. $\chi_0^2 = 18.128$, H_0 기각
6. $\chi_0^2 = 29.349$, H_0 기각
7. $\chi_0^2 = 1.391$, H_0 채택
8. $\chi_0^2 = 9.855$, H_0 기각
9. $\chi_0^2 = 4.095$, H_0 채택
10. $\chi_0^2 = 21.346$, H_0 기각

찾아보기

ㅈ

ㅊ

ㅋ

ㅌ

R을 이용한 최신통계학

저 자 나종화 · 이성덕 · 정대현 · 정재환 · 조중재 · 허태영
발행인 김지영
발행처 자유아카데미
주 소 경기도 파주시 회동길 37-42
파주출판도시
전 화 031-955-1321
팩 스 031-955-1322
홈페이지 www.freeaca.com
전자우편 main@freeaca.com (대표)
editor@freeaca.com (편집)
crm@freeaca.com (영업)
등 록 제406-2003-017호, 1980. 7. 12
제1판1쇄 2018년 8월 25일 발행
제1판4쇄 2026년 1월 31일 발행

저자와의 협의하에 인지생략

ISBN 979-11-5808-196-6 93310